J. vom Scheidt/B. Fellenberg/U. Wöhrl

Analyse und Simulation stochastischer Schwingungssysteme

Leitfäden der angewandten Mathematik und Mechanik

Herausgegeben von

Prof. Dr. G. Hotz, Saarbrücken
Prof. Dr. P. Kall, Zürich
Prof. Dr. Dr.-Ing. E. h. K. Magnus, München
Prof. Dr. E. Meister, Darmstadt

Band 71

Analyse und Simulation stochastischer Schwingungssysteme

Von
Prof. Dr. rer. nat. Jürgen vom Scheidt
Technische Universität Chemnitz-Zwickau

Prof. Dr. rer. nat. Benno Fellenberg
Prof. Dr. rer. nat. Ulrich Wöhrl
Hochschule für Technik und Wirtschaft Zwickau (FH)

B. G. Teubner Stuttgart 1994

Prof. Dr. rer. nat. Jürgen vom Scheidt

Von 1963 bis 1968 Studium der Mathematik an der Universität Leipzig, 1968 Diplom. Von 1968 bis 1971 Aspirant an der Universität Leipzig, 1971 Promotion, 1978 Habilitation. Von 1971 bis 1984 Oberassistent, später Hochschuldozent an der IH Zwickau, 1977 Mitarbeit im Wissenschaftlich-technischen Zentrum Automobilbau Chemnitz. Von 1984–1992 o. Professor für Stochastik an der ehemaligen TH Zwickau. 1992 Berufung zum o. Professor für Stochastik an der TU Chemnitz-Zwickau.

Prof. Dr. rer. nat. Benno Fellenberg

Von 1976 bis 1981 Studium der Mathematik an der Bergakademie Freiberg, 1981 Diplom. Von 1981 bis 1989 wiss. Assistent und später Oberassistent an der IH und TH Zwickau, 1983 Promotion, 1988 Habilitation. Im Sommersemester 1986 Forschungsaufenthalt an der Polnischen Akademie der Wissenschaften, 1989/90 Vertreter einer Professur an der FH Darmstadt. Von 1990–1992 Hochschuldozent im FB Mathematik/Informatik an der ehemaligen TH Zwickau. 1992 Berufung zum Professor für Mathematik an der HTW Zwickau (FH).

Prof. Dr. rer. nat. Ulrich Wöhrl

Von 1969 bis 1973 Studium der Mathematik an der Universität Leipzig, 1973 Diplom. Von 1973 bis 1977 wiss. Assistent an der Universität Leipzig, von 1977 bis 1989 wiss. Assistent und später Oberassistent an der IH und TH Zwickau, 1979 Promotion, 1988 Habilitation. Von 1989–1992 Hochschuldozent im FB Mathematik/Informatik an der ehemaligen TH Zwickau. 1992 Berufung zum Professor für Mathematik an der HTW Zwickau (FH).

Die Deutsche Bibliothek – CIP-Einheitsaufnahme

VomScheidt, Jürgen:
Analyse und Simulation stochastischer Schwingungssysteme
von Jürgen VomScheidt ; Benno Fellenberg ; Ulrich Wöhrl.
Stuttgart : Teubner, 1994
  (Leitfäden der angewandten Mathematik und Mechanik ; Bd. 71)
  ISBN 978-3-663-01295-5   ISBN 978-3-663-01294-8 (eBook)
  DOI 10.1007/978-3-663-01294-8
NE: Fellenberg, Benno:; Wöhrl, Ulrich:; GT

Vorwort

Der vorliegende Band richtet sich sowohl an Studenten der Mathematik, Mechanik, Natur- und Ingenieurwissenschaften als auch an Ingenieure, Mathematiker und Naturwissenschaftler in der Praxis und an Hochschulen. Er soll mit einem neuen Konzept der Behandlung stochastischer Systeme vertraut machen. Es basiert auf der Theorie schwach korrelierter Funktionen, deren theoretische Behandlung und Analyse Gegenstand der anwendungsorientierten Forschung der Verfasser sind.

Die Erfahrungen aus Anwendungen in Drittmittelprojekten und der Realisierung von Kompaktkursen vor Postgradualstudenten und Vertretern der Praxis sind für uns Anlaß gewesen, die theoretischen Ergebnisse aufzubereiten und an praxisnahen Beispielen zu demonstrieren. Eine geschlossene, streng mathematische Darstellung der zugrundeliegenden Theorie liegt mit der Monographie VOM SCHEIDT [32] vor.

Ein einführendes Beispiel im ersten Kapitel soll das Gesamtanliegen dieses Buches umreißen:

Vorstellung eines geschlossenen Konzeptes von der mathematischen Modellierung des technischen Problems und der stochastischen Eingangsfunktionen über die analytische Lösung und numerische Simulation der resultierenden Differentialgleichungssysteme bis zur stochastischen Analyse der Ausgangsfunktionen.

Im ersten Kapitel werden dazu die benötigten Grundlagen der stochastischen Funktionen und der Theorie schwach korrelierter Funktionen bereitgestellt. Der Schwerpunkt liegt hier und in den weiteren Kapiteln auf einer lehrbuchgemäßen Darstellung. Notwendige Vorkenntnisse zu den Grundlagen der Stochastik werden in Form eines kurzen Repetitoriums bereitgestellt.

Im zweiten Kapitel wird die auf der Theorie schwach korrelierter Funktionen basierende Methode vorgestellt, reale Eingangsfunktionen dynamischer Systeme mathematisch zu modellieren, zu approximieren und zu simulieren.

Die mathematische Modellierung (diskreter) technischer Schwingungsvorgänge führt auf Anfangswertprobleme gewöhnlicher Differentialgleichungen, deren Behandlung Gegenstand des dritten Kapitels ist. Für lineare und nichtlineare Modelle werden stochastische Analyseverfahren angegeben, die Aussagen bezüglich stochastischer Momente, Verteilungen und Spektraldichten sowie zum Mittelungsproblem gestatten. Dabei werden analytische Methoden der Analysis zur Lösung der Anfangswertprobleme eingesetzt.

Schließlich werden im vierten Kapitel Methoden der stochastischen Simulation von zufällig erregten Schwingungssystemen vorgestellt und sowohl zur Bestätigung der erhaltenen theoretischen Ergebnisse als auch zur Analyse ausgewählter Problemstellungen der Praxis eingesetzt.

Die mathematische Darstellung der zugrundeliegenden theoretischen Ergebnisse ist bewußt kurz gehalten worden, um numerischen Beispielen und technischen Anwendungen Raum zu lassen. Beweise werden nur angegeben, wo sie

6

für das Verständnis der dargestellten Zusammenhänge notwendig oder lehrreich sind. Die Auswahl der Beispiele soll die Vielfalt der Anwendungsmöglichkeiten der erhaltenen Ergebnisse demonstrieren. Wir hoffen mit der gewählten Darstellungsform sowohl dem Studierenden als auch dem Anwender Rechnung zu tragen.

Abschließend gilt der Dank unseren Mitarbeitern der Technischen Universität Chemnitz-Zwickau und der Hochschule für Technik und Wirtschaft Zwickau (FH) für die erwiesene Unterstützung und Begleitung des Projektes und seiner zugrundeliegenden wissenschaftlichen Arbeit. Weiterhin danken wir dem Verlag B.G. Teubner für die stets wohlwollende und förderliche Zusammenarbeit.

Chemnitz, Zwickau, im Sommer 1994

J. vom Scheidt, B. Fellenberg, U. Wöhrl

Inhaltsverzeichnis

Kapitel 1

Stochastische Funktionen in der Technik

1.1 Ein einführendes Beispiel

Viele in der Natur und Technik ablaufende Prozesse unterliegen zufälligen Einflüssen. Ihre mathematische Beschreibung erfolgt durch Gleichungen mit zufälligen Parametern. In der klassischen Theorie werden diese stochastischen Größen durch Mittelwerte ersetzt, wodurch man deterministische mathematische Modelle erhält. Mit der Entwicklung von Wissenschaft und Technik mußten in den letzten Jahren in zunehmendem Maße solche Einflüsse berücksichtigt werden, da die deterministischen Modelle die realen Vorgänge nicht hinreichend gut widerspiegeln. Als Beispiele seien Schwingungen an Fahrzeugen infolge zufälliger Fahrbahnunebenheiten, Bauwerke und Konstruktionen unter seismischer Beanspruchung, durch Wind erregte Schwingungen von Turmbauwerken oder Tragflächen, bei elektromagnetischen Schwingungen auftretende Rauschprozesse, die Zuverlässigkeit von Bauteilen mit zufälligen Werkstoffparametern, die Temperaturverteilung in inhomogenen Materialien oder bei zufälliger Wärmeeinspeisung und die Wellenausbreitung in zufällig beeinflußten Medien genannt.

In diesem Buch werden Schwingungssysteme mit stochastischer Fremderregung betrachtet. Das bedeutet, daß die Schwingungsbewegungen durch zufällige äußere Kräfte hervorgerufen werden. Das hat natürlich zur Folge, daß die Schwingungssysteme auf diese Erregungen mit zufälligen Schwingungsbewegungen reagieren. Die Analyse dieser Zufallsschwingungen ist das Ziel unserer Untersuchungen.

Diese Problematik soll nun ausführlicher für ein Schwingungssystem erläutert werden, dessen mechanisches Ersatzmodell ein System mehrerer Massen ist, die durch Federn und Dämpfer gekoppelt sind. Im Bild 1.1 ist dafür ein Beispiel dargestellt.

Dieses Modell kann als einfaches ebenes Fahrzeugersatzmodell mit vier Freiheitsgraden interpretiert werden. Dabei verkörpert das obere Kästchen den Fahrzeugaufbau mit der Masse m und dem Trägheitsmoment I bezüglich des Schwerpunktes S. Betrachtet man das Modell als Längsschnitt durch ein Fahr-

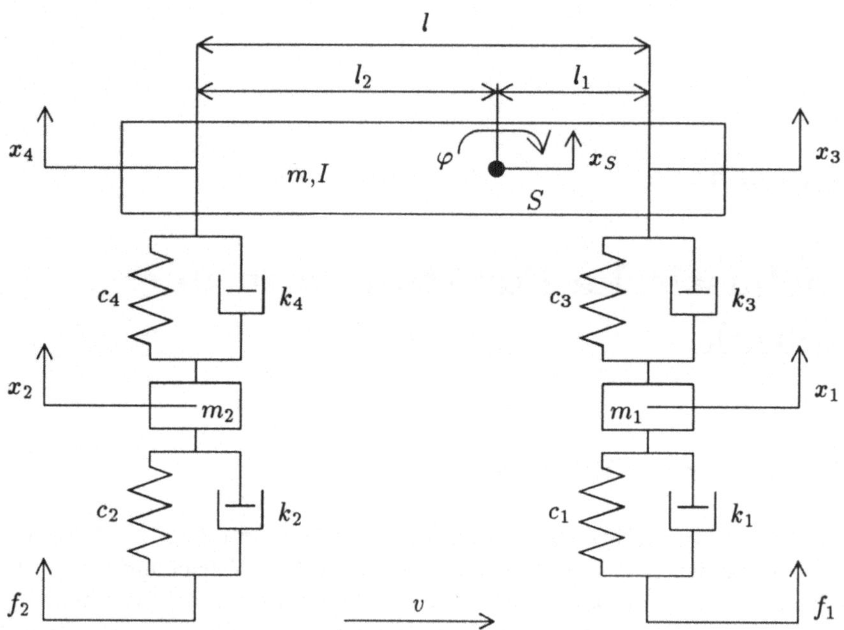

Bild 1.1: Mechanisches Ersatzmodell eines Schwingungssystems

zeug, so sind m_1 bzw. m_2 die Massen der Vorder- bzw. Hinterräder. Rollt das
Fahrzeug über eine unebene Fahrbahn, dann erfolgen in Abhängigkeit von der
Zeit t Auslenkungen $f_1(t)$ bzw. $f_2(t)$ am Vorder- bzw. Hinterrad durch die Fahrbahnunebenheiten. Diese Erregungen erfolgen zeitverschoben, das heißt bei einer
konstanten Fahrgeschwindigkeit v gilt $f_1(t) = f_2(t + l/v)$.

Das Modell kann aber auch als Fahrzeugquerschnitt interpretiert werden,
wobei m_1 bzw. m_2 die Massen der rechten bzw. linken Räder sind. Jetzt sind
$f_1(t)$ bzw. $f_2(t)$ die durch zwei getrennte Fahrspuren induzierten Erregungen,
die im allgemeinen nicht völlig unabhängig voneinander wirken.

Die Reaktion des Schwingungssystems wird durch die vertikalen Auslenkungen der Radmassen $x_1(t)$, $x_2(t)$, die vertikale Auslenkung des Schwerpunktes
des Aufbaus $x_s(t)$ und den Nick- bzw. Wankwinkel $\varphi(t)$ des Aufbaus beschrieben. Die Bewegungen $x_s(t)$ und $\varphi(t)$ können auch durch die Auslenkungen $x_3(t)$
und $x_4(t)$ ersetzt werden. Diese Absolutbewegungen seien so gewählt, daß sie
die Auslenkungen aus der statischen Ruhelage beschreiben.

Es ist das Ziel, diese Absolutbewegungen des Systems aus bekannten Fahr-
zeugparametern und Erregungsfunktionen zu berechnen. Damit erhält der Kon-
strukteur ein Hilfsmittel zur Dimensionierung eines Fahrzeuges, das ihm erlaubt,
verschiedene Varianten zu berechnen und zu vergleichen. Damit kann die Anzahl
kosten- und zeitaufwendiger Versuche reduziert werden.

Zur Beurteilung des Schwingungsverhaltens werden häufig auch die Relativbewegungen

$$y_1 = x_1 - f_1, \quad y_2 = x_2 - f_2, \quad y_3 = x_3 - x_1, \quad y_4 = x_4 - x_2$$

benötigt. Für das Beispielmodell beschreiben sie die Bewegungen der Schwingungsdämpfer und der Luftreifen.

In vielen Fällen sind die Schwingungsgeschwindigkeiten und -beschleunigungen (als erste und zweite Ableitungen der Schwingungsbewegungen) besser zur Beurteilung des Schwingungsverhaltens geeignet als die Bewegungen. So kann man aus den Beschleunigungen Kräfte berechnen, die die Grundlage für Festigkeits- oder Bruchuntersuchungen bilden. Bei Fahrzeugen liefern die Aufbaubeschleunigungen Aussagen über den Fahrkomfort, während die Radbeschleunigungen und die daraus resultierenden Radlastschwankungen eine Beurteilung der Fahrsicherheit erlauben (s. z. B. MITSCHKE[20]).

Zur mathematischen Modellierung kann man die d'Alembertsche Methode und, insbesondere für kompliziertere Modelle, die Lagrangesche Methode verwenden (s. z. B. FISCHER;STEPHAN[14] und POPP;SCHIEHLEN[24]). Für das obige Beispiel erhält man unter Voraussetzung kleiner Winkel φ, linearer Federkräfte $c_i y_i$ und linearer Dämpfungskräfte $k_i \dot{y}_i$ sowie der Berücksichtigung der statischen Ruhelage

$$m_1 \ddot{x}_1 + c_1(x_1 - f_1) + k_1(\dot{x}_1 - \dot{f}_1) - c_3(x_s - l_1\varphi - x_1) - k_3(\dot{x}_s - l_1\dot{\varphi} - \dot{x}_1) = 0$$

$$m_2 \ddot{x}_2 + c_2(x_2 - f_2) + k_2(\dot{x}_2 - \dot{f}_2) - c_4(x_s + l_2\varphi - x_2) - k_4(\dot{x}_s + l_2\dot{\varphi} - \dot{x}_2) = 0$$

$$I\ddot{\varphi} - l_1[c_3(x_s - l_1\varphi - x_1) + k_3(\dot{x}_s - l_1\dot{\varphi} - \dot{x}_1)]$$
$$+ l_2[c_4(x_s + l_2\varphi - x_2) + k_4(\dot{x}_s + l_2\dot{\varphi} - \dot{x}_2)] = 0$$

$$m\ddot{x}_s + c_3(x_s - l_1\varphi - x_1) + k_3(\dot{x}_s - l_1\dot{\varphi} - \dot{x}_1)$$
$$+ c_4(x_s + l_2\varphi - x_2) + k_4(\dot{x}_s + l_2\dot{\varphi} - \dot{x}_2) = 0$$

Eine ausführliche Beschreibung der mathematischen Modellierung für dieses Beispiel erfolgt im Kapitel 1.2.

Die Differentialgleichungssysteme für solche lineare Schwingungsmodelle lassen sich allgemein in der Form

$$A\ddot{x} + B\dot{x} + Cx = \hat{F}(t) \tag{1.1}$$

schreiben, wobei die Koordinaten des Vektor $\hat{F}(t)$ Linearkombinationen aus den Erregungsfunktionen und deren Ableitungen sind. Der Vektor $x(t)$ enthält die Schwingungsbewegungen, und die Matrizen ergeben sich aus den Modellparametern (Massen, Feder- und Dämpferkonstanten sowie geometrische Abmessungen). Nichtlineare Feder- und Dämpferkräfte führen auf ein System von nichtlinearen Differentialgleichungen, worauf erst im folgenden Abschnitt eingegangen werden soll.

Zur Lösung der Differentialgleichungen erweist es sich als günstig , das zu
(1.1) äquivalente Differentialgleichungssystem erster Ordnung

$$M\dot{z} + Nz = F(t) \tag{1.2}$$

mit $z = \begin{pmatrix} \dot{x} \\ x \end{pmatrix}$ und $f = \begin{pmatrix} \hat{f} \\ 0 \end{pmatrix}$ zu betrachten. Die $(2n, 2n)$−Matrizen M, N
und der Vektor $F(t)$ in (1.2) sind durch die Blockmatrizen

$$M = \begin{pmatrix} A & O \\ O & E \end{pmatrix}, \quad N = \begin{pmatrix} B & C \\ -E & O \end{pmatrix}, \quad F(t) = \begin{pmatrix} \hat{F}(t) \\ O \end{pmatrix},$$

mit der Einheitsmatrix E und der Nullmatrix O gegeben. Die Lösung von (1.2)
mit den Anfangswerten $z(0) = z_0$ ist

$$z(t) = G(t)Mz_0 + \int_0^t G(t-s)F(s)\,ds \tag{1.3}$$

mit $G(t) = \exp(-M^{-1}Nt)M^{-1}$, wobei die Existenz der Inversen von M vorausgesetzt werden muß (s. z. B. BURG;HAF;WILLE[6], Band III). Für die Koordinaten $z_i(t)$ des Vektors $z(t)$ erhält man aus dieser Matrizendarstellung

$$z_i(t) = \sum_{j,k=1}^{2n} G_{ij}(t)M_{jk}z_{0k} + \sum_{j=1}^{2n} \int_0^t G_{ij}(t-s)F_j(s)\,ds, \; i = 1, 2, \ldots, 2n. \tag{1.4}$$

Der Vektor $z(t)$ enthält also alle Schwingungsbewegungen und -geschwindigkei-
ten, und die ersten n Koordinaten von $\dot{z}(t)$ sind die zugehörigen Beschleunigungen.

Für deterministische Erregungsfunktionen (z. B. harmonische Erregungen)
ist das Problem mit dem Ausdruck (1.3) gelöst. Wir wenden uns nun stochastischen Erregungen zu. Die dabei auftretenden neuen Probleme werden wieder
am Beispiel eines Fahrzeuges erläutert. Die Funktionen $f_1(t)$ und $f_2(t)$ geben
die Höhe der Fahrbahn bezüglich einer festen Niveaulinie an und beschreiben
damit die Unebenheit der Straße. Diese Funktionen sind vom Zufall abhängig.

Fährt man etwa über verschiedene Straßen gleichen Typs (z. B. gleichen
Straßenbelags), so wird man zwar über ähnliche, aber niemals gleiche, Profile
rollen. Diese Aussage trifft sogar schon dann zu, wenn eine Straße mehrmals befahren wird. Bereits kleine Abweichungen der Fahrspuren werden andere die Unebenheiten beschreibende Funktionen zur Folge haben. Die Menge aller möglichen (ähnlich aussehenden) Profile von Fahrbahnen eines bestimmten Typs faßt
man als stochastischen Prozeß oder allgemeiner als stochastische Funktion zusammen. Jede konkrete Unebenheitsfunktion dieser Menge bezeichnet man als
eine Realisierung dieses Prozesses.

Für jede Realisierung, die z. B. aus einer Messung hervorgeht, kann das
Schwingungsdifferentialgleichungssystem als deterministisches Problem gelöst

werden. Die Lösung (1.3) ist dann ebenfalls von der zufällig ausgewählten Realisierung abhängig. Andere Realisierungen liefern entsprechend auch andere Lösungskurven. Die Lösung für eine Realisierung hat damit nur wenig Aussagekraft für das Schwingungsverhalten bezüglich einer Fahrbahnklasse. Deshalb müssen die Differentialgleichungen mit stochastischen Prozessen als Erregungen betrachtet werden. Die Lösungen dieser zufälligen Differentialgleichungen sind dann ebenfalls stochastische Prozesse.

Nun muß aber andererseits festgestellt werden, daß ein stochastischer Prozeß als Ensemble von Realisierungen zunächst wenig geeignet ist, um charakteristische Merkmale festzustellen. Solche Merkmale für eine ganze Klasse von Fahrbahnunebenheiten können nur deterministische, also vom Zufall unabhängige, Größen sein. Man erhält sie in natürlicher Weise durch Mittelung über alle möglichen Realisierungen. Im folgenden sind einige stochastische Charakteristiken aufgeführt, wobei auf eine exakte Definition vorerst verzichtet wird.

Mittelwert- bzw. Erwartungswertfunktion: Diese Funktion gibt für jede Zeit den mittleren Wert eines stochastischen Prozesses an.

Varianzfunktion: Die Varianzfunktion ist ein Maß für die möglichen quadratischen Abweichungen der Realisierungen von der Mittelwertfunktion.

Korrelationsfunktion: Der stochastische Prozeß wird zu zwei Zeiten beobachtet. Die Korrelationsfunktion ist dann ein Maß für die gegenseitige Abhängigkeit der Prozeßwerte zu diesen Zeitpunkten.

Niveauüberschreitungsrate: Es wird ein Mittelwert dafür angegeben, wie oft die Realisierungen eines Prozesses pro Zeiteinheit einen bestimmten Wert (Niveau) überschreiten.

Spektraldichte: Der Prozeß wird als stetige (kontinuierliche) Überlagerung harmonischer Schwingungen dargestellt. Die Spektraldichte ist dann ein Maß für den Zusammenhang zwischen den Amplituden der Grundschwingungen und den zugehörigen Frequenzen.

Abschließend wollen wir die wesentlichen Aufgaben für die Untersuchung stochastischer Schwingungssysteme kurz zusammenfassen:

- Mathematische Modellierung der stochastischen Erregungsprozesse und Berechnung ihrer stochastischen Charakteristiken,

- Analytische Lösung des stochastischen Differentialgleichungssystems und Berechnung stochastischer Charakteristiken für die Schwingungsbewegungen, -geschwindigkeiten und -beschleunigungen in Abhängigkeit von Modell- und Erregungsparametern.

- Mathematische Simulation der Erregungen, das heißt Erzeugung von Realisierungen für stochastische Prozesse mit vorgegebenen Charakteristiken, als Grundlage für die Steuerung von Prüfständen oder für die numerische Lösung des Differentialgleichungssystems.

1.2 Mathematische Modellierung mechanischer Schwingungsprobleme

Die mathematische Modellierung fremderregter mechanischer Schwingungssysteme wird im folgenden exemplarisch an zwei typischen Beispielen erläutert. Als Methode wird das d'Alembertsche Prinzip angewandt. Für grundlegende und ausführliche Darstellungen sowie für die Anwendung anderer Methoden sei auf die Literatur verwiesen, z. B. FISCHER; STEPHAN[14], POPP; SCHIEHLEN[24].

Als erstes Beispiel wird der in Bild 1.2 dargestellte Zweimassenschwinger betrachtet.

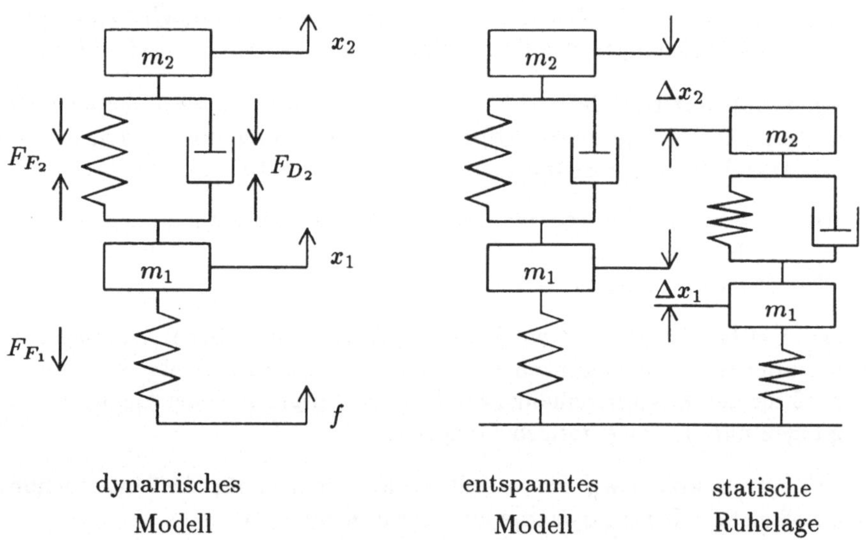

Bild 1.2: Zweimassenschwinger

Dieses Schwingungssystem wird durch die zeitabhängige Bewegung $f(t)$ erregt. Die Reaktion des Systems wird durch die Absolutbewegungen $x_1(t)$ und $x_2(t)$ angegeben, die die Bewegungen um die statische Gleichgewichtslage beschreiben. Die statischen Auslenkungen aus dem entspannten System (entlastete Federn) seien $-\Delta x_1$ und $-\Delta x_2$.

Nach dem mechanischen Prinzip des Freischneidens der beiden Massen wirken im unteren Teilsystem die Massenträgheitskraft $m_1\ddot{x}_1$, die Schwerkraft $m_1 g$, die Federkräfte F_{F_1} und $-F_{F_2}$ sowie die Dämpfungskraft $-F_{D_2}$. Im oberen Teilsystem wirken unter Berücksichtigung des Gegenwirkungsprinzips (actio = reactio) der Schnittkräfte die Massenträgheitskraft $m_2\ddot{x}_2$, die Schwerkraft $m_2 g$, die Federkraft F_{F_2} und die Dämpfungskraft F_{D_2}. Das Kräftegleichgewicht für die Teilsysteme führt also auf die Gleichungen

$$m_1\ddot{x}_1 + m_1 g + F_{F_1} - F_{F_2} - F_{D_2} = 0$$
$$m_2\ddot{x}_2 + m_2 g + F_{F_2} + F_{D_2} = 0. \tag{1.5}$$

Da die Federkräfte von den Auslenkungen aus den entlasteten Zuständen und die Dämpferkräfte von deren Geschwindigkeiten abhängen, ergeben sich folgende funktionale Abhängigkeiten

$$
\begin{aligned}
F_{F_1} &= F_{F_1}(x_1 - \Delta x_1 - f) = F_{F_1}(y_1 - \Delta y_1) \\
F_{F_2} &= F_{F_2}(x_2 - \Delta x_2 - (x_1 - \Delta x_1)) = F_{F_2}(y_2 - \Delta y_2) \\
F_{D_2} &= F_{D_2}(\dot{x}_2 - \dot{x}_1) = F_{D_2}(\dot{y}_2),
\end{aligned}
\tag{1.6}
$$

wobei die Relativbewegungen

$$
\begin{aligned}
y_1(t) &= x_1(t) - f(t) \\
y_2(t) &= x_2(t) - x_1(t)
\end{aligned}
$$

eingeführt wurden, und

$$
\begin{aligned}
\Delta y_1 &= \Delta x_1 \\
\Delta y_2 &= \Delta x_2 - \Delta x_1
\end{aligned}
$$

gesetzt wurden. Es sei noch bemerkt, daß die Funktionen $x_1(t) - \Delta x_1$ und $x_2(t) - \Delta x_2$ die Bewegungen um den entlasteten Zustand beschreiben. Für die statische Ruhelage ($f = x_1 = x_2 = 0$) folgt aus (1.5) und (1.6)

$$
\begin{aligned}
m_1 g + F_{F_1}(-\Delta y_1) - F_{F_2}(-\Delta y_2) - F_{D_2}(0) &= 0 \\
m_2 g + F_{F_2}(-\Delta y_2) + F_{D_2}(0) &= 0.
\end{aligned}
\tag{1.7}
$$

Setzt man lineare Feder- und Dämpferkräfte

$$F_{F_1}(s) = c_1 s, \quad F_{F_2}(s) = c_2 s, \quad F_{D_2}(\dot{s}) = k_2 \dot{s}$$

voraus, folgen aus (1.5) und (1.6) die Bewegungsgleichungen

$$
\begin{aligned}
m_1\ddot{x}_1 + m_1 g + c_1(y_1 - \Delta y_1) - c_2(y_2 - \Delta y_2) - k_2\dot{y}_2 &= 0 \\
m_2\ddot{x}_2 + m_2 g + c_2(y_2 - \Delta y_2) + k_2\dot{y}_2 &= 0
\end{aligned}
\tag{1.8}
$$

und aus (1.7) die Gleichungen für die statische Ruhelage

$$
\begin{aligned}
m_1 g - c_1 \Delta y_1 + c_2 \Delta y_2 &= 0 \\
m_2 g - c_2 \Delta y_2 &= 0.
\end{aligned}
\tag{1.9}
$$

Unter Berücksichtigung von (1.9) erhält man aus (1.8)

$$m_1\ddot{x}_1 - k_2\dot{y}_2 + c_1y_1 - c_2y_2 = 0$$
$$m_2\ddot{x}_2 + k_2\dot{y}_2 + c_2y_2 = 0$$

und schließlich mit $y_1 = x_1 - f$ und $y_2 = x_2 - x_1$ die Gleichungen für die Absolutbewegungen

$$m_1\ddot{x}_1 + k_2\dot{x}_1 - k_2\dot{x}_2 + (c_1 + c_2)x_1 - c_2x_2 = c_1f(t)$$
$$m_2\ddot{x}_2 - k_2\dot{x}_1 + k_2\dot{x}_2 - c_2x_1 + c_2x_2 = 0 \tag{1.10}$$

bzw. mit $x_1 = y_1+f$, $x_2 = y_1+y_2+f$ die Gleichungen für die Relativbewegungen

$$m_1\ddot{y}_1 - k_2\dot{y}_2 + c_1y_1 - c_2y_2 = -m_1\ddot{f}$$
$$m_2\ddot{y}_1 + m_2\ddot{y}_2 + k_2\dot{y}_2 + c_2y_2 = -m_2\ddot{f}. \tag{1.11}$$

Beim linearen Modell lassen sich also bei geeigneter Wahl der Koordinaten die konstanten Anteile aus den Bewegungsgleichungen (1.8) eliminieren. Man erhält Systeme linearer inhomogener Differentialgleichungen zweiter Ordnung mit konstanten Koeffizienten, deren Störfunktionen durch die Erregungsfunktion $f(t)$ bestimmt sind.

Bei nichtlinearen Feder- und Dämpferkräften werden sich die konstanten Terme in (1.5) im allgemeinen nicht durch die Gleichungen (1.7) eliminieren lassen. Es wird nun angenommen, daß sich die nichtlinearen Feder- und Dämpferkräfte durch Polynome hinreichend genau approximieren lassen. Zur einfachen Darstellung seien hier Polynome dritten Grades

$$F_{F_1}(s) = c_{11}s + c_{12}s^2 + c_{13}s^3$$
$$F_{F_2}(s) = c_{21}s + c_{22}s^2 + c_{23}s^3$$
$$F_{D_2}(\dot{s}) = k_{21}\dot{s} + k_{22}\dot{s}^2 + k_{23}\dot{s}^3$$

gewählt. Dann treten in den Gleichungen für die Absolutbewegungen Terme der Form $(x_1 - \Delta x_1 - f)^k$ bzw. $x_1^k f^l$ auf. In diesem Fall ist es in Hinblick auf die später verwendeten Methoden zur Lösung der Differentialgleichungssysteme und zur stochastischen Analyse dieser Lösungen günstiger, mit den Gleichungen für die Relativbewegungen zu arbeiten, für die man aus (1.5)

$$m_1\ddot{y}_1 - k_{21}\dot{y}_2 - k_{22}\dot{y}_2^2 - k_{23}\dot{y}_2^3$$
$$+c_{11}(y_1 - \Delta y_1) + c_{12}(y_1 - \Delta y_1)^2 + c_{13}(y_1 - \Delta y_1)^3$$
$$-c_{21}(y_2 - \Delta y_2) - c_{22}(y_2 - \Delta y_2)^2 - c_{23}(y_2 - \Delta y_2)^3 = -m_1g - m_1\ddot{f}$$
$$m_2\ddot{y}_1 + m_2\ddot{y}_2 + k_{21}\dot{y}_2 + k_{22}\dot{y}_2^2 + k_{23}\dot{y}_2^3$$
$$+c_{21}(y_2 - \Delta y_2) + c_{22}(y_2 - \Delta y_2)^2 + c_{23}(y_2 - \Delta y_2)^3 = -m_2g - m_2\ddot{f}$$

erhält. Berücksichtigt man nun die aus (1.7) folgenden Gleichungen für die statische Ruhelage

$$-c_{11}\Delta y_1 + c_{12}(\Delta y_1)^2 - c_{13}(\Delta y_1)^3 + c_{21}\Delta y_2 - c_{22}(\Delta y_2)^2 + c_{23}(\Delta y_2)^3 = -m_1 g$$
$$-c_{21}\Delta y_2 + c_{22}(\Delta y_2)^2 - c_{23}(\Delta y_2)^3 = -m_2 g,$$

dann ergibt sich das Differentialgleichungssystem

$$m_1\ddot{y}_1 - k_{21}\dot{y}_2 + \hat{c}_{11}y_1 - \hat{c}_{21}y_2 - k_{22}\dot{y}_2^2 + \hat{c}_{12}y_1^2 - \hat{c}_{22}y_2^2$$
$$-k_{23}\dot{y}_2^3 + c_{13}y_1^3 - c_{23}y_2^3 = -m_1\ddot{f} \quad (1.12)$$
$$m_2\ddot{y}_1 + m_2\ddot{y}_2 + k_{21}\dot{y}_2 + \hat{c}_{21}y_2 + k_{22}\dot{y}_2^2 + \hat{c}_{22}y_2^2$$
$$+k_{23}\dot{y}_2^3 + c_{23}y_2^3 = -m_2\ddot{f}$$

mit

$$\hat{c}_{11} = c_{11} - 2c_{12}\Delta y_1 + 3c_{13}(\Delta y_1)^2$$
$$\hat{c}_{21} = c_{21} - 2c_{22}\Delta y_2 + 3c_{23}(\Delta y_2)^2$$
$$\hat{c}_{12} = c_{12} - 3c_{13}\Delta y_1$$
$$\hat{c}_{22} = c_{22} - 3c_{23}\Delta y_2.$$

Die Gleichungen (1.12) enthalten also weder konstante Terme noch Produkte der Lösungen mit der Erregungsfunktion.

Nun soll noch einmal das in Bild 1.1 dargestellte Modell betrachtet werden. x_1, x_2, x_S und φ bezeichnen wieder die Absolutbewegungen um die statische Ruhelage, $-\Delta x_1$, $-\Delta x_2$, $-\Delta x_S$ und $-\Delta\varphi$ seien die statischen Auslenkungen. Nach dem Prinzip des Freischneidens der Massen erhält man für das obere Teilsystem das Momentengleichgewicht bzgl. des Schwerpunktes S

$$I\ddot{\varphi} - (F_{F_3} + F_{D_3})l_1 + (F_{F_4} + F_{D_4})l_2 = 0$$

mit dem Massenträgheitsmoment I bzgl. des Schwerpunktes und das Kräftegleichgewicht in vertikaler Richtung

$$m\ddot{x}_S + mg + F_{F_3} + F_{D_3} + F_{F_4} + F_{D_4} = 0.$$

Für die beiden unteren Teilsysteme gelten analog zum ersten Beispiel des obigen Zweimassenschwingers die Kräftegleichgewichte

$$m_1\ddot{x}_1 + m_1 g + F_{F_1} + F_{D_1} - F_{F_3} - F_{D_3} = 0$$
$$m_2\ddot{x}_2 + m_2 g + F_{F_2} + F_{D_2} - F_{F_4} - F_{D_4} = 0.$$

Dabei hat man für die auftretenden Feder- und Dämpferkräfte folgende funktionale Abhängigkeiten:

$$F_{F_1} = F_{F_1}(x_1 - \Delta x_1 - f_1)$$

$$
\begin{aligned}
F_{F_2} &= F_{F_2}(x_2 - \Delta x_2 - f_2) \\
F_{F_3} &= F_{F_3}(x_S - \Delta x_S - l_1(\varphi - \Delta\varphi) - (x_1 - \Delta x_1)) \\
F_{F_4} &= F_{F_4}(x_S - \Delta x_S + l_2(\varphi - \Delta\varphi) - (x_2 - \Delta x_2)) \\
F_{D_1} &= F_{D_1}(\dot{x}_1 - \dot{f}_1) \\
F_{D_2} &= F_{D_2}(\dot{x}_2 - \dot{f}_2) \\
F_{D_3} &= F_{D_3}(\dot{x}_S - l_1\dot{\varphi} - \dot{x}_1) \\
F_{D_4} &= F_{D_4}(\dot{x}_S + l_2\dot{\varphi} - \dot{x}_2).
\end{aligned}
$$

Die statische Ruhelage wird durch das Gleichungssystem

$$
\begin{aligned}
-[F_{F_3}(-\Delta x_S + l_1\Delta\varphi + \Delta x_1) + F_{D_3}(0)]l_1 & \\
+[F_{F_4}(-\Delta x_S - l_2\Delta\varphi + \Delta x_2) + F_{D_4}(0)]l_2 &= 0 \\
mg + F_{F_3}(-\Delta x_S + l_1\Delta\varphi + \Delta x_1) + F_{D_3}(0) & \\
+F_{F_4}(-\Delta x_S - l_2\Delta\varphi + \Delta x_2) + F_{D_4}(0) &= 0 \\
m_1 g + F_{F_1}(-\Delta x_1) + F_{D_1}(0) - F_{F_3}(-\Delta x_S + l_1\Delta\varphi + \Delta x_1) - F_{D_3}(0) &= 0 \\
m_2 g + F_{F_2}(-\Delta x_2) + F_{D_2}(0) - F_{F_4}(-\Delta x_S - l_2\Delta\varphi + \Delta x_2) - F_{D_4}(0) &= 0
\end{aligned}
$$

beschrieben. Unter Voraussetzung linearer Kräftefunktionen folgt aus den dynamischen und statischen Gleichungen unmittelbar das Differentialgleichungssystem

$$
\begin{aligned}
m_1\ddot{x}_1 + c_1(x_1 - f_1) + k_1(\dot{x}_1 - \dot{f}_1) & \\
-c_3(x_s - l_1\varphi - x_1) - k_3(\dot{x}_s - l_1\dot{\varphi} - \dot{x}_1) &= 0 \\
m_2\ddot{x}_2 + c_2(x_2 - f_2) + k_2(\dot{x}_2 - \dot{f}_2) & \\
-c_4(x_s + l_2\varphi - x_2) - k_4(\dot{x}_s + l_2\dot{\varphi} - \dot{x}_2) &= 0 \\
I\ddot{\varphi} - l_1[c_3(x_s - l_1\varphi - x_1) + k_3(\dot{x}_s - l_1\dot{\varphi} - \dot{x}_1)] & \\
+l_2[c_4(x_s + l_2\varphi - x_2) + k_4(\dot{x}_s + l_2\dot{\varphi} - \dot{x}_2)] &= 0 \\
m\ddot{x}_s + c_3(x_s - l_1\varphi - x_1) + k_3(\dot{x}_s - l_1\dot{\varphi} - \dot{x}_1) & \\
+c_4(x_s + l_2\varphi - x_2) + k_4(\dot{x}_s + l_2\dot{\varphi} - \dot{x}_2) &= 0\,.
\end{aligned}
$$

$$(1.13)$$

Für kleine Winkel φ kann man die Bewegungen φ und x_S durch die vertikalen Absolutbewegungen x_3 und x_4 ersetzen. Mit

$$
x_3 = x_S - l_1\varphi, \qquad x_4 = x_S + l_2\varphi
$$

und den statischen Auslenkungen

$$
\Delta x_3 = \Delta x_S - l_1\Delta\varphi, \qquad \Delta x_4 = \Delta x_S + l_2\Delta\varphi
$$

erhält man durch einfache Umformungen die Bewegungsgleichungen

$$
m_1\ddot{x}_1 + m_1 g + F_{F_1}(x_1 - \Delta x_1 - f_1) + F_{D_1}(\dot{x}_1 - \dot{f}_1)
$$

$$-F_{F_3}(x_3 - \Delta x_3 - (x_1 - \Delta x_1)) - F_{D_3}(\dot{x}_3 - \dot{x}_1) = 0$$

$$m_2\ddot{x}_2 + m_2 g + F_{F_2}(x_2 - \Delta x_2 - f_2) + F_{D_2}(\dot{x}_2 - \dot{f}_2)$$

$$-F_{F_4}(x_4 - \Delta x_4 - (x_2 - \Delta x_2)) - F_{D_4}(\dot{x}_4 - \dot{x}_2) = 0$$

$$m_4\ddot{x}_3 + m_6\ddot{x}_4 + \frac{ml_2}{l}g + F_{F_3}(x_3 - \Delta x_3 - (x_1 - \Delta x_1)) + F_{D_3}(\dot{x}_3 - \dot{x}_1) = 0$$

$$m_6\ddot{x}_3 + m_5\ddot{x}_4 + \frac{ml_1}{l}g + F_{F_4}(x_4 - \Delta x_4 - (x_2 - \Delta x_2)) + F_{D_4}(\dot{x}_4 - \dot{x}_2) = 0$$

und die statischen Gleichungen

$$m_1 g + F_{F_1}(-\Delta x_1) + F_{D_1}(0) - F_{F_3}(-\Delta x_3 + \Delta x_1) - F_{D_3}(0) = 0$$

$$m_2 g + F_{F_2}(-\Delta x_2) + F_{D_2}(0) - F_{F_4}(-\Delta x_4 + \Delta x_2) - F_{D_4}(0) = 0$$

$$\frac{ml_2}{l}g + F_{F_3}(-\Delta x_3 + \Delta x_1) + F_{D_3}(0) = 0$$

$$\frac{ml_1}{l}g + F_{F_4}(-\Delta x_4 + \Delta x_2) + F_{D_4}(0) = 0,$$

wobei die Ersatzmassen

$$m_4 = \frac{ml_2^2 + I}{l^2}, \qquad m_5 = \frac{ml_1^2 + I}{l^2}, \qquad m_6 = \frac{ml_1 l_2 - I}{l^2}$$

gesetzt wurden. Für den Spezialfall linearer Kräfte folgt daraus sofort das Differentialgleichungssystem

$$m_1\ddot{x}_1 + k_1(\dot{x}_1 - \dot{f}_1) - k_3(\dot{x}_3 - \dot{x}_1) + c_1(x_1 - f_1) - c_3(x_3 - x_1) = 0$$

$$m_2\ddot{x}_2 + k_2(\dot{x}_2 - \dot{f}_2) - k_4(\dot{x}_4 - \dot{x}_2) + c_2(x_2 - f_2) - c_4(x_4 - x_2) = 0$$

$$m_4\ddot{x}_3 + m_6\ddot{x}_4 + k_3(\dot{x}_3 - \dot{x}_1) + c_3(x_3 - x_1) = 0$$

$$m_6\ddot{x}_3 + m_5\ddot{x}_4 + k_4(\dot{x}_4 - \dot{x}_2) + c_4(x_4 - x_2) = 0$$

$$(1.14)$$

Im nichtlinearen Fall werden die Feder- bzw. Dämpferkräfte durch Polynome m-ten Grades

$$F_{F_i}(s) = \sum_{j=1}^{m} c_{ij} s^j,$$

$$F_{D_i}(\dot{s}) = \sum_{j=1}^{m} k_{ij} \dot{s}^j, \qquad i = 1, 2, 3, 4$$

approximiert. Dann treten natürlich in den Bewegungsgleichungen Produkte der Form $x_i^k f_j^l$ auf, was die späteren Betrachtungen erschweren würde. Deshalb geht man wieder zu den Relativbewegungen

$$y_1 = x_1 - f_1 \qquad\qquad \Delta y_1 = \Delta x_1$$

$$y_2 = x_2 - f_2 \qquad\qquad \Delta y_2 = \Delta x_2$$
$$y_3 = x_3 - x_1 \qquad\qquad \Delta y_3 = \Delta x_3 - \Delta x_1$$
$$y_4 = x_4 - x_2 \qquad\qquad \Delta y_4 = \Delta x_4 - \Delta x_2$$

über. Berücksichtigt man noch

$$F_{F_i}(s - \Delta s) = \sum_{k=1}^{m} c_{ik} \sum_{j=0}^{k} \binom{k}{j} s^j (-\Delta s)^{k-j}$$
$$= F_{F_i}(-\Delta s) + \sum_{j=1}^{m} \hat{c}_{ij} s^j$$

mit

$$\hat{c}_{ij} = \sum_{k=j}^{m} \binom{k}{j} c_{ik} (-\Delta s)^{k-j},$$

dann lassen sich die konstanten Terme der Bewegungsgleichungen mit Hilfe der statischen Gleichungen eliminieren. Man erhält schließlich die dynamischen Gleichungen für die Relativbewegungen

$$m_1 \ddot{y}_1 + \sum_{j=1}^{m}(k_{1j} \dot{y}_1^j - k_{3j} \dot{y}_3^j + \hat{c}_{1j} y_1^j - \hat{c}_{3j} y_3^j) = -m_1 \ddot{f}_1$$
$$m_2 \ddot{y}_2 + \sum_{j=1}^{m}(k_{2j} \dot{y}_2^j - k_{4j} \dot{y}_4^j + \hat{c}_{2j} y_2^j - \hat{c}_{4j} y_4^j) = -m_2 \ddot{f}_2$$
$$m_4 \ddot{y}_1 + m_6 \ddot{y}_2 + m_4 \ddot{y}_3 + m_6 \ddot{y}_4 + \sum_{j=1}^{m}(k_{3j} \dot{y}_3^j + \hat{c}_{3j} y_3^j) = -m_4 \ddot{f}_1 - m_6 \ddot{f}_2$$
$$m_6 \ddot{y}_1 + m_5 \ddot{y}_2 + m_6 \ddot{y}_3 + m_5 \ddot{y}_4 + \sum_{j=1}^{m}(k_{4j} \dot{y}_4^j + \hat{c}_{4j} y_4^j) = -m_6 \ddot{f}_1 - m_5 \ddot{f}_2.$$

$$(1.15)$$

Die statischen Auslenkungen sind aus

$$m_1 g + F_{F_1}(-\Delta y_1) - F_{F_3}(-\Delta y_3) = 0$$
$$m_2 g + F_{F_2}(-\Delta y_2) - F_{F_4}(-\Delta y_4) = 0$$
$$\frac{m l_2}{l} g + F_{F_3}(-\Delta y_3) = 0$$
$$\frac{m l_1}{l} g + F_{F_4}(-\Delta y_4) = 0$$

zu ermitteln. Für lineare Kräfte folgt aus (1.15)

$$m_1 \ddot{y}_1 + k_1 \dot{y}_1 - k_3 \dot{y}_3 + c_1 y_1 - c_3 y_3 = -m_1 \ddot{f}_1$$

$$m_2\ddot{y}_2 + k_2\dot{y}_2 - k_4\dot{y}_4 + c_2 y_2 - c_4 y_4 = -m_2\ddot{f}_2$$
$$m_4\ddot{y}_1 + m_6\ddot{y}_2 + m_4\ddot{y}_3 + m_6\ddot{y}_4 + k_3\dot{y}_3 + c_3 y_3 = -m_4\ddot{f}_1 - m_6\ddot{f}_2$$
$$m_6\ddot{y}_1 + m_5\ddot{y}_2 + m_6\ddot{y}_3 + m_5\ddot{y}_4 + k_4\dot{y}_4 + c_4 y_4 = -m_6\ddot{f}_1 - m_5\ddot{f}_2$$

$$(1.16)$$

In den folgenden Kapiteln werden nun stets Schwingungssysteme betrachtet, die sich in geeigneten Koordinaten durch ein Differentialgleichungssystem

$$A\ddot{x} + B\dot{x} + Cx + \eta D(x,\dot{x}) = \hat{F}(t)$$
$$\hat{F}(t) = \hat{P}_0\hat{f} + \hat{P}_1\dot{\hat{f}} + \hat{P}_2\ddot{\hat{f}}$$
$$x(0) = x_0, \qquad \dot{x}(0) = x_1$$

$$(1.17)$$

beschreiben lassen. A, B, C, $\hat{P}_0$, $\hat{P}_1$ und $\hat{P}_2$ sind (n,n)-Matrizen. Der Vektor x enthält die Schwingungsbewegungen, der Vektor $\hat{f}$ die Erregungsfunktionen, d.h. $\hat{f} = (f_1 f_2 \ldots f_r 0 \ldots 0)^T$. Im Vektor $D(x,\dot{x})$ seien die nichtlinearen Terme zusammengefaßt, η sei ein Parameter. Für $\eta = 0$ erhält man lineare Systeme (vgl.(1.1)).

Kehrt man noch einmal zu den beiden Beispielen zurück, dann sind im linearen Fall alle Bewegungsgleichungen für die Absolut- und Relativbewegungen (vgl. (1.10),(1.11),(1.13),(1.14),(1.16)) Spezialfälle von (1.17). So ist $x = (x_1\, x_2)^T$ für (1.10), $x = (y_1\, y_2)^T$ für (1.11), $x = (\varphi\, x_S\, x_1\, x_2)^T$ für (1.13), $x = (x_1\, x_2\, x_3\, x_4)^T$ für (1.14) bzw. $x = (y_1\, y_2\, y_3\, y_4)^T$ für (1.16). Aus dem Differentialgleichungssystem (1.14) liest man dann z.B. die Systemmatrizen

$$A = \begin{pmatrix} m_1 & 0 & 0 & 0 \\ 0 & m_2 & 0 & 0 \\ 0 & 0 & m_4 & m_6 \\ 0 & 0 & m_6 & m_5 \end{pmatrix}, \quad B = \begin{pmatrix} k_1 + k_3 & 0 & -k_3 & 0 \\ 0 & k_2 + k_4 & 0 & -k_4 \\ -k_3 & 0 & k_3 & 0 \\ 0 & -k_4 & 0 & k_4 \end{pmatrix},$$

$$C = \begin{pmatrix} c_1 + c_3 & 0 & -c_3 & 0 \\ 0 & c_2 + c_4 & 0 & -c_4 \\ -c_3 & 0 & c_3 & 0 \\ 0 & -c_4 & 0 & c_4 \end{pmatrix} \quad \text{und}$$

$$\hat{P}_0 = \begin{pmatrix} c_1 & 0 & 0 & 0 \\ 0 & c_2 & 0 & 0 \\ 0 & 0 & 0 & 0 \\ 0 & 0 & 0 & 0 \end{pmatrix}, \quad \hat{P}_1 = \begin{pmatrix} k_1 & 0 & 0 & 0 \\ 0 & k_2 & 0 & 0 \\ 0 & 0 & 0 & 0 \\ 0 & 0 & 0 & 0 \end{pmatrix}, \quad \hat{P}_2 = \begin{pmatrix} 0 & 0 & 0 & 0 \\ 0 & 0 & 0 & 0 \\ 0 & 0 & 0 & 0 \\ 0 & 0 & 0 & 0 \end{pmatrix}.$$

ab. Im nichtlinearen Fall konnten nur die Relativbewegungen (vgl. (1.12), (1.15)) durch ein Differentialgleichungssystem der Form (1.17) beschrieben werden.

Setzt man

$$z = \begin{pmatrix} \dot{x} \\ x \end{pmatrix} \quad \text{und} \quad f = \begin{pmatrix} \hat{f} \\ 0 \end{pmatrix},$$

erhält man das zu (1.17) äquivalente Anfangswertroblem

$$M\dot{z} + Nz + \eta \sum_{k=2}^{m} B_k(z) = F(t), \quad F(t) = P_0 f + P_1 \dot{f} + P_2 \ddot{f} \qquad (1.18)$$

$$z(0) = z_0$$

mit den (2n,2n)-Matrizen

$$M = \begin{pmatrix} A & O \\ O & E \end{pmatrix}, \quad N = \begin{pmatrix} B & C \\ -E & O \end{pmatrix}, \quad P_i = \begin{pmatrix} \hat{P}_i & O \\ O & O \end{pmatrix}, \quad i = 0, 1, 2$$

und dem Vektor

$$z_0 = \begin{pmatrix} x_1 \\ x_0 \end{pmatrix}.$$

Die Koordinaten der Vektoren B_k sind homogene Polynome k-ten Grades bzgl. der Koordinaten von z, d.h.

$$B_{k,j}(z) = \begin{cases} \sum_{i_1,i_2,\ldots,i_k=1}^{2n} b_{j i_1 i_2 \ldots i_k} z_{i_1} z_{i_2} \cdots z_{i_k} & \text{für} \quad 1 \le j \le n \\ \\ 0 & \text{für} \quad n < j \le 2n. \end{cases}$$

1.3 Grundlagen der Stochastik

1.3.1 Repetitorium zur Wahrscheinlichkeitsrechnung

Im Abschnitt 1.1 haben wir uns mit der Existenz stochastischer, d. h. zufallsabhängiger, Erscheinungen am Beispiel stochastischer Fahrbahnerregungen vertraut gemacht. In Form eines kurzen Repetitoriums wollen wir nun die für unsere weiteren Betrachtungen notwendigen Grundlagen der Wahrscheinlichkeitsrechnung bereitstellen, die zur Beschreibung und Analyse zufälliger Größen dienen. Für Beweise und Ergänzungen verweisen wir auf einschlägige Lehrbücher zur Stochastik (s. z. B. BEHNEN;NEUHAUS [2], HAFNER [17] und PFANZAGL [23]).

Führt man für einen konkreten Straßentyp (-belag) ausgehend von beliebigen Startpunkten Messungen der Oberflächenprofile durch, erhält man Meßschriebe (Realisierungen) wie sie im Bild 1.3 als Funktion des Ortes x (bzw. der Zeit $t = x/v$, v Geschwindigkeit) zusammengefaßt dargestellt sind.

Für beliebige, aber feste Werte von x ist dann $f(x)$ eine vom Zufall abhängige Größe. Dies führt zum Begriff der *Zufallsgröße* als eine reelle Variable $Y = Y(\omega)$, die je nach Ausgang eines Versuches (hier: Messung) verschiedene, vom Zufall $\omega \in \Omega$ abhängige Werte annimmt. In unserem Beispiel ist $Y = Y(\omega) = f(x,\omega)$ für feste x.

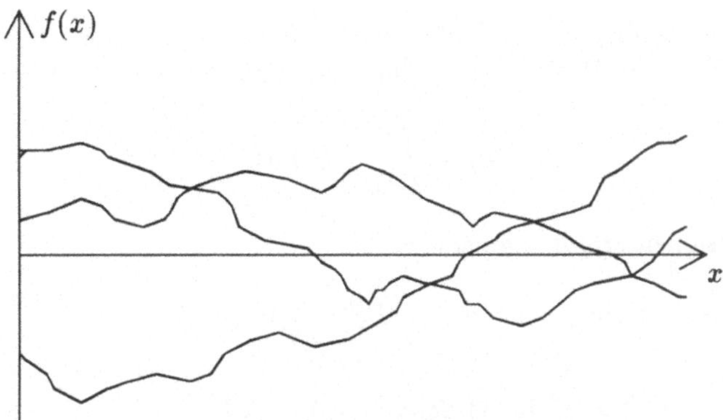

Bild 1.3: Realisierungen eines Straßentyps

In den weiteren Überlegungen betrachten wir speziell stetige Zufallsgrößen, und wir analysieren zunächst beobachtete Realisierungen von Y. Dazu seien $y_1, y_2, \ldots, y_n$ n Beobachtungen der Zufallsgröße Y, dann sind

$$\bar{y} = \frac{1}{n}(y_1 + y_2 + \cdots + y_n) \qquad \text{das } \textit{Stichprobenmittel}$$

und

$$s_y^2 = \frac{1}{n-1} \sum_{i=1}^{n}(y_i - \bar{y})^2 \qquad \text{die } \textit{Stichprobenstreuung.}$$

Ferner bezeichnet man die Anzahl $H_n(I)$ von Beobachtungen y_i mit $y_i \in I \subseteq \mathrm{R}$ als *absolute Häufigkeit* und

$$h_n(I) = \frac{H_n(I)}{n} \quad \text{als } \textit{relative Häufigkeit}$$

des Eintretens von $''Y \in I''$ bei n Beobachtungen. Aufbauend auf die Vermutung, daß $h_n(I)$ für große n näherungsweise die ,,Wahrscheinlichkeit, daß $Y \in I$ ist " beschreibt, stellte KOLMOGOROW zur Definition der *Wahrscheinlichkeit* $P(''Y \in I'')$ folgendes Axiomensystem auf:

(1) $\qquad\qquad\qquad 0 \leq P(''Y \in I'') \leq 1$

(2) $\qquad\qquad\qquad P(''Y \in \mathrm{R}'') = 1$

(3) $\quad P(''Y \in I_1 \text{ oder } Y \in I_2 \text{ oder } \ldots'') = \sum_i P(''Y \in I_i\ ''),$
$\qquad\qquad$ falls $I_i \cap I_j = \emptyset$ für alle $i \neq j$.

Bezeichnet $\mathcal{B}$ ein aus Ω gebildetes Mengensystem (σ-Algebra), so heißt $[\Omega, \mathcal{B}, \mathcal{P}]$ ein *Wahrscheinlichkeitsraum.*

Definition. Eine Zufallsgröße Y heißt *stetige Zufallsgröße*, falls für die *Verteilungsfunktion* $F_Y(y) = P("Y < y ")$ eine *Verteilungsdichte* $f_Y(y) \geq 0$ existiert mit

$$F_Y(y) = \int_{-\infty}^{y} f_y(z) \, dz.$$

Aus den Definitionen erhält man sofort

1. $\int_{-\infty}^{\infty} f_Y(z) \, dz = \lim_{y \to \infty} F_Y(y) = P("Y \in \mathrm{R}") = 1$

2. $P("a \leq Y < b ") = \int_a^b f_Y(z) \, dz = F_Y(b) - F_Y(a)$

3. $P("Y \geq y ") = 1 - P("Y < y ") = 1 - F_Y(y)$

4. Für fast alle $y \in \mathrm{R}$ gilt $F_Y'(y) = f_Y(y)$.

5. $F_Y(y)$ ist monoton wachsend.

Beispiele für Verteilungen stetiger Zufallsgrößen

1. *Gleichverteilung $G[a, b]$, $-\infty < a < b < \infty$*
   Y heißt gleichverteilt auf $[a, b]$, $Y \sim G[a, b]$, wenn

   $$f_Y(y) = \begin{cases} \frac{1}{b-a} = const & \text{für } y \in [a, b] \\ 0 & \text{sonst} \end{cases}$$

2. *Normalverteilung $N(\mu, \sigma^2)$, $\mu \in \mathrm{R}$, $\sigma > 0$*
   Y heißt normalverteilt mit den Parametern μ und σ^2, $Y \sim N(\mu, \sigma^2)$, wenn

   $$f_Y(y) = \frac{1}{\sqrt{2\pi}\sigma} \exp(-\frac{(y-\mu)^2}{2\sigma^2})$$

   Die Verteilungsdichte stellt die Gaußsche Glockenkurve dar (s. Bild 1.4) und die Verteilungsfunktion ist nicht geschlossen integrierbar. Aber für

   $$F_Y(y) = \Phi(\frac{y-\mu}{\sigma})$$

   ist $\Phi(\cdot)$ als Gaußsches Fehlerintegral tabelliert.

3. *Logarithmische Normalverteilung $LN(\mu, \sigma^2)$, $\mu \in \mathrm{R}$, $\sigma > 0$*
   Y heißt logarithmisch normalverteilt mit den Parametern μ und σ^2, $Y \sim LN(\mu, \sigma^2)$, wenn für $y > 0$

   $$f_Y(y) = \frac{1}{\sqrt{2\pi}\sigma y} \exp(-\frac{(\ln y - \mu)^2}{2\sigma^2})$$

und für $y \leq 0$ $\quad f_Y(y) = 0$ gilt. Gilt: $X \sim N(\mu, \sigma^2) \Longrightarrow Y = \exp(X) \sim LN(\mu, \sigma^2)$.

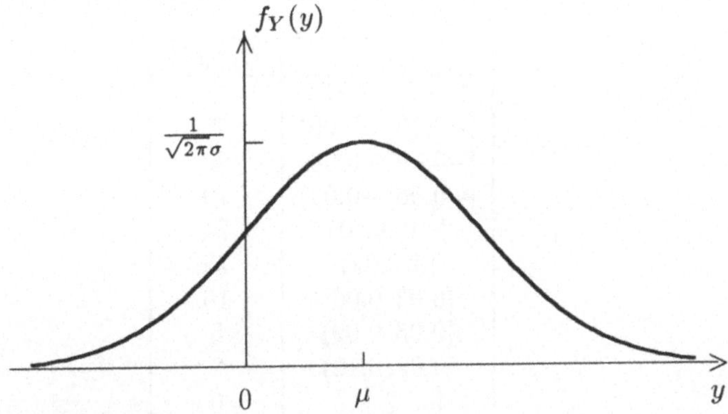

Bild 1.4: Verteilungsdichte der Normalverteilung–Gaußsche Glockenkurve

Neben den Verteilungen charakterisieren die *Momente*

$$E\, Y^k = \langle Y^k \rangle \;=\; \int_{-\infty}^{\infty} y^k f_Y(y)\, dy,$$

$$\text{falls } \int_{-\infty}^{\infty} |y|^k f_Y(y)\, dy \; < \infty,$$

das stochastische Verhalten von Y. Speziell sind

$$E\, Y \;=\; \langle Y \rangle \text{ der } \textit{Erwartungs-} \text{ oder } \textit{Mittelwert}$$

und $\quad D^2 Y \;=\; \langle (Y - \langle Y \rangle)^2 \rangle \;\geq 0 \text{ die } \textit{Varianz} \text{ von } Y.$

Für obige Verteilungen erhält man die in der Tabelle 1.1 dargestellten Momente.

Tabelle 1.1: Ausgewählte Momente

$Y \sim$	$E\,Y$	$D^2 Y$
$G[a, b]$	$(a + b)/2$	$(b - a)^2/12$
$N(\mu, \sigma^2)$	μ	σ^2
$LN(\mu, \sigma^2)$	$\exp(\mu + \sigma^2/2)$	$\exp(2\mu + \sigma^2)(\exp(\sigma^2) - 1)$

Zahlenbeispiel. Aus $n = 100$ Messungen mit $\bar{y} = -0.002$ und $s_y^2 = 0.0019$ seien die absoluten Häufigkeiten gemäß der Tabelle 1.2 gegeben.

Tabelle 1.2: Absolute Häufigkeiten

I	$H_{100}(I)$
$(-\infty, -0.12)$	0
$[-0.12, -0.09)$	3
$[-0.09, -0.06)$	6
$[-0.06, -0.03)$	19
$[-0.03, 0)$	24
$[0, 0.03)$	25
$[0.03, 0.06)$	16
$[0.06, 0.09)$	5
$[0.09, 0.12)$	2
$[0.12, \infty)$	0

Die im Bild 1.5 dargestellten relativen Häufigkeiten lassen dann das Vorliegen einer Normalverteilung vermuten.

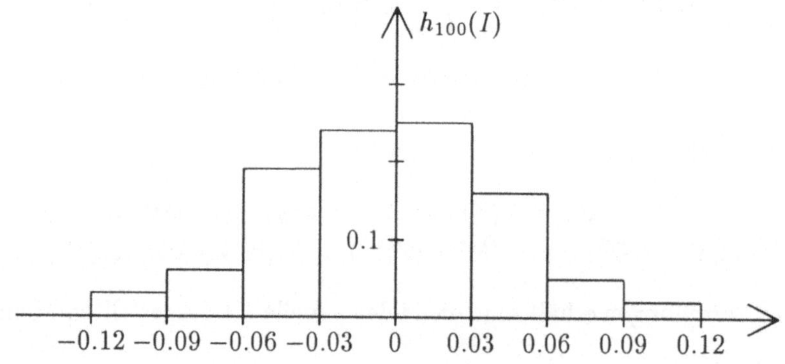

Bild 1.5: Relative Häufigkeiten

Für die Untersuchung des Zusammenhangs zwischen zwei Zufallsgrößen X und Y definiert (X, Y) einen zufälligen Vektor mit der Verteilungsfunktion

$$F_{(X,Y)}(x, y) = P(''X < x \text{ und } Y < y '') = \int_{-\infty}^{x} \int_{-\infty}^{y} f_{(X,Y)}(z_1, z_2)\, dz_2 dz_1$$

und Verteilungsdichte $f_{(X,Y)}(x, y)$.

Definition. Zwei Zufallsgrößen X und Y heißen *stochastisch unabhängig*, wenn

$$F_{(X,Y)}(x,y) = F_X(x) \cdot F_Y(y)$$
$$\text{bzw. } f_{(X,Y)}(x,y) = f_X(x) \cdot f_Y(y) \text{ für alle } x,y.$$

Ferner bezeichnen das gemischte Moment

$$\langle (X - \langle X \rangle)(Y - \langle Y \rangle) \rangle$$

$$= \int_{-\infty}^{\infty} \int_{-\infty}^{\infty} (x - \langle X \rangle)(y - \langle Y \rangle) f_{(X,Y)}(x,y) \; dx \; dy = cov(X,Y)$$

die *Kovarianz* und

$$\rho(X,Y) = \frac{cov(X,Y)}{\sqrt{D^2 X \; D^2 Y}}$$

den *Korrelationskoeffizienten* von X und Y. Für $cov(X,Y) = 0$ heißen X und Y *unkorreliert*. Aus diesen Definitionen erhält man

1. $cov(X,X) = D^2 X$ und $cov(X,Y) = cov(Y,X)$

2. $|\rho(X,Y)| \leq 1$

3. $|\rho(X,Y)| = 1$ genau dann, wenn es Konstanten a, b und $c \in \mathbb{R}$ gibt mit $P("aX + bY = c\,") = 1$, d.h. wenn mit Wahrscheinlichkeit 1 eine lineare Abhängigkeit zwischen X und Y besteht.

4. Aus der Unabhängigkeit von X und Y folgt die Unkorreliertheit von X und Y.

5. Die Umkehrung von 4. gilt, falls (X,Y) normalverteilt ist.

Dabei besitzt der m-dimensionale Vektor $\mathbf{X} = (X_1, X_2, \ldots, X_m)^T$ der Zufallsgrößen X_i, $i = 1, 2, \ldots, m$ eine (nichtsinguläre) *m-dimensionale Normalverteilung*, wenn

$$f_{\mathbf{X}}(\mathbf{x}) = \frac{1}{\sqrt{(2\pi)^n \det \mathbf{\Sigma}}} \exp(-\frac{1}{2}(\mathbf{x} - \mu)^T \mathbf{\Sigma}^{-1}(\mathbf{x} - \mu))$$

ist mit dem *Erwartungswertvektor* $\mu = \langle \mathbf{X} \rangle = (\langle X_1 \rangle, \ldots, \langle X_m \rangle)^T$ und der *Kovarianzmatrix*

$$\mathbf{\Sigma} = \begin{pmatrix} D^2 X_1 & cov(X_1, X_2) & \cdots & cov(X_1, X_m) \\ cov(X_2, X_1) & D^2 X_2 & \cdots & \vdots \\ \vdots & & \ddots & \\ cov(X_m, X_1) & \cdots & & D^2 X_m \end{pmatrix}.$$

Wir haben oben festgestellt, daß die relative Häufigkeit $h_n(I)$ als Schätzwert für die Wahrscheinlichkeit $P("Y \in I")$ verwendet werden kann. Für die Beantwortung der Frage der Konvergenz von $h_n(I)$ gegen $P("Y \in I")$ betrachten wir allgemeiner Folgen von Zufallsgrößen.

Definition. Die Folge von Zufallsgrößen $\{X_n\}_{n=1,2,\ldots}$ konvergiert gegen die Zufallsgröße X

(a) *stochastisch* $(X_n \to_{stoch.} X)$, wenn

$$\lim_{n \to \infty} P("|X_n - X| \geq \varepsilon \ ") = 0 \text{ für alle } \varepsilon > 0,$$

(b) *fast sicher (f. s.)*
$(X_n \to_{f.s.} X)$, wenn

$$P(" \lim_{n \to \infty} |X_n - X| = 0 \ ") = 1,$$

(c) *im quadratischen Mittel* $(X_n \to_{i.q.M.} X)$, wenn

$$\lim_{n \to \infty} \langle (X_n - X)^2 \rangle = 0,$$

(d) *in Verteilung* $(X_n \to_V X)$, wenn

$$\lim_{n \to \infty} F_{X_n}(x) = F_X(x) \text{ für alle Stetigkeitsstellen von } F_X(x).$$

Unser obiges Beispiel ist mit $X_n = h_n(I)$ und $X = P("Y \in I") = \text{const}$ ein Spezialfall, für den alle 4 Konvergenzarten gelten. Allgemein gilt die Schlußkette

$$\left. \begin{array}{l} X_n \to_{f.s.} X \\ X_n \to_{i.q.M.} X \end{array} \right\} \Longrightarrow X_n \to_{stoch.} X \Longrightarrow X_n \to_V X$$

Für die Konvergenzform $X_n \to_V X$ schreiben wir im folgenden auch

$$\lim_{n \to \infty} X_n = X,$$

wenn zusätzlich alle Momente von X_n gegen die von X konvergieren.

1.3.2 Stochastische Funktionen

Nun wenden wir uns dem allgemeinen Problem zu, indem wir auf die im Abschn. 1.3.1 getroffene Einschränkung „x beliebig, aber fest" verzichten. Dies führt zum Konzept stochastischer Funktionen, für die in diesem Abschnitt die notwendigen Grundlagen zusammengestellt werden. Für weitergehende Studien sei auf die Literatur zu stochastischen Funktionen verwiesen (s. z. B. CRAMÉR; LEADBETTER [7], DOOB [8], PAPOULIS [21] und SWESCHNIKOW [30]).

Betrachten wir noch einmal das Bild 1.3, so kann man die Messungen als Realisierungen einer vom Ort x (bzw. Zeit t) und Zufall ω abhängigen Funktion $f(x,\omega)$ auffassen. Hält man die Variable x fest, so ergibt sich die im Abschn. 1.3.1 analysierte Zufallsvariable $f_x(\omega) = f(x,\omega)$, deren stochastisches Verhalten durch die Verteilungsfunktion

$$P(''f(x,\omega) < y \,'') = F_x(y),$$

beschrieben ist. Hält man andererseits ω fest, so ergibt sich eine deterministische Funktion $f_\omega(x) = f(x,\omega)$. Dies führt zu folgender

Definition. Eine *stochastische Funktion* $f(x,\omega)$ ist eine Familie von Zufallsvariablen $\{f_x(\omega)|x \in D, \omega \in \Omega\}$ über einem gemeinsamen Wahrscheinlichkeitsraum $[\Omega, \mathcal{B}, \mathcal{P}]$.

Speziell bezeichnet man stochastische Funktionen mit $D \subseteq \mathrm{R}$ als *stochastische Prozesse* und mit $D \subseteq \mathrm{R}^m$, $m \geq 2$ als *stochastische Felder*. Im Rahmen unserer Betrachtungen können wir uns darauf beschränken, nur reellwertige stochastische Funktionen zu untersuchen.

Die Beschreibung des stochastischen Verhaltens erfolgt dann in Erweiterung obiger Verteilungsfunktionen durch *endlichdimensionale Verteilungen*

$$F_{x_1,\ldots,x_n}(y_1,\ldots,y_n) = P(''f(x_1,\omega) < y_1,\ldots,f(x_n,\omega) < y_n \,''), \quad n = 1, 2, \ldots$$

Dies entspricht den Verteilungsfunktionen n-dimensionaler Zufallsvektoren $(f_{x_1}(\omega),\ldots,f_{x_n}(\omega))$. Sind alle diese endlichdimensionalen Verteilungen Normalverteilungen, so heißt $f(x,\omega)$ *Gaußsche Funktion*.

Stochastische Funktionen können, analog den Zufallsvariablen, durch Momente charakterisiert werden, insbesondere durch die *Mittel- bzw. Erwartungswertfunktion*

$$m(x) = \langle f_x \rangle = \langle f(x) \rangle$$

und die *Korrelationsfunktion* (z.T. auch *Kovarianzfunktion* genannt)

$$R(x_1, x_2) = \langle (f(x_1) - \langle f(x_1) \rangle)(f(x_2) - \langle f(x_2) \rangle) \rangle,$$

wobei $\langle \cdot \rangle^1$ wieder die Erwartung beschreibt, die sich im Mittel einstellt, d.h.

$$\langle f(x) \rangle = \int_{-\infty}^{\infty} y dF_x(y).$$

Ist $\langle f(x) \rangle = 0$, so heißt die stochastische Funktion *zentriert* und für $x_1 = x_2 = x$ heißt $R(x,x)$ *Varianzfunktion*. Offensichtlich kann jede stochastische

---

[1] Statt $\langle f(x) \rangle$ ist in der Literatur auch die Schreibweise $E\{f(x)\}$ üblich.

Funktion $f(x,\omega)$ durch $f(x,\omega) - \langle f(x)\rangle$ zentriert werden. Darüber hinaus heißt $f(x,\omega)$ eine stochastische *Funktion 2. Ordnung*, wenn $\langle f^2(x)\rangle < \infty$ für alle x gilt.

Sind die endlichdimensionalen Verteilungen translationsinvariant, d.h.

$$F_{x_1,\ldots,x_n}(y_1,\ldots,y_n) = F_{x_1+\tau,\ldots,x_n+\tau}(y_1,\ldots,y_n) \qquad \text{für alle } \tau \in \mathrm{R}^m$$

so heißt der stochastische Prozeß *(streng) stationär* und das stochastische Feld *homogen*. Ist darüber hinaus für stochastische Felder die endlichdimensionale Verteilung invariant gegenüber Drehungen, so heißt das homogene Feld *isotrop*

Beschränkt man sich auf obige Momente, so definiert man *schwach stationäre* Prozesse durch die Forderungen

$$m(x) = m = const \text{ und } R(x_1,x_2) = R(x_2{-}x_1) = R(\tau) \text{ mit } \tau = x_2{-}x_1 , \quad (1.19)$$

wobei wir in diesem Buch auch von schwach stationären Prozessen sprechen, wenn (1.19) nur für die Korrelationsfunktion gilt. Dabei sind $R(0) = \sigma^2$ die konstante Varianzfunktion und es ist $R(-\tau) = R(\tau)$. Gilt (1.19) auch für die *Kreuzkorrelationsfunktion* zweier schwach stationärer Prozesse $f(x,\omega)$ und $g(x,\omega)$ mit

$$\langle (f(x_1) - \langle f(x_1)\rangle)(g(x_2) - \langle g(x_2)\rangle)\rangle = R_{fg}(x_2 - x_1),$$

so heißen $f(x,\omega)$ und $g(x,\omega)$ *schwach stationär verbunden*. Dann gilt $R_{fg}(\tau) = R_{gf}(-\tau)$. Ferner heißt ein Vektor von zufälligen Funktionen, dessen Komponenten schwach stationär verbunden sind, *schwach stationärer Vektorprozeß*. Ein stochastisches Feld heißt entsprechend *schwach homogen*, wenn

$$m(x) = m = const \text{ und } R(x_1,x_2) = R(x_2 - x_1),$$

und im Falle der Isotropie gilt darüber hinaus

$$R(x_1,x_2) = R(|x_2 - x_1|).$$

Für schwach stationäre Prozesse mit

$$\int_{-\infty}^{\infty} |R(\tau)|d\tau < \infty$$

definiert man schließlich die *Spektraldichte* als Fouriertransformierte

$$S(\alpha) = \frac{1}{2\pi}\int_{-\infty}^{\infty} R(\tau)\exp(-i\alpha\tau)d\tau = \frac{1}{\pi}\int_{0}^{\infty} R(\tau)\cos(\alpha\tau)d\tau \ .$$

Aus den Eigenschaften der Fouriertransformation erhält man andererseits

$$R(\tau) = \int_{-\infty}^{\infty} S(\alpha)\exp(i\alpha\tau)d\alpha = 2\int_{0}^{\infty} S(\alpha)\cos(\alpha\tau)d\alpha \ .$$

Korrelationsfunktion und Spektraldichte schwach stationärer Prozesse lassen sich folgendermaßen interpretieren:

1. Korrelationsfunktion

   - Die Korrelationsfunktion $R(x_1, x_2)$ ist ein Maß für die lineare Abhängigkeit und die gegenseitige Beeinflussung zwischen $f(x_1, \omega)$ und $f(x_2, \omega)$. Sie nimmt ihr Maximum für $x_1 = x_2$ an.
   - Sind $f(x_1, \omega)$ und $f(x_2, \omega)$ unabhängig, so ist $R(x_1, x_2) = 0$, d.h. sie sind dann unkorreliert.
   - Es gilt $R(x, x) = R(0) = \sigma^2$.

2. Spektraldichte

   - Die Spektraldichte ist ein Maß für die Unebenheit und Welligkeit des stochastischen Prozesses. Während die Korrelationsfunktion Aussagen im Orts- bzw. Zeitbereich liefert, erhält man mit der Spektraldichte Aussagen im Frequenzbereich.
   - Da $R(0) = \sigma^2 = 2 \int_0^\infty S(\alpha) d\alpha$ ist, kann man $S(\alpha) d\alpha$ als Streuungsanteil, der durch ein Frequenzband der Breite $d\alpha$ um die Frequenz α beigetragen wird, interpretieren.

Für ausführlichere technische Interpretationen, insbesondere der Spektraldichte und der noch zu definierenden Kohärenzfunktion, verweisen wir auf die Literatur (z. B. FISCHER;STEPHAN [14] und MITSCHKE [20]).

Beispiel 1.1 Für $R(\tau) = \sigma^2 \exp(-b|\tau|)$ ist

$$S(\alpha) = \frac{\sigma^2}{\pi} \int_0^\infty \exp(-b\tau) \cos(\alpha\tau) d\tau = \frac{b\sigma^2}{\pi(b^2 + \alpha^2)}$$

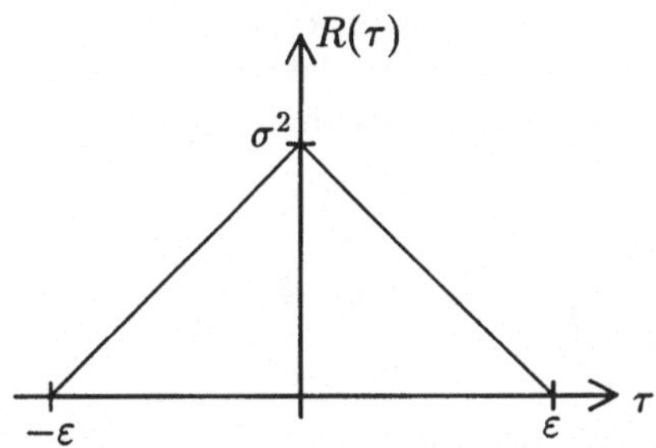

Bild 1.6: Korrelationsfunktion zum Beispiel 1.2

Beispiel 1.2 Für die im Bild 1.6 dargestellte Korrelationsfunktion

$$R(\tau) = \sigma^2 \begin{cases} 1 - \frac{|\tau|}{\varepsilon} & \text{für } |\tau| \le \varepsilon \\ 0 & \text{sonst} \end{cases}$$

ergibt sich die Spektraldichte

$$S(\alpha) = \frac{\sigma^2}{\pi\varepsilon\alpha^2}(1 - \cos(\alpha\varepsilon))$$

(Nachweis: Übung).

Beispiel 1.3 Weißes Rauschen. Das Modell des weißen Rauschens entspricht „total zufälligen Funktionen" bzw. „zufälligen Funktionen mit unabhängigen Werten". Die zugehörige Korrelationsfunktion hat die Gestalt $R(\tau) = \sigma^2\delta(\tau)$ mit der Dirac'schen δ-Funktion [2]. Damit wird $S(\alpha) = \sigma^2/2\pi$.

Technisch-physikalischer Hintergrund dieses Modells sind stochastische Funktionen $f(x,\omega)$, deren Werte unabhängig sind für $|x_1 - x_2| > \varepsilon$, wobei $\varepsilon \ll 1$ ist. Geht man von einer Funktion $f(x,\omega)$ aus, die eine Korrelationsfunktion gemäß Beispiel 1.2 besitzt, so ergibt sich weißes Rauschen, wenn man bei einer Normierung mit $1/\sqrt{\varepsilon}$ den Parameter ε gegen Null gehen läßt. Das heißt, $\frac{1}{\sqrt{\varepsilon}}f(x,\omega)$ beschreibt für $\varepsilon \downarrow 0$ weißes Rauschen.

Betrachtet man zwei schwach stationär verbundene Prozesse $f(x,\omega)$ und $g(x,\omega)$ mit der Kreuzkorrelationsfunktion $R_{fg}(\tau)$ und zugehöriger *Kreuzspektraldichte* $S_{fg}(\alpha)$, so definiert

$$K(\alpha) = \frac{|S_{fg}(\alpha)|}{\sqrt{S_{ff}(\alpha)S_{gg}(\alpha)}}$$

die *Kohärenzfunktion*.

Beispiel 1.4 $R(\tau_1, \tau_2) = \sigma^2\exp(-b\sqrt{\tau_1^2 + \tau_2^2})$ ist die Korrelationsfunktion eines isotropen stochastischen Feldes $f(x_1, x_2, \omega)$. Wählt man in der x_1, x_2—Ebene (z. B. Fahrbahnoberfläche) zwei Spuren bei $x_2 = 0$ und $x_2 = r$, so erhält man zwei stochastische Prozesse $f(x_1, 0, \omega)$ und $f(x_1, r, \omega)$. Die Kohärenzfunktion ergibt sich dann zu

$$K(\alpha) = \frac{b^2 + \alpha^2}{b}\int_0^\infty \exp(-b\sqrt{\tau^2 + r^2})\cos(\alpha\tau)d\tau$$

Die numerische Auswertung des Integrals liefert den im Bild 1.7 dargestellten Verlauf.

Ergänzen wir obige Interpretationen zu Korrelationsfunktion und Spektraldichte, so können wir feststellen:

---

[2]Die Dirac'sche δ-Funktion ist keine Funktion im klassischen Sinne, sondern eine Distribution mit den Eigenschaften: $\delta(0) = \infty$, $\delta(x) = 0$ für $x \neq 0$ und $\int_{-\infty}^\infty f(x)\delta(x - z)dx = f(z)$

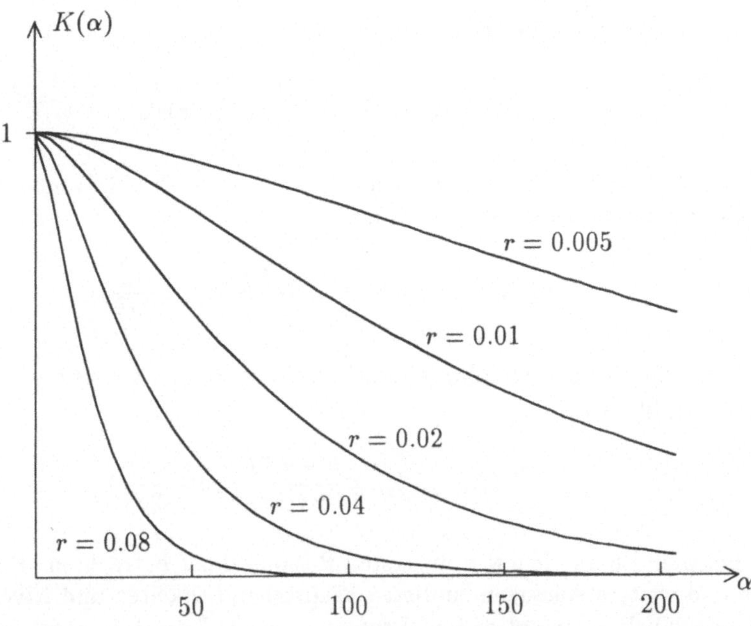

Bild 1.7: Kohärenzfunktionen in Abhängigkeit von der Spurbreite r

- Die Kohärenzfunktion ist für linear zusammenhängende stochastische Funktionen, d.h. z. B. für identische Spuren, über dem gesamten Frequenzbereich identisch Eins. Sie ist identisch Null für voneinander unabhängige Funktionen.

- Speziell für das Beispiel 1.4 kann ausgesagt werden:

  - Mit zunehmender Spurbreite r, nimmt die Kohärenz ab.
  - Kleine Frequenzen bzw. lange Wellen sind mehr korreliert (abhängig) als große Frequenzen bzw. kurze Wellen.

Weitere Aussagen zum stochastischen Verhalten eines Prozesses $f(x,\omega)$ liefern bei Kenntnis der Verteilungen die Über- und Unterschreitenswahrscheinlichkeiten vorgegebener (kritischer) Niveauwerte N_w. Ist x eine Zeitvariable, so sind

$$P(''f(x,\omega) \le N_w\ '') \text{ bzw. } P(''f(x,\omega) \ge N_w\ '')$$

die zeitpunktbezogenen Wahrscheinlichkeiten und

$$P(''\max_{x \in [a,b]} f(x,\omega) \le N_w\ '') \text{ bzw. } P(''\max_{x \in [a,b]} f(x,\omega) \ge N_w\ '')$$

die entsprechenden zeitraumbezogenen Wahrscheinlichkeiten. Betrachtet man darüber hinaus die Anzahl der Niveaudurchgänge $N(N_w, [a,b])$ im Intervall

$[a, b]$, so erhält man für deren Mittelwert

$$E\,N(N_w, [a, b]) = \int_a^b n(N_w, x)\, dx$$

mit der *Niveauüberschreitungsrate* $n(N_w, x)$. Letztere ist für zentrierte und stationäre Gaußsche Prozesse $f(x, \omega)$ gegeben durch

$$n(N_w, x) = n(N_w) = \frac{1}{2\pi} \frac{\sigma_{\dot{f}}}{\sigma_f} \exp(-\frac{N_w^2}{2\sigma_f^2})$$

(s. RICE [25]) mit den Standardabweichungen σ_f und $\sigma_{\dot{f}}$ von $f(x, \omega)$ und $\dot{f}(x, \omega)$. Damit ergibt sich

$$E\,N(N_w, [a, b]) = \frac{b-a}{2\pi} \frac{\sigma_{\dot{f}}}{\sigma_f} \exp(-\frac{N_w^2}{2\sigma_f^2})$$

Im Beispiel 1.6 werden wir ein erstes Beispiel dazu betrachten. Für allgemeinere und weitere Aussagen zu diesen Wahrscheinlichkeiten und Niveaukreuzungen, u.a. auch zu instationären Prozessen, sei auf die Literatur, zum Beispiel SOONG[29] und HEINRICH;HENNIG[18], verwiesen.

Damit haben wir alle Charakteristiken bereitgestellt, die für die stochastische Modellierung und Analyse von Schwingungssystemen benötigt werden. Zur Bestimmung dieser Charakteristiken geben wir einen kurzen Einblick in die mathematische Statistik stochastischer Prozesse. Der stochastische Prozeß $f(x, \omega)$ sei dazu in den Beobachtungspunkten x_i, $i = 1, \ldots, n$, N-mal gemessen(abgetastet) worden. Man hat also die Werte $f_{i,j}$, $i = 1, \ldots, n, j = 1, \ldots, N$ zur Verfügung (s. a. Bild 1.8).

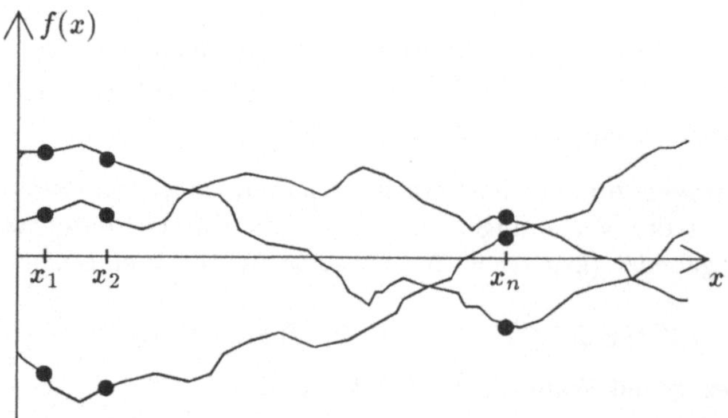

Bild 1.8: Beobachtungsschema stochastischer Prozesse

Als Schätzungen für die Erwartungswertfunktion $< f(x) > = m(x)$ verwendet man das arithmetische Mittel in den Beobachtungspunkten

$$\hat{m}_i = \frac{1}{N} \sum_{j=1}^{N} f_{i,j} \quad \text{mit } m_i = m(x_i)$$

und für die Varianzfunktion $\sigma^2(x) = R(x, x)$ die Ausdrücke

$$\hat{\sigma}_i^2 = \frac{1}{N} \sum_{j=1}^{N} (f_{i,j} - \hat{m}_i)^2 \quad \text{mit } \sigma_i^2 = \sigma^2(x_i)$$

bzw.

$$\hat{\sigma}_i^2 = \frac{1}{N-1} \sum_{j=1}^{N} (f_{i,j} - \hat{m}_i)^2 \quad \text{(für kleine N).}$$

Entsprechend ist

$$\hat{R}_{ik} = \frac{1}{N} \sum_{j=1}^{N} (f_{i,j} - \hat{m}_i)(f_{k,j} - \hat{m}_k) \quad \text{mit } R_{ik} = R(x_i, x_k)$$

eine Schätzung für die Korrelationsfunktion. Im stochastischen Mittel werden dabei diese Größen (zumindest für sehr große N) richtig geschätzt und der quadratische Fehler bei der Schätzung nimmt mit zunehmendem Beobachtungsumfang N ab.

Setzt man den betrachteten Prozeß $f(x, \omega)$ als schwach stationär voraus, so sind

$$m(x) = m = const, \ \sigma^2(x) = \sigma^2 = const \text{ und } R(x_1, x_2) = R(x_2 - x_1).$$

Die Schätzungen sind dann

$$\hat{m} = \frac{1}{n} \sum_{i=1}^{n} \hat{m}_i = \frac{1}{Nn} \sum_{i=1}^{n} \sum_{j=1}^{N} f_{i,j}$$

für m und

$$\hat{R}_k = \frac{1}{n-k} \sum_{i=1}^{n-k} \hat{R}_{i\,i+k} = \frac{1}{N(n-k)} \sum_{i=1}^{n-k} \sum_{j=1}^{N} (f_{i,j} - \hat{m})(f_{i+k,j} - \hat{m})$$

für $R(k\triangle x)$, wenn man die Beobachtungspunkte x_i äquidistant wählt, d.h. $x_i = x_1 + (i - 1)\triangle x$.

In einigen Fällen erhält man bereits aus einer einzigen genügend langen Realisierung eines schwach stationären Prozesses Schätzungen für den Erwartungswert und die Korrelationsfunktion. Solche Prozesse heißen ergodisch. Man spricht von *ergodisch im Mittel*, wenn

$$m = \lim_{T \to \infty} \frac{1}{T} \int\limits_a^{a+T} f(x)\, dx$$

für die Realisierungen $f(x)$, $x \in [a, \infty)$ gilt und von *ergodisch in Korrelation*, wenn

$$R(x) = \lim_{T \to \infty} \frac{1}{T} \int\limits_a^{a+T} f(y)f(y+x)\, dy$$

gilt. Es ist nicht so leicht für einen gegebenen schwach stationären Prozeß festzustellen, ob dieser Prozeß ergodische Eigenschaften hat. Setzt man das ergodische Verhalten voraus, so ergeben sich die Schätzungen

$$\hat{m} = \frac{1}{T} \int\limits_a^{a+T} f(x)\, dx \quad \text{für } m$$

und

$$\hat{R}(x) = \frac{1}{T} \int\limits_a^{a+T} f(y)f(y+x)\, dy \quad \text{für } R(x)$$

bzw. mit $f_i = f(x_i)$, $x_i = a + i\Delta x$, $i = 0, \ldots, n$ die Schätzungen

$$\hat{m} = \frac{1}{n}\left(\frac{1}{2}(f_0 + f_n) + \sum_{i=1}^{n-1} f_i\right) \approx \frac{1}{n}\sum_{i=0}^{n} f_i \quad \text{für } m$$

und

$$\hat{R}_k \;=\; \frac{1}{n-k}\left(\frac{1}{2}(f_0 f_k + f_{n-k} f_n) + \sum_{i=1}^{n-k-1} f_i f_{i+k}\right)$$

$$\approx \; \frac{1}{n-k}\sum_{i=0}^{n-k} f_i f_{i+k} \quad \text{für } R(k\Delta x).$$

Hat man eine Schätzung für die Korrelationsfunktion $R(x)$ für $x_k = k\Delta x$ durch $\hat{R}_k$, $k = 0, 1, \ldots, n$ vorliegen, so gelangt man über

$$S(\alpha) = \frac{1}{\pi} \int\limits_0^{\infty} R(\tau)cos(\alpha\tau)\, d\tau$$

zu einer Schätzung der Spektraldichte

$$\hat{S}(\alpha) \;=\; \frac{\Delta x}{\pi}(\frac{1}{2}(\hat{R}_0 + \hat{R}_n \cos(\alpha n \Delta x)) + \sum_{i=1}^{n-1} \hat{R}_i \cos(\alpha i \Delta x))$$

$$\approx \;\; \frac{\Delta x}{\pi} \sum_{i=0}^{n} \hat{R}_i \cos(\alpha i \Delta x).$$

Eine Schätzung der Spektraldichte kann man auch direkt erhalten, wobei die auf einem beschränktem Zeitintervall gemessene Realisierung mittels Fouriertransformation in den Frequenzbereich abgebildet wird. Eine anschließende Mittelung liefert dann die Spektraldichte (vgl. z. B. FISCHER;STEPHAN[14]).

Nach diesen statistischen Betrachtungen kehren wir noch einmal zu den wahrscheinlichkeitstheoretischen Eigenschaften stochastischer Prozesse zurück. Im Zusammenhang mit der Lösung zufälliger Gleichungen benötigt man auch Konzepte hinsichtlich Stetigkeit, Differentiation und Integration stochastischer Prozesse. Ausgehend von den Zusammenhängen der Analysis und den im Abschn. 1.3.1 dargestellten verschiedenen Konvergenzbegriffen für Folgen von Zufallsgrößen erhält man auch verschiedene Konzepte, von denen wir hier die Analysis im quadratischen Mittel und die realisierungsweise (fast sichere) Analysis betrachten wollen. Dazu sei im folgenden $f(x,\omega)$ ein zentrierter Prozeß 2. Ordnung. Für die Beweise der angegebenen Sätze verweisen wir hier insbesondere auf LOÉVE[19].

Definition. $f(x,\omega)$ heißt *im quadratischen Mittel*
(a) *stetig* in D, wenn für alle $x \in D$

$$\lim_{\tau \to 0} \left\langle (f(x+\tau) - f(x))^2 \right\rangle = 0, \quad \text{d.h. } f(x+\tau,\omega) \to_{i.q.M.} f(x,\omega) \text{ für } \tau \to 0$$

(b) *differenzierbar* in D mit der Ableitung $f'(x,\omega)$, wenn für alle $x \in D$

$$\lim_{\tau \to 0} \left\langle \left(\frac{f(x+\tau) - f(x)}{\tau} - f'(x) \right)^2 \right\rangle = 0$$

(c) *integrierbar* auf $[a,b] \subseteq D$ mit $I(\omega) = \int_a^b f(x,\omega)dx$, wenn

$$\lim_{n \to \infty} \left\langle (I_n - I)^2 \right\rangle = 0$$

für die Folgen

$$I_n(\omega) = \sum_{i=0}^{n-1} f(\xi_i,\omega)(x_{i+1} - x_i),$$

wobei $\xi_i \in [x_i, x_{i+1}]$ und $a = x_0 < x_1 < \cdots < x_n = b$ die für die Definition des Riemann-Integrals üblichen Zerlegungen bezeichnen.

Zwischen diesen analytischen Eigenschaften und der Korrelationsfunktion besteht dann ein enger Zusammenhang.

Satz. $f(x, \omega)$ ist im quadratischen Mittel genau dann

(a) stetig, wenn $R(x_1, x_2)$ stetig ist für alle $x_1 = x_2$,

(b) differenzierbar, wenn (die zweite verallgemeinerte Ableitung)

$$\lim_{\tau_1, \tau_2 \to 0} \frac{1}{\tau_1 \tau_2} (R(x_1 + \tau_1, x_2 + \tau_2) - R(x_1 + \tau_1, x_2) - R(x_1, x_2 + \tau_2) + R(x_1, x_2))$$

für $x_1 = x_2$ existiert. Ferner sind die Korrelationsfunktionen der Ableitung $f'(x, \omega)$ durch Ableitungen von $R_{ff}(x_1, x_2) = R(x_1, x_2)$ gegeben. Es ist

$$R_{f'f'}(x_1, x_2) = \frac{\partial^2}{\partial x_1 \partial x_2} R_{ff}(x_1, x_2) \tag{1.20}$$

sowie allgemeiner, falls $f^{(k)}(x, \omega)$, $f^{(l)}(x, \omega)$ existieren,

$$R_{f^{(k)} f^{(l)}}(x_1, x_2) = \frac{\partial^{k+l}}{\partial x_1^k \partial x_2^l} R_{ff}(x_1, x_2) \tag{1.21}$$

(c) integrierbar, wenn $\int_a^b \int_a^b R(x_1, x_2)\, dx_1 dx_2$ existiert.

Folgerung. Schwach stationäre Prozesse $f(x, \omega)$ sind genau dann i.q.M. stetig und differenzierbar, wenn $R(\tau)$ stetig ist für $\tau = 0$ und $R''(0)$ existiert. Speziell sind

$$R_{f^{(n)} f^{(n)}}(\tau) = (-1)^n R^{(2n)}(\tau), \quad n = 0, 1, \dots \tag{1.22}$$

Für die zugehörigen Spektraldichten gilt

$$S_{f^{(n)} f^{(n)}}(\alpha) = \alpha^{2n} S(\alpha), \quad n = 0, 1, \dots \tag{1.23}$$

Bei der realisierungsweisen Analysis betrachtet man die Stetigkeit, Differenzierbarkeit bzw. Integration für die einzelnen Realisierungen. $f(x, \omega)$ ist *realisierungsweise (f.s.) stetig, differenzierbar* bzw. *integrierbar*, wenn fast alle Realisierungen stetig, differenzierbar bzw. integrierbar sind, d. h. zum Beispiel $f(x, \omega)$ ist f. s. stetig, wenn $P("f(x, \omega)$ ist stetig $") = 1$. Dazu gilt schließlich folgender

Satz. $f(x, \omega)$ habe eine stetige Korrelationsfunktion, dann gilt:

(a) $f(x,\omega)$ ist f. s. stetig, wenn $\langle (f(x+\tau) - f(x))^2 \rangle = O(\tau^2)$ [3]

(b) $f(x,\omega)$ ist i.q.M. differenzierbar, wenn

$$\frac{\partial^2}{\partial x_1 \partial x_2} R(x_1, x_2)$$

existiert und $f(x,\omega)$ ist f.s. n-mal differenzierbar, wenn

$$\frac{\partial^{2n+2}}{\partial x_1^{n+1} \partial x_2^{n+1}} R(x_1, x_2)$$

existiert. Wenn die Ableitungen i.q.M. und f.s. existieren, dann sind sie f.s. gleich.

(c) $g(t,\omega) = \int_a^t f(x,\omega)\, dx$ ist i.q.M. und f.s. integrierbar, dabei sind beide Integrale f.s. gleich.

Beispiel 1.5 Ein stochastischer Prozeß mit der Korrelationsfunktion aus Beispiel 1.1 $R(\tau) = \sigma^2 \exp(-b|\tau|)$ ist i.q.M. stetig, aber nicht differenzierbar. Dies folgt sofort aus der Stetigkeit und Nichtdifferenzierbarkeit von $R(\tau)$ an der Stelle $\tau = 0$.

Beispiel 1.6 Hat $f(x,\omega)$ die Korrelationsfunktion $R_{ff}(\tau) = \sigma^2 \exp(-a\tau^2)$, so ist $f(x,\omega)$ sowohl i.q.M. als auch realisierungsweise stetig und differenzierbar. Die Korrelationsfunktion von $f'(x,\omega)$ ist $R_{f'f'}(\tau) = \sigma^2 \exp(-a\tau^2)(2a - 4a^2\tau^2)$ (Nachweis: Übung). Dieser Prozeß hat damit die Standardabweichungen $\sigma_f = \sigma$ und $\sigma_{\dot{f}} = \sqrt{2a}\sigma$. Ist ferner $f(x,\omega)$ Gaußsch, dann kann z.B. in $[0,T]$ als mittlere Anzahl der Überschreitungen des Niveauwertes N_w

$$E\,N(N_w, [0,T]) = \frac{T}{\pi} \sqrt{\frac{a}{2}} \exp(-\frac{N_w^2}{2\sigma^2})$$

erhalten werden.

Beispiel 1.7 Für einen *Wienerschen Prozeß* $(D = [0,\infty), f(0,\omega) = 0$ f.s., Zuwächse $f(x+\tau,\omega) - f(x,\omega)$ für beliebige x, τ, unabhängig und normalverteilt mit Erwartungswert 0 und Varianz $\sigma^2\tau)$ ist für $x_1 < x_2$

$$\begin{aligned}
R(x_1, x_2) &= \langle f(x_1) f(x_2) \rangle = \langle f(x_1)[(f(x_2) - f(x_1)) + f(x_1)] \rangle \\
&= \langle f^2(x_1) \rangle + \langle (f(x_1) - f(0)) \cdot (f(x_2) - f(x_1)) \rangle \\
&= \langle (f(x_1) - f(0))^2 \rangle = \sigma^2 x_1
\end{aligned}$$

---

[3]Die Ordnung wird durch *Landausymbole* $f(x) = O(g(x))$, falls $|\frac{f(x)}{g(x)}| < c = const$ für $x \downarrow 0$ bzw. $f(x) = o(g(x))$, falls $\lim \frac{f(x)}{g(x)} = 0$ für $x \downarrow 0$ ausgedrückt.

und für bel. x_1, x_2 ist

$$R(x_1, x_2) = \sigma^2 min(x_1, x_2)$$

Damit ist der Wienersche Prozeß i.q.M. stetig, aber nicht differenzierbar. Darüber hinaus ist der Wienersche Prozeß ein stochastischer Prozeß, dessen Realisierungen zwar f.s. stetig, aber nirgends differenzierbar sind. Dieses „chaotische Verhalten" zeigt sich darin, daß im Sinne der Theorie verallgemeinerter Funktionen (Distributionen) gilt:

$$\frac{\partial^2}{\partial x_1 \partial x_2} R(x_1, x_2) = -\delta(x_1 - x_2)$$

D.h. das weiße Rauschen ist die (verallgemeinerte) Ableitung eines Wienerschen Prozesses.

Abschließend definieren wir noch, in welchem Sinne wir stochastische Gleichungen lösen wollen. Im Abschn. 1.1 haben wir uns mit der Existenz stochastischer Gleichungen, etwa der Form $\mathcal{F}(z(x), f(x,\omega)) = 0$, vertraut gemacht. Dabei ist $f(x,\omega)$ eine stochastische Eingangsfunktion. Entsprechend ist die Lösungsfunktion z dann auch stochastisch, d.h. $z = z(x,\omega)$. Hält man zunächst ω fest und löst die Gleichung mit deterministischen Funktionen $z(x)$ und $f(x)$, so spricht man von einer realisierungsweisen Lösung. Im Anschluß an diese Bestimmung der Lösung erfolgt dann die stochastische Analyse, indem man ω wieder einführt. Diesen natürlichen technischen Zugang zur Lösung definiert man in der folgenden Weise:

$z(x,\omega)$ ist *realisierungsweise (fast sichere) Lösung* von $\mathcal{F}(z(x), f(x,\omega)) = 0$, wenn

$$P("\mathcal{F}(z(x,\omega), f(x,\omega)) = 0\,") = 1$$

ist. Für detailliertere theoretische Aussagen zu diesem und anderen möglichen Konzepten sei auf die Literatur verwiesen (z. B. BUNKE[5], SOONG[29]).

1.4   Schwach korrelierte Funktionen

In diesem Abschnitt stellen wir die Grundlagen der Theorie schwach korrelierter Funktionen bereit, auf die in den Hauptkapiteln dieses Bandes zurückgegriffen wird. Eine Darstellung der gesamten theoretischen Grundlagen ist in VOM SCHEIDT [32] zu finden. Insbesondere für die strenge mathematische Herleitung der Aussagen und für die Durchführung der Beweise sei auf diese Monographie verwiesen.

Das Konzept schwach korrelierter Funktionen basiert auf real existierenden stochastischen Funktionen in Physik und Technik. Bereits 1930 stellten UHLENBECK/ORNSTEIN [41] bei der mathematischen Beschreibung der sogenannten Brownschen Bewegung mittels der Differentialgleichung $m\dot{u} + fu = F(t)$ für die zufällige (Erreger-) Kraft $F(t)$ fest: „There will be correlation between the values of $F(t)$ at different times t_1 and t_2 only when $|t_1 - t_2|$ is very small." Für die zugehörige Korrelationsfunktion bedeutet dies, bei $\langle F(t) \rangle = 0$,

$$\langle F(t_1)F(t_2) \rangle = \begin{cases} R_\varepsilon(t_1, t_2) & \text{für } |t_1 - t_2| \leq \varepsilon \\ 0 & \text{sonst} \end{cases} \qquad (1.24)$$

und $\varepsilon \ll 1$. Eine Funktion mit dieser Eigenschaft ist im Beispiel 1.1 gegeben mit $\tau = t_1 - t_2$, die wir im folgenden mit

$$R_1(\tau) = \sigma^2 \begin{cases} 1 - \frac{|\tau|}{\varepsilon} & \text{für } |\tau| \leq \varepsilon \\ 0 & \text{sonst} \end{cases} \qquad (1.25)$$

bezeichnen wollen. Der Parameter $\varepsilon > 0$ wird dabei als *Korrelationslänge* bezeichnet.

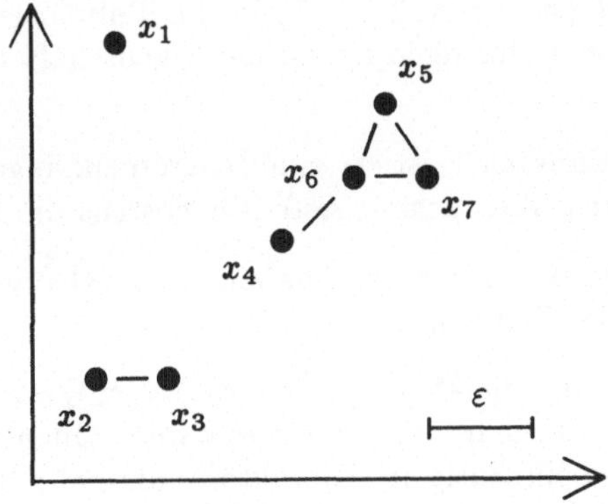

Bild 1.9: ε-benachbarte Punktmengen

Bild 1.9 zeigt den entsprechenden Sachverhalt für zufällige zentrierte Felder $f(x, \omega)$, $x \in \mathrm{R}^2$, in den Punkten x_i, $i = 1, 2, \ldots, 7$, für die nur die Punktepaare (x_2, x_3), (x_4, x_6), (x_5, x_6), (x_5, x_7) und (x_6, x_7) eine von Null verschiedene Korrelation bzw. Kovarianz $\langle f(x_i)f(x_j) \rangle$ besitzen. Man bezeichnet deshalb solche Funktionen auch als „Funktionen ohne Fernwirkung", d. h. der Wert in x_i ist nicht korreliert mit dem Wert der Funktion in x_j, wenn x_i und x_j genügend weit entfernt sind.

Das heuristische Konzept der schwach korrelierten Funktionen basiert nun darauf, daß auch die höheren Momente eine Zerfallseigenschaft in niedrigere Momente besitzen, die von der Korrelationslänge ε abhängt. Für die in Bild 1.9 gewählten Punkte soll dann gelten

$$\begin{aligned} \langle f(x_1)f(x_2)f(x_3) \rangle &= \langle f(x_1) \rangle \langle f(x_2)f(x_3) \rangle \\ \langle f(x_1)f(x_2)f(x_4) \rangle &= \langle f(x_1) \rangle \langle f(x_2) \rangle \langle f(x_4) \rangle \end{aligned}$$

$$\langle f(x_4)f(x_5)f(x_6)\rangle \;=\; \langle f(x_4)f(x_5)f(x_6)\rangle \quad \text{(d.h. kein Zerfall)}$$

$$\vdots$$

$$\langle f(x_1)f(x_2)f(x_3)f(x_4)\rangle \;=\; \langle f(x_1)\rangle\,\langle f(x_2)f(x_3)\rangle\,\langle f(x_4)\rangle$$

$$\langle f(x_1)f(x_3)f(x_4)f(x_5)\rangle \;=\; \langle f(x_1)\rangle\,\langle f(x_3)\rangle\,\langle f(x_4)\rangle\,\langle f(x_5)\rangle$$

$$\langle f(x_2)f(x_3)f(x_4)f(x_6)\rangle \;=\; \langle f(x_2)f(x_3)\rangle\,\langle f(x_4)f(x_6)\rangle$$

$$\langle f(x_4)f(x_5)f(x_6)f(x_7)\rangle \;=\; \langle f(x_4)f(x_5)f(x_6)f(x_7)\rangle \quad \text{(d.h. kein Zerfall)}$$

$$\vdots$$

$$\langle f(x_1)f(x_2)\cdots f(x_7)\rangle \;=\; \langle f(x_1)\rangle\,\langle f(x_2)f(x_3)\rangle\,\langle f(x_4)\cdots f(x_7)\rangle$$

Anschaulich bedeutet dies: Das Moment bezüglich einer Menge von Punkten $\{x_i,\ i\in I\}$ ist das Produkt der Momente bezüglich der disjunkten Teilmengen, in die diese Punktmenge bezüglich der Korrelationslänge ε zerfällt. So zerfällt zum Beispiel $\{x_i,\ i=1,2,\ldots,7\}$ in die Teilmengen $\{x_1\}$, $\{x_2,x_3\}$ und $\{x_4,x_5,x_6,x_7\}$. Diese Teilmengen haben die Eigenschaft *maximal ε-benachbart* zu sein, d.h.

1. zwischen den Punkten existiert eine zusammenhängende Verbindung („Baum"), deren Teilstücke („Äste") höchstens die Länge ε haben;

2. alle anderen Punkte der Menge haben einen Abstand von mehr als ε zu jedem Punkt der Teilmenge.

Betrachten wir nur die Punktmenge $\{x_4,x_5,x_6,x_7\}$, so ist deren Teilmenge $\{x_4,x_5,x_6\}$ zwar ε-benachbart, aber nicht maximal. Offensichtlich läßt sich jede endliche Punktmenge eindeutig in disjunkte, maximal ε-benachbarte Teilmengen zerlegen.

Kann man diese Zerfallseigenschaft für beliebige Punktmengen des Definitionsbereiches D der stochastischen Funktion und für Momente beliebiger Ordnung annehmen, so erhält man die Definition schwach korrelierter Funktionen:

Eine stochastische Funktion $f_\varepsilon(x,\omega)$, $x\in D\subseteq \mathrm{R}^m$, mit $\langle f_\varepsilon(x)\rangle = 0$, heißt *schwach korreliert* mit der Korrelationslänge $\varepsilon > 0$, wenn

$$\left\langle f_\varepsilon(x_1)f_\varepsilon(x_2)\cdots f_\varepsilon(x_k)\right\rangle = \left\langle \prod_{i\in I_1} f_\varepsilon(x_i)\right\rangle \left\langle \prod_{i\in I_2} f_\varepsilon(x_i)\right\rangle \cdots \left\langle \prod_{i\in I_p} f_\varepsilon(x_i)\right\rangle \tag{1.26}$$

für alle Momente der Ordnung k, $k = 2,3,\ldots$, erfüllt ist, wobei die Mengen I_j, $j = 1,2,\ldots p$, die Indizes der maximal ε-benachbarten Teilmengen enthalten.

Neben der eingangs erwähnten Anwendung bei der Brownschen Bewegung treten schwach korrelierte Funktionen in vielen Bereichen der Physik und Technik auf, so zum Beispiel als zeitliche und örtliche Erregungsfunktionen von

Schwingungssystemen, als Modelle für die Beschreibung von Materialoberflächen an Reibpaarungen und als Rauschprozesse (-signale) in der Elektrotechnik. Ferner können schwach korrelierte Funktionen indirekten Einsatz bei der Approximation gegebener stochastischer Funktionen finden. Die mathematische Existenz schwach korrelierter Funktionen ist gesichert durch die Aussage, daß jede zentrierte Gaußsche Funktion mit einer Korrelationsfunktion vom Typ (1.24) schwach korreliert ist.

Die Definition schwach korrelierter Funktionen läßt sich verallgemeinern auf *schwach korreliert verbundene* stochastische Vektorfunktionen $(f_{1\varepsilon}(x,\omega),$ $f_{2\varepsilon}(x,\omega),\ldots,f_{l\varepsilon}(x,\omega))$, mit $\langle f_{i\varepsilon}(x)\rangle = 0$, $i = 1, 2, \ldots, l$, wobei die definierende Beziehung (1.26) für beliebige Produkte der $f_{i\varepsilon}(x,\omega)$ gilt. Diese Verallgemeinerung beinhaltet, daß die Komponenten $f_{i\varepsilon}(x,\omega)$ ebenfalls schwach korreliert sind.

Im Abschnitt 1.1 haben wir die Lösung des Differentialgleichungssystems in Abhängigkeit von linearen Funktionalen der Form

$$\int_0^t \cdots F(s,\omega)ds$$

erhalten. Dies motiviert die Untersuchung allgemeiner linearer Funktionale der Form

$$r_{i\varepsilon}(\omega) = \int_{D_i} G_i(x)f_\varepsilon(x,\omega)dx, \quad i = 1,\ldots,n, \tag{1.27}$$

wobei $f_\varepsilon(x,\omega)$ eine schwach korrelierte Funktion über einem Gebiet D_i mit glattem Rand ist und die folgenden Integrale existieren sollen

$$\int_{D_i} |G_i(x)|dx < \infty, \quad \int_{D_i} G_i^2(x)dx < \infty.$$

Ziel der Untersuchungen im Rahmen der Theorie schwach korrelierter Funktionen sind Aussagen zu Momenten und Verteilungen von $(r_{1\varepsilon}(\omega), r_{2\varepsilon}(\omega), \ldots,$ $r_{n\varepsilon}(\omega))$ in Abhängigkeit von der Korrelationslänge ε. Dazu wird zusätzlich die gleichmäßige Beschränktheit aller absoluten Momente $\langle |f_\varepsilon(x)|^p\rangle \leq c_p < \infty$ für $p = 1, 2, \ldots$ vorausgesetzt. In einem ersten Schritt erhält man die Ordnungsbeziehungen von k-ten Momenten für $\varepsilon \downarrow 0$:

$$\langle r_{i_1\varepsilon} r_{i_2\varepsilon} \cdots r_{i_k\varepsilon}\rangle = \begin{cases} O(\varepsilon^{mk/2}) & \text{für } k \text{ gerade} \\ O(\varepsilon^{m(k+1)/2}) & \text{für } k \text{ ungerade}. \end{cases} \tag{1.28}$$

Daraus sind Rückschlüsse über das Verhalten der Momente für kleine Korrelationslängen möglich. Die Abschätzungen (1.28) können derart interpretiert werden, daß für kleine Werte der Korrelationslänge ε die Momente näherungsweise bestimmt sind durch

$$\langle r_{i_1\varepsilon} r_{i_2\varepsilon} \cdots r_{i_k\varepsilon}\rangle \approx \begin{cases} c_g \varepsilon^{mk/2} & \text{für } k \text{ gerade} \\ c_u \varepsilon^{m(k+1)/2} & \text{für } k \text{ ungerade}. \end{cases}$$

mit Konstanten c_g und c_u, die noch von den konkreten Indizes $\{i_1, i_2, \ldots, i_k\}$ abhängen können.

Untersucht man das Verhalten der Momente und der Verteilungsfunktion der linearen Funktionale für immer kleiner werdende Korrelationslängen ε, so erhält man einen Grenzwertsatz, der sowohl die Konvergenz der Momente als auch der Verteilungsfunktion beinhaltet.

Grenzwertsatz. Unter den obigen Voraussetzungen an die linearen Funktionale $r_{i\varepsilon}(\omega)$, $i = 1, \ldots, n$, gilt

$$\lim_{\varepsilon \downarrow 0} \frac{1}{\sqrt{\varepsilon^m}}(r_{1\varepsilon}(\omega), r_{2\varepsilon}(\omega), \cdots, r_{n\varepsilon}(\omega)) = (g_1(\omega), g_2(\omega), \cdots, g_n(\omega)),$$

wobei $(g_1(\omega), g_2(\omega), \cdots, g_n(\omega))$ ein zentrierter Gaußscher Vektor mit den Kovarianzen

$$\langle g_i g_j \rangle = \int_{D_i \cap D_j} G_i(x) G_j(x) a(x) dx \qquad \text{für } i, j = 1, 2, \ldots, n$$

und der *Intensität* $a(x)$ der schwach korrelierten Funktion gemäß

$$a(x) = \lim_{\varepsilon \downarrow 0} \frac{1}{\varepsilon^m} \int_{\{z : |z| < \varepsilon\}} \langle f_\varepsilon(x) f_\varepsilon(x + z) \rangle \, dz$$

ist.

Die Konvergenz dieses Grenzwertsatzes ist im Sinne der Konvergenz der Verteilungsfunktionen und der Konvergenz aller Momente zu verstehen (vgl. Abschnitt 1.3.1). Die Intensität wird wesentlich durch das Integralmittel der Korrelationsfunktion beeinflußt. Sie ist damit ein Maß für die Abnahme der (stochastischen) Abhängigkeit von $f_\varepsilon(x, \omega)$ im ε-Bereich um x (s. a. Bild 1.10 und Tabelle 1.3 zum unten angegebenen Beispiel 1.9). Für schwach stationäre Funktionen ist die Intensität konstant

$$a(x) = \lim_{\varepsilon \downarrow 0} \frac{1}{\varepsilon^m} \int_{\{z : |z| < \varepsilon\}} R(z) dz = a.$$

Beispiel 1.8 Für $R_1(\tau)$ ist (Nachweis: Übung)

$$a = \lim_{\varepsilon \downarrow 0} \frac{1}{\varepsilon} \int_{-\varepsilon}^{\varepsilon} R_1(\tau) d\tau = \sigma^2$$

Beispiel 1.9 Eine weitere Korrelationsfunktion eines stationären schwach korrelierten Prozesses ist gegeben durch

$$R_2(\tau) = \sigma^2 \begin{cases} R(\tau)/R(0) & \text{für } |\tau| \leq \varepsilon \\ 0 & \text{sonst} \end{cases} \qquad (1.29)$$

mit

$$R(\tau) = \int_{2|\tau|/\varepsilon - 1}^{1} \exp\left(\frac{b}{x^2 - 1} + \frac{b}{(2|\tau|/\varepsilon - x)^2 - 1}\right) dx$$

und $b > 0$.

Bild 1.10 zeigt den Verlauf von R_2 für verschiedene Werte von b. Dabei kann man den folgenden Zusammenhang zeigen

$$\lim_{b \downarrow 0} R_2(\tau) = R_1(\tau)\,.$$

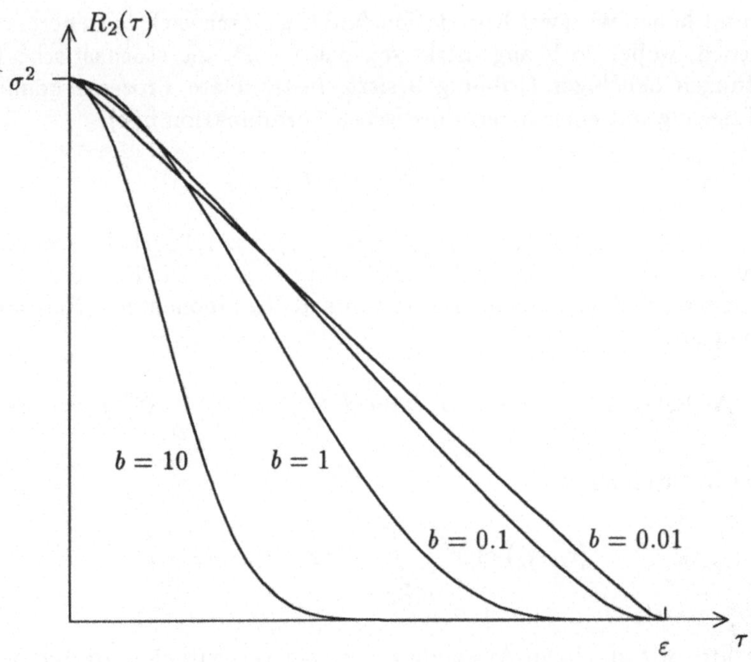

Bild 1.10: Korrelationsfunktion $R_2(\tau)$

Die Berechnung der Intensität führt auf

$$\frac{1}{\varepsilon}\int_{-\varepsilon}^{\varepsilon} R_2(\tau)d\tau = \frac{2}{\varepsilon}\int_0^{\varepsilon} R_2(\tau)d\tau$$

$$= \frac{\sigma^2}{R(0)} \int_0^2 \left(\int_{y-1}^1 \exp\left(\frac{b}{x^2 - 1} + \frac{b}{(y-x)^2 - 1} \right) dx \right) dy$$

und damit

$$a = \frac{\sigma^2}{R(0)} \int_{-1}^1 \exp\left(\frac{b}{x^2 - 1} \right) \int_{-x}^1 \exp\left(\frac{b}{y^2 - 1} \right) dy\, dx \, .$$

In Tabelle 1.3 sind für ausgewählte b-Werte die Intensitäten angegeben.

Tabelle 1.3: Intensitäten für R_2 und $\sigma^2 = 1$

b	0.01	0.1	1	2	5	10	20
a	0.989	0.951	0.741	0.630	0.471	0.360	0.266

Damit haben wir zwei Korrelationsfunktionen schwach korrelierter Prozesse angegeben, wobei noch angemerkt sei, daß bei R_2 die stochastische Funktion Ableitungen beliebiger Ordnung besitzt. Instationäre Prozesse können durch Modifizierung mit einer deterministischen Formfunktion h(x)

$$\bar{f}_\varepsilon(x,\omega) = h(x) f_\varepsilon(x,\omega)$$

und damit $\bar{R}_i(x_1, x_2) = h(x_1) h(x_2) R_i(x_2 - x_1)$, $i = 1, 2$, erhalten werden. Wenden wir uns nun den Aussagen des Grenzwertsatzes zu. Die Konvergenz bedeutet insbesondere, daß für „kleine Werte" von ε die Komponenten $r_{i\varepsilon}(\omega)$ normalverteilt sind mit

$$\text{Mittelwert } \langle r_{i\varepsilon} \rangle = 0 \text{ und Varianz } \langle r_{i\varepsilon}^2 \rangle \approx \varepsilon^m \int_{D_i} G_i^2(x) a(x)\, dx \, .$$

Für die Kovarianz gilt

$$\langle r_{i\varepsilon} r_{j\varepsilon} \rangle \approx \varepsilon^m \int_{D_i \cap D_j} G_i(x) G_j(x) a(x)\, dx \, .$$

Dies wollen wir an einem Anwendungsbeispiel verdeutlichen und dabei die Ergebnisse mit dem Zugang des weißen Rauschens sowie mit den Ergebnissen bei exakter Rechnung vergleichen.

Anwendungsbeispiel Wir betrachten ein lineares Einmassensystem, das als Ersatzsystem für einfache Fahrzeuge Anwendung findet, wenn die Radmasse vernachlässigt wird und das Rad nicht abspringt (s. Bild 1.11).

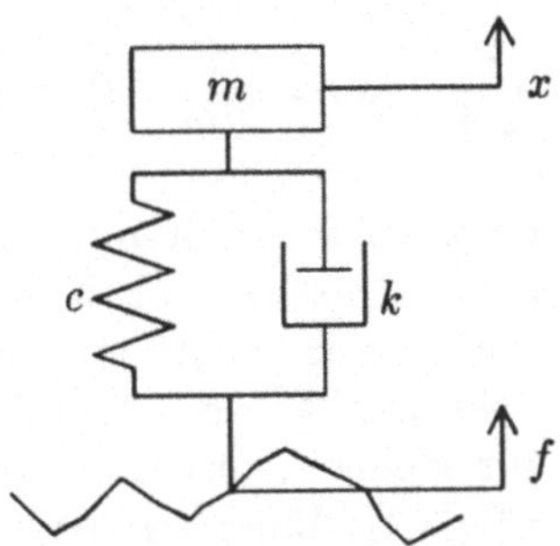

Bild 1.11: Einmassensystem

Geht man von der statischen Ruhelage aus, erhält man für die Relativbewegung $y = x - f$ folgendes Anfangswertproblem mit stochastischer Fahrbahnerregung $f(t,\omega)$

$$m\ddot{y} + k\dot{y} + cy = -m\ddot{f}(t,\omega), \quad y(0) = \dot{y}(0) = 0$$

Die Substitutionen $z_1 = \dot{y}$ und $z_2 = y$ führen dann auf das System von Differentialgleichungen 1. Ordnung

$$\begin{aligned} m\dot{z}_1 + kz_1 + cz_2 &= -m\ddot{f}(t,\omega) \\ \dot{z}_2 - z_1 &= 0 \end{aligned}$$

mit den Anfangsbedingungen $z_1(0) = z_2(0) = 0$. In Matrizenschreibweise ergibt dies

$$M\dot{z} + Nz = PF(t,\omega), \quad z(0) = 0$$

mit

$$M = \begin{pmatrix} m & 0 \\ 0 & 1 \end{pmatrix}, \ N = \begin{pmatrix} k & c \\ -1 & 0 \end{pmatrix}, \ P = \begin{pmatrix} -m & 0 \\ 0 & 0 \end{pmatrix} \text{ und } F = \begin{pmatrix} \ddot{f}(t,\omega) \\ 0 \end{pmatrix}.$$

Dann erhalten wir die Lösung in der Form

$$z(t,\omega) = \int_0^t G(t - s)PF(s,\omega)ds.$$

Nach der Bestimmung von G gemäß (1.3) unter der zusätzlichen Voraussetzung $4mc > k^2$ ergibt sich speziell für die Auslenkung

$$y(t,\omega) = z_2(t,\omega) = \int_0^t G_2(t - s)\ddot{f}(s,\omega)ds$$

$$\text{mit} \quad G_2(t - s) = -\frac{1}{p}\exp(-q(t - s))\sin(p(t - s)),$$

wobei

$$q = \frac{k}{2m} \text{ und } p = \frac{1}{2m}\sqrt{4mc - k^2}$$

bezeichnen.

Ist $\ddot{f}(t,\omega)$ ein zentrierter Prozeß, so erhalten wir unmittelbar $\langle y(t)\rangle = 0$. Setzen wir ferner $\ddot{f}(t,\omega)$ als schwach korreliert mit Korrelationslänge ε und Korrelationsfunktion R_1 voraus, können wir für die stochastische Analyse von $y(t,\omega)$ den obigen Grenzwertsatz anwenden. Wir erhalten dann, neben der Normalverteilung der Auslenkungen für kleine ε, insbesondere die Korrelationsfunktion mit $t = min(t_1, t_2)$ und $\tau = |t_2 - t_1|$ näherungsweise durch

$$\langle y(t_1)y(t_2)\rangle \approx \sigma^2\varepsilon \int_0^{\min(t_1,t_2)} G_2(t_1 - s)G_2(t_2 - s)ds$$

$$= \sigma^2\varepsilon\frac{1}{4}\exp(-q\tau)\left\{\frac{1}{p^2+q^2}[\frac{1}{q}\cos(p\tau) + \frac{1}{p}\sin(p\tau)]\right. \tag{1.30}$$

$$\left. -\frac{1}{p^2}\exp(-2qt)\left[\frac{1}{q}\cos(p\tau) - \frac{1}{p^2+q^2}[q\cos(p(2t+\tau)) - p\sin(p(2t+\tau))]\right]\right\}.$$

Speziell die Varianzfunktion ist gegeben mit

$$\langle y^2(t)\rangle \approx \frac{\sigma^2\varepsilon}{4}\left\{\frac{1}{q(p^2+q^2)}\right.$$

$$\left. -\frac{1}{p^2}\exp(-2qt)\left[\frac{1}{q} - \frac{1}{p^2+q^2}[q\cos(2pt) - p\sin(2pt)]\right]\right\}.$$

Berechnen wir andererseits die Varianzfunktion exakt, so ist z. B. für $t > \varepsilon$

$$\langle y^2(t)\rangle = \sigma^2\int_0^t\int_0^t G_2(t-s_1)G_2(t-s_2)R_1(s_2-s_1)ds_2ds_1$$

$$= \frac{\sigma^2}{\varepsilon p^2(p^2+q^2)^2}\left\{\frac{p^2(p^2-3q^2)}{2q(p^2+q^2)} + \varepsilon p^2\right.$$

$$+ \exp(-q\varepsilon)\frac{p}{2q(p^2+q^2)}[p(3q^2-p^2)\cos(p\varepsilon) + q(q^2-3p^2)\sin(p\varepsilon)]$$

$$+ \exp(-2qt)\{\frac{\varepsilon}{2}(p^2+q^2) + \frac{q^2-p^2}{2q} + [\frac{q(3p^2-q^2)}{2(q^2+p^2)} - \frac{\varepsilon}{2}(q^2-p^2)]\cos(2pt)$$

$$+ [\frac{p(3q^2-p^2)}{2(q^2+p^2)} + \varepsilon qp]\sin(2pt)\}$$

$$+ \exp(-q(2t-\varepsilon))\{-p\sin(p\varepsilon) - \frac{q^2-p^2}{2q}\cos(p\varepsilon)$$

$$+ \frac{1}{2(p^2+q^2)}[[q(q^2-3p^2)\cos(p\varepsilon) + p(3q^2-p^2)\sin(p\varepsilon)]\cos(2pt)$$

$$\left. + [q(q^2-3p^2)\sin(p\varepsilon) - p(3q^2-p^2)\cos(p\varepsilon)]\sin(2pt)]\}\right\},$$

so können wir feststellen, daß die Näherung mit der Theorie schwach korrelierter Funktionen wesentlich einfacher zu bestimmen ist. Dieser Vorteil kommt insbesondere bei größeren Systemen zum Tragen.

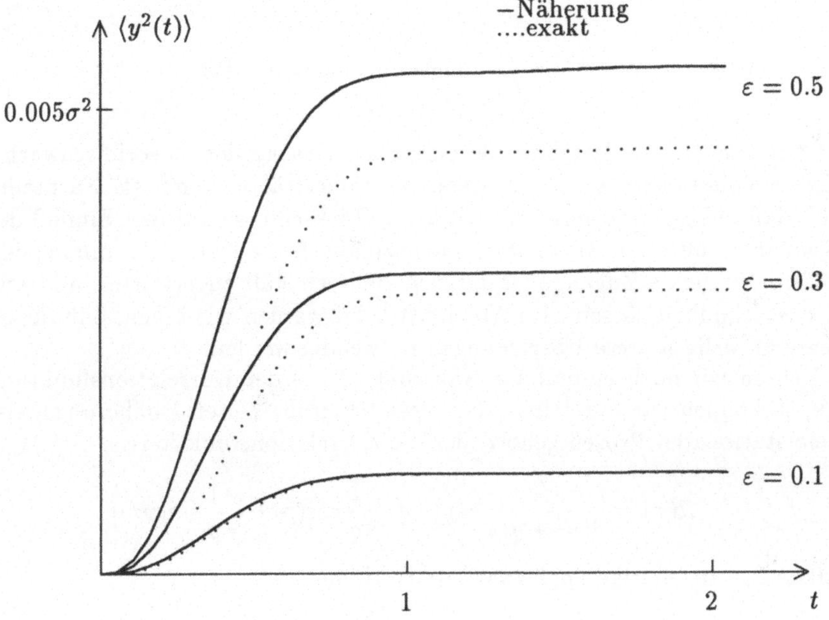

Bild 1.12: Vergleich der Varianzfunktion bei exakter und näherungsweiser Rechnung

Diese Näherung liefert für kleine ε recht brauchbare Werte, wie Bild 1.12 im Falle der ausgewählten Parameter $m = 1$, $k = 4$ und $c = 12$ zeigt. Dabei wird die Varianz etwas größer angenähert als sie in Wirklichkeit ist. Für die ingenieurseitige Anwendung bedeutet dies, daß eine Abschätzung zur sicheren Seite hin erfolgt.

Entwickelt man die exakte Varianzfunktion nach Potenzen von ε, so erhält man

$$\langle y^2(t)\rangle = \frac{\sigma^2}{4}\left\{\frac{1}{q(p^2+q^2)} - \frac{1}{p^2}\exp(-2qt)\left[\frac{1}{q} - \frac{1}{p^2+q^2}[q\cos(2pt) - p\sin(2pt))]\right]\right\}\varepsilon + o(\varepsilon).$$

und das lineare Glied stimmt mit obiger Approximation der Varianzfunktion überein.

Jetzt wollen wir noch die Ergebnisse mit dem Modell des weißen Rauschens vergleichen. Sei also $\left\langle \ddot{f}(t_1)\ddot{f}(t_2) \right\rangle = \sigma^2 \delta(t_2 - t_1)$, dann ergibt sich

$$
\begin{aligned}
\langle y(t_1)y(t_2) \rangle &= \sigma^2 \int_0^{t_1} \int_0^{t_2} G_2(t_1 - s_1)G_2(t_2 - s_2)\delta(s_2 - s_1)ds_2 ds_1 \\
&= \sigma^2 \int_0^{\min(t_1,t_2)} G_2(t_1 - s)G_2(t_2 - s)ds
\end{aligned}
$$

und wir erhalten als Ergebnis die Grenzwertaussage der Theorie schwach korrelierter Funktionen für $\varepsilon \downarrow 0$, wenn die Intensität $a = \sigma^2$ ist. Nachteilig ist wohl, daß dieses idealisierte Modell keine Rückschlüsse auf den Einfluß der im allgemeinen endlichen Korrelationslänge zuläßt. Diese Übereinstimmung der Ergebnisse für beide Zugänge ist für den linearen Fall zu erwarten und scheint selbstverständlich zu sein. Im Abschnitt 2.1.1 werden wir sehen, daß für nichtlineare Modelle weitere Überlegungen notwendig werden.

Kehren wir noch einmal zur Näherung (1.30) der Korrelationsfunktion zurück, so können wir feststellen, daß diese für große Zeiten t näherungsweise zu einem stationären Prozeß gehört, der die Korrelationsfunktion

$$
R(\tau) = \frac{\sigma^2 \varepsilon}{4(p^2 + q^2)} \exp(-q\tau)[\frac{1}{q}\cos(p\tau) + \frac{1}{p}\sin(p\tau)]
$$

besitzt. Die zugehörige Spektraldichte ist dann

$$
S(\alpha) = \frac{\sigma^2 m^2 \varepsilon}{2\pi((m\alpha^2 - c)^2 + k^2\alpha^2)} \, .
$$

Bezeichnen wir diesen stationären Prozeß mit $\bar{y}(t,\omega)$, so haben wir

$$
\sigma_{\bar{y}}^2 = \frac{\sigma^2 \varepsilon}{4q(p^2 + q^2)}
$$

erhalten. Für dessen Ableitung ergibt sich (s.a. Übung am Ende des Abschnittes)

$$
\sigma_{\dot{\bar{y}}}^2 = \frac{\sigma^2 \varepsilon}{4q} .
$$

Berücksichtigen wir ferner die im Ergebnis des Grenzwertsatzes erhaltene Eigenschaft der Normalverteilungen, so ist die mittlere Anzahl der Überschreitungen eines kritischen Wertes $\bar{y}_w$ im Zeitraum $[0,T]$ gleich

$$
E\,N(\bar{y}_w,[0,T]) = \frac{T\sqrt{p^2 + q^2}}{2\pi} \exp(-\frac{2q(p^2 + q^2)\bar{y}_w^2}{\sigma^2\varepsilon}) .
$$

Für die hier konkret betrachteten Werte $m = 1$, $k = 4$ und $c = 12$ ist damit

$$
E\,N(\bar{y}_w,[0,T]) = \frac{\sqrt{3}T}{\pi} \exp(-\frac{48\bar{y}_w^2}{\sigma^2\varepsilon}) .
$$

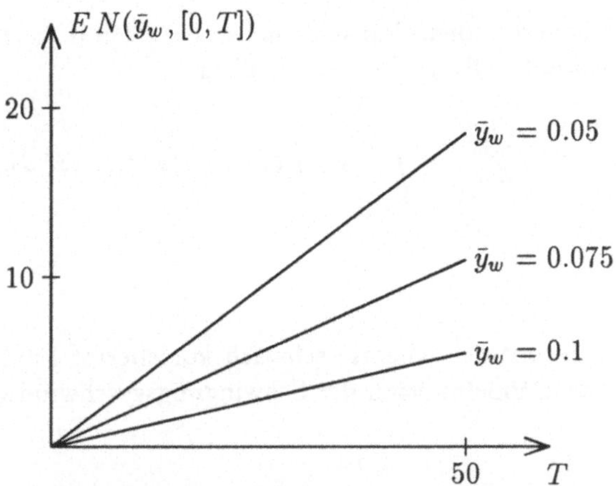

Bild 1.13: Mittlere Anzahl von Überschreitungen des Niveaus $\bar{y}_w$ in $[0, T]$

Im Bild 1.13 sind die daraus resultierenden Verläufe für ausgewählte kritische Werte $\bar{y}_w$ und $\sigma^2 = 1$, $\varepsilon = 0.3$ dargestellt.

Bisher haben wir uns auf Funktionale $r_{i\varepsilon}(\omega)$ der Form (1.27) beschränkt. Für die stochastische Analyse von Schwingungssystemen allgemeinerer Art benötigen wir Aussagen zum Einfluß schwach korreliert verbundener Vektorfunktionen $(f_{1\varepsilon}(x,\omega), f_{2\varepsilon}(x,\omega), \ldots, f_{l\varepsilon}(x,\omega))$ und allgemeinere Funktionale der Form

$$r_{ij\varepsilon}(\omega) = \int_{D_i} G_{ij}(x) f_{j\varepsilon}(x,\omega)\, dx, \quad i = 1, \ldots, n, \quad j = 1, \ldots, l \tag{1.31}$$

sowie

$$r_{i\varepsilon}(\omega) = \sum_{j=1}^{l} r_{ij\varepsilon}(\omega) \ . \tag{1.32}$$

Die in diesem Abschnitt angegebenen Aussagen der Theorie schwach korrelierter Funktionen können dann auf diese Funktionale übertragen werden. Das heißt für kleine Korrelationslängen kann Normalverteilung angenommen werden und für die ersten beiden Momente gilt

$$\langle r_{ij\varepsilon}\rangle = 0 \text{ und } \langle r_{i_1 j_1 \varepsilon} r_{i_2 j_2 \varepsilon}\rangle \approx \varepsilon^m \int_{D_{i_1} \cap D_{i_2}} G_{i_1 j_1}(x) G_{i_2 j_2}(x) a_{j_1 j_2}(x)\, dx \ .$$

mit der Intensität $a_{j_1 j_2}(x)$ der schwach korreliert verbundenen Funktionen $f_{j_1\varepsilon}(x,\omega)$ und $f_{j_2\varepsilon}(x,\omega)$

$$a_{j_1 j_2}(x) = \lim_{\varepsilon \downarrow 0} \frac{1}{\varepsilon^m} \int_{\{z:|z|<\varepsilon\}} \langle f_{j_1\varepsilon}(x) f_{j_2\varepsilon}(x+z)\rangle\, dz \ .$$

Für schwach stationär verbundene Funktionen $f_{j_1\epsilon}(x,\omega)$ und $f_{j_2\epsilon}(x,\omega)$ ist die Intensität wieder konstant. Allgemein ist schließlich

$$\langle r_{i_1\epsilon} r_{i_2\epsilon}\rangle \approx \varepsilon^m \sum_{j_1,j_2=1}^{l} \int_{D_{i_1}\cap D_{i_2}} G_{i_1 j_1}(x) G_{i_2 j_2}(x) a_{j_1 j_2}(x)\, dx \ .$$

Übung Bestimmen Sie mit der Theorie schwach korrelierter Funktionen eine Näherung für die Korrelationsfunktion der Schwingungsgeschwindigkeit

$$\begin{aligned}
\dot{y}(t,\omega) &= z_1(t,\omega)\\
&= -\int_0^t \exp(-q(t-s))\{-\frac{q}{p}\sin(p(t-s))+\cos(p(t-s))\}\ddot{f}(s,\omega)ds,
\end{aligned}$$

wenn $\ddot{f}(s,\omega)$ ein schwach stationärer, schwach korrelierter Prozeß ist.

Kapitel 2

Approximation und Simulation stochastischer Erregungen

2.1 Eindimensionale Erregungen

2.1.1 Schwach korrelierte Erregungen

Im Kapitel 2 wollen wir Verfahren zur approximativen Beschreibung und Simulation von stochastischen Erregungen (Eingangsfunktionen) auf der Basis der Theorie schwach korrelierter Funktionen betrachten. Es sei darauf verwiesen, daß diese Verfahren, neben den in diesem Lehrbuch beschriebenen, weitere Anwendungen finden können. In FELLENBERG;VOM SCHEIDT [13] ist diese Methode zum Beispiel für zufällige Wärmeleitungsprobleme eingesetzt worden.

Um in die allgemeine Problematik einzuführen, diskutieren wir in diesem Abschnitt zunächst den direkten Einsatz schwach korrelierter Funktionen als Erregerfunktionen in dynamischen Systemen. Die im Kapitel 1 angeführten Beispiele für die mathematische Modellierung dynamischer Systeme zeigen die Notwendigkeit, neben der Erregung $f(t,\omega)$ auch deren erste und zweite Ableitung bzw. deren Geschwindigkeit und Beschleunigung $\dot{f}(t,\omega)$ und $\ddot{f}(t,\omega)$ zu betrachten. Bez. der theoretischen Existenz solcher schwach korrelierter Funktionen gilt folgender Satz, dessen Beweis in VOM SCHEIDT;PURKERT [34] zu finden ist.

Satz. Zu jedem $\varepsilon > 0$ existiert eine beliebig oft differenzierbare schwach korrelierte Funktion mit der Korrelationslänge ε.

Als Korrelationsfunktion einer solchen stochastischen Funktion kann beispielsweise die in (1.29) eingeführte Funktion R_2 Verwendung finden. Damit sind auch die jeweils notwendigen mathematischen Voraussetzungen an die Eingangsfunktionen in den resultierenden Differentialgleichungssystemen gesichert.

Für die Anwendung der Theorie schwach korrelierter Funktionen ist es von Interesse zu wissen, ob für eine schwach korrelierte Funktion $f(t,\omega)$ auch die Ableitungen $\dot{f}(t,\omega)$ und $\ddot{f}(t,\omega)$ schwach korreliert sind und darüber hinaus für diese dann auch die Voraussetzungen des Grenzwertsatzes aus Abschnitt 1.4

erfüllt sind. Letzteres gilt jedoch bezüglich der Existenz der absoluten Momente nicht, wie die folgenden Betrachtungen am Beispiel der ersten Ableitung $\dot{f}(t,\omega)$ zeigen.

$f(t,\omega)$ sei dazu ein schwach korrelierter differenzierbarer Prozeß mit hinreichend oft differenzierbarer Korrelationsfunktion $R_{ff}(\tau)$, dann ist nach (1.22) $R_{\dot{f}\dot{f}}(\tau) = -R''_{ff}(\tau)$. Aus der schwachen Stationarität folgt $R'_{ff}(0) = 0$. Dann gibt es nach dem Mittelwertsatz der Differentialrechnung ein $\tau_1 \in (0,\varepsilon)$ und ein $\tau_2 \in (0,\tau_1)$, so daß

$$
\begin{aligned}
R''_{ff}(\tau_2) &= \frac{R'_{ff}(\tau_1) - R'_{ff}(0)}{\tau_1} = \frac{R'_{ff}(\tau_1)}{\tau_1} \\[2mm]
&= \frac{R_{ff}(\varepsilon) - R_{ff}(0)}{\varepsilon\tau_1} = -\frac{R_{ff}(0)}{\varepsilon\tau_1} \\[2mm]
&= -\frac{\langle f^2(t)\rangle}{\varepsilon\tau_1}\,.
\end{aligned}
$$

Daraus folgt für das zweite Moment der ersten Ableitung

$$
\left\langle \dot{f}^2(t)\right\rangle = R_{\dot{f}\dot{f}}(0) \geq |R_{\dot{f}\dot{f}}(\tau_2)| \geq \frac{\langle f^2(t)\rangle}{\varepsilon\tau_1} \geq \frac{\langle f^2(t)\rangle}{\varepsilon^2}
$$

Damit gibt es kein $c_2 < \infty$ so, daß für alle ε gilt $\left\langle \dot{f}^2(t)\right\rangle \leq c_2$, und damit ist die Voraussetzung des Grenzwertsatzes bezüglich der gleichmäßigen Beschränktheit der absoluten Momente von $\dot{f}(t,\omega)$ nicht gewährleistet.

Dies bedeutet, daß der direkte Ansatz schwach korrelierter Funktionen für die Erregungen nur in den Fällen, in denen $f(t,\omega)$ oder eine der Ableitungen einzeln auftreten, geschlossen durch die Anwendung der Grenzwertsätze behandelt werden kann. Dies ist beispielsweise im Anwendungsbeispiel

$$
m\ddot{y} + k\dot{y} + cy = -m\ddot{f}(t,\omega), \quad y(0) = \dot{y}(0) = 0
$$

des Abschnittes 1.4 bei der Betrachtung der Relativbewegungen der Fall. Betrachten wir dazu die statistische Auswertung eines gemessenen Unebenheitsprofils (s. Bild 2.1), so können wir feststellen, daß die Annahme der schwachen Korreliertheit prinzipiell möglich ist. Darüber hinaus deutet die Schätzung $\hat{R}_{\ddot{f}\ddot{f}}(t)$ auf die Möglichkeit hin, die Beschleunigung auch als weißes Rauschen zu modellieren, wie dies beispielsweise in SCHIEHLEN [26] realisiert wurde.

Offen bleibt für die praktische Anwendung die Frage der „Kleinheit von ε". Diese läßt sich nur im Zusammenhang mit dem konkreten Problem endgültig beantworten. Dazu gibt es prinzipiell zwei Möglichkeiten:

1. Auf der Basis von numerischen und/oder technischen Simulationen (z. B. mittels Hydropulsanlagen) werden für ausgewählte Modellparameter und -massenpunkte Realisierungen statistisch analysiert und mit den Ergebnissen der Theorie schwach korrelierter Funktionen verglichen.

2. Ausgehend von einer angepaßten Korrelationsfunktion für die Erregung werden für ausgewählte Modellparameter und -massenpunkte stochastische Charakteristiken sowohl exakt als auch mittels der Theorie schwach korrelierter Funktionen berechnet und verglichen.

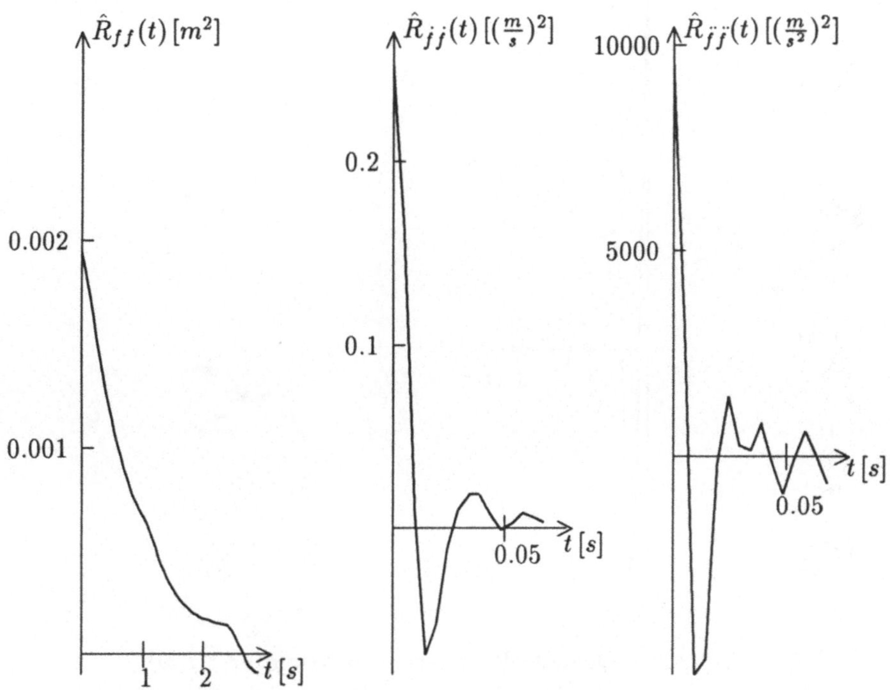

Bild 2.1: Schätzungen der Korrelationsfunktionen eines Profils

Beispiel 2.1 Zur Demonstration der zweiten Möglichkeit betrachten wir

$$R_{\ddot{f}\ddot{f}}(t) = \begin{cases} 9500\cos(26.7\frac{t}{\varepsilon})\exp(-5.08\frac{|t|}{\varepsilon}) & \text{für} \quad |t| \leq \varepsilon \\ 0 & \text{sonst} \end{cases}$$

als Näherung einer angepaßten Korrelationsfunktion (s. Bild 2.2) mit $\varepsilon = 0.11$ und Intensität $a = 134.9$.

Für das im Abschnitt 1.4 betrachtete Anwendungsbeispiel ergeben sich dann die in der Tabelle 2.1 dargestellten Werte, wobei m=250, k=3000 und c=40000 bzw. 80000 betrachtet wurden.

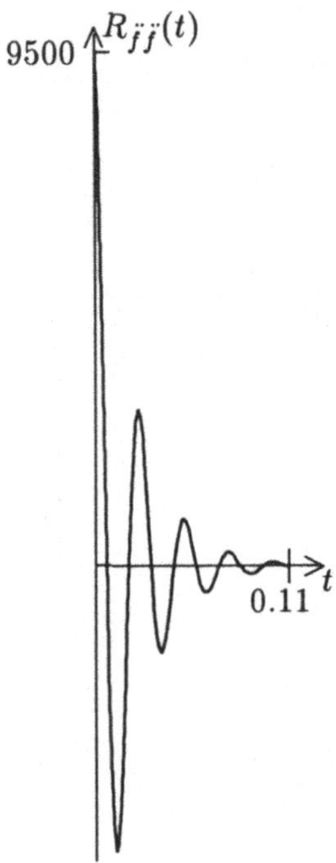

Bild 2.2: Angepaßte Korrelationsfunktion für $\ddot{f}(t,\omega)$

Tabelle 2.1: Exakte und approximierte Varianzen

c	$\langle y^2(0.12)\rangle$	$\langle y^2(1)\rangle$	
40000	0.0024	0.0038	exakt
	0.0022	0.0039	approximiert
80000	0.0016	0.0018	exakt
	0.0015	0.0019	approximiert

Betrachtet man im Anwendungsbeispiel die Absolutbewegung x statt der Relativbewegung y, so erhält man mit

$$m\ddot{x} + k\dot{x} + cx = k\dot{f}(t,\omega) + cf(t,\omega), \quad x(0) = \dot{x}(0) = 0$$

eine Differentialgleichung, in die $f(t,\omega)$ und $\dot{f}(t,\omega)$ eingehen. Schon an diesem einfachen Beispiel sieht man, daß für eine möglichst breite Anwendung der Theorie schwach korrelierter Funktionen auf dynamische Systeme weitere Überlegungen notwendig sind, die im wesentlichen in zwei Richtungen gehen:

- Weiterentwicklung der Theorie schwach korrelierter Funktionen durch Betrachtung „gemischter Momente" von Prozessen und Funktionalen sowie durch Entwicklung der stochastischen Charakteristiken nach der Korrelationslänge ε.

- Approximation von stochastischen Funktionen durch lineare Funktionale schwach korrelierter Funktionen.

In den weiteren Abschnitten und Kapiteln werden beide Richtungen eine wichtige Rolle spielen und dargestellt werden.

Die bisherigen Betrachtungen zu dynamischen Systemen wurden für zufällige inhomogene Terme demonstriert. Beim Übergang zu Gleichungen mit zufälligen Prozessen als Koeffizienten treten weitere Effekte auf, die wir hier an der einfachen Differentialgleichung für $y = y(x)$

$$y' = \frac{1}{\sqrt{\varepsilon}} f_\varepsilon(x,\omega) y \quad \text{mit} \quad y(0) = 1$$

demonstrieren wollen. Der schwach korrelierte Prozeß $f_\varepsilon(x,\omega)$ habe mit Wahrscheinlichkeit 1 stetige Realisierungen. Die Lösung dieses Anfangswertproblems ist gegeben durch

$$y(x,\omega) = \exp\left(\frac{1}{\sqrt{\varepsilon}} \int_0^x f_\varepsilon(s,\omega)ds\right).$$

Führt man für bel., aber feste x, den Grenzübergang $\varepsilon \downarrow 0$ aus, so ergibt sich bei konstanter Intensität $a = 1$ eine logarithmische Normalverteilung von $y(x,\omega)$

$$y(x,\omega) \sim LN(0,x),$$

da

$$\lim_{\varepsilon \downarrow 0} \frac{1}{\sqrt{\varepsilon}} \int_0^x f_\varepsilon(s,\omega)ds = g(x,\omega) \sim N(0,x)$$

ist (vgl. Abschnitt 1.3.1). Speziell erhalten wir bei diesem Grenzübergang in der Lösung als Erwartungswertfunktion die *gemittelte Lösung* $\langle y(x)\rangle = e^{x/2}$ (vgl. Tabelle 1.1).

Ersetzt man andererseits die zufällige Eingangsfunktion $f_\varepsilon(x,\omega)$ bereits im Ausgangsproblem durch ihre Erwartungswertfunktion $\langle f_\varepsilon(x)\rangle = 0$, so erhält man ein deterministisches Anfangswertproblem, das *gemittelte Problem*

$$w' = 0 \quad \text{mit} \quad w(0) = 1$$

mit der Lösung

$$w = 1 \neq \langle y(x)\rangle = e^{x/2}$$

Diese Betrachtungen führen auf das sogenannte *Mittelungsproblem*: Die Berechnung der Differenz zwischen dem Erwartungswert der stochastischen Lösung und der Lösung des gemittelten Problems.

Den Grenzübergang $\varepsilon \downarrow 0$ in der Ausgangsgleichung vorgenommen, führt auf das Anfangswertproblem

$$v' = \xi(x,\omega)v \quad \text{mit} \quad v(0) = 1 \,.$$

Dabei wurde die mit Hilfe von verallgemeinerten stochastischen Prozessen zu beweisende Beziehung

$$\lim_{\varepsilon \downarrow 0} \frac{1}{\sqrt{\varepsilon}} f_\varepsilon(x,\omega) = \xi(x,\omega)$$

berücksichtigt, wobei $\xi(x,\omega)$ den Prozeß des weißen Rauschens bezeichnet. Die obige Grenzgleichung erhält einen Sinn in der Theorie der stochastischen Differentialgleichungen (s. z.B. Arnold[1], Sobczyk[28]) als Differentialgleichung

$$dv = v \, dW(x,\omega) \quad \text{mit} \quad v(0) = 1$$

im Itôschen Sinne mit dem Wienerschen Prozeß $W(x,\omega)$. Als Erwartungswert der Lösung $v(x) = \exp(W(x) - x/2)$ ergibt sich $\langle v(x)\rangle = 1$. Den Erwartungswert $\langle y(x)\rangle = \exp(x/2)$ erhält man als Lösung der stochastischen Differentialgleichung

$$du = \frac{1}{2}u \, dx + u \, dW(x,\omega) \quad \text{mit} \quad u(0) = 1$$

aus $u(x) = \exp(W(x))$ mit $\langle u(x)\rangle = \exp(x/2)$. Abschließend sei bemerkt, daß $\langle y(x)\rangle = \exp(x/2)$ bei dem in diesem Buch zugrunde gelegten Herangehen dem Verhalten eines konkreten Systems besser entspricht als $\langle v(x)\rangle = 1$. Im Kapitel 4 werden wir dies mit Simulation weiter untersuchen.

2.1.2 Approximation von Erregungen mittels schwach korrelierter Funktionen

Die Idee besteht darin, stochastische Prozesse mit gewissen vorgegebenen Eigenschaften als lineare Funktionale schwach korrelierter Prozesse

$$f(t,\omega) = \int_D G(t,s)f_\varepsilon(s,\omega)\,ds$$

darzustellen. Das Problem ist, die Funktion G, das Intervall D und den Prozeß f_ε so zu wählen, daß $f(t,\omega)$ die bekannten Eigenschaften eines vorgegebenen Prozesses möglichst gut erfüllt.

Im folgenden sei dies am Beispiel der Darstellung von stochastischen Fahrbahnunebenheiten erläutert.

Braun[3] approximierte gemessene Spektraldichten von Fahrbahnprofilen durch die Funktion

$$S(\alpha) = \frac{a}{\alpha^w},$$

wobei w sich in den Anwendungen im Bereich $1.75 \leq w \leq 2.25$ bewegt. Der Unebenheitsparameter a und der Welligkeitsparameter w für dieses häufig verwendete Modell wurde für eine Vielzahl von Fahrbahnklassen ermittelt, vgl. z.B. MITSCHKE[20]. Dieser Ansatz hat allerdings den Nachteil, daß er nur auf einem beschränkten Frequenzbereich $0 < \alpha_1 < \alpha < \alpha_2 < \infty$ verwendet werden kann. Der Grenzübergang $\alpha \to 0$ hätte eine unbeschränkte Spektraldichte und damit auch eine unendliche Varianz zur Folge. Für große Frequenzen α fällt diese Funktion nicht hinreichend schnell ab und hat demzufolge nicht die Eigenschaften einer Spektraldichte eines differenzierbaren Prozesses. Diese Funktion ist eine gute Approximation auf einem beschränkten Frequenzbereich, aber auf $(-\infty, \infty)$ keine Spektraldichte und insbesondere existiert wegen der Singularität für $\alpha = 0$ keine zugehörige Korrelationsfunktion.

Wegen $w \approx 2$ wurde ein weiterer Ansatz

$$S(\alpha) = \frac{\sigma^2}{\pi} \frac{\gamma}{\gamma^2 + \alpha^2}, \qquad \gamma > 0 \tag{2.1}$$

vorgeschlagen, der auf dem ganzen Frequenzbereich $(-\infty, \infty)$ gilt und in Anwendungen ebenfalls häufig Verwendung findet. Für die zugehörige Korrelationsfunktion berechnet man (vgl. Beispiel 1.1)

$$R(t) = \sigma^2 e^{-\gamma|t|}. \tag{2.2}$$

Da die Korrelationsfunktion eines differenzierbaren Prozesses differenzierbar ist, werden durch die Korrelationsfunktionen (2.2) keine differenzierbaren Prozesse repräsentiert. Wie aus Kapitel 1.2 hervorgeht, werden aber für die mathematische Lösung von Schwingungsproblemen im allgemeinen differenzierbare Erregungsprozesse benötigt.

Die Aufgabenstellung kann nun folgendermaßen formuliert werden. Es ist ein schwach stationärer Prozeß darzustellen, der wegen den zu behandelnden Bewegungsgleichungen (1.18) mindestens zweimal stetig differenzierbar sein soll und bezüglich der Korrelationsfunktion und Spektraldichte die Eigenschaften der bewährten Braunschen Ansätze besitzen soll.

Das zeitabhängige zufällige Straßenprofil $f(t, \omega)$ wird als lineares Funktional

$$f(t, \omega) = \int_{-\infty}^{t} Q(t - s) f_\epsilon(s, \omega)\, ds \tag{2.3}$$

dargestellt. Die Funktion Q möge die in Kapitel 1.4 formulierten Voraussetzungen zur Anwendung von Grenzwertsätzen erfüllen. $f_\epsilon(t, \omega)$ sei ein schwach stationärer, schwach korrelierter Prozeß mit der Korrelationslänge ϵ und der Intensität a.

Aus (2.3) berechnet man die Ableitungen

$$\dot{f}(t, \omega) \;=\; \int_{-\infty}^{t} Q'(t - s) f_\epsilon(s, \omega)\, ds + Q(0) f_\epsilon(t, \omega),$$

$$\ddot{f}(t,\omega) \; = \; \int_{-\infty}^{t} Q''(t-s)f_\varepsilon(s,\omega)\,ds + Q'(0)f_\varepsilon(t,\omega) + Q(0)\dot{f}_\varepsilon(t,\omega)\,, \quad (2.4)$$

dabei ist " $'$ " als Ableitung nach dem Argument aufzufassen. Wählt man

$$Q(t) = e^{-\gamma t}\,, \qquad \gamma > 0 \tag{2.5}$$

und einen stetig differenzierbaren Prozeß $f_\varepsilon(t,\omega)$, so genügt der Prozeß $f(t,\omega)$ den oben formulierten Anforderungen, d.h. er ist zweimal stetig differenzierbar, und (2.3) sowie (2.4) haben die Form

$$
\begin{aligned}
f(t,\omega) &= \int_{-\infty}^{t} e^{-\gamma(t-s)}f_\varepsilon(s,\omega)\,ds\,, \\[2mm]
\dot{f}(t,\omega) &= f_\varepsilon(t,\omega) - \gamma\int_{-\infty}^{t} e^{-\gamma(t-s)}f_\varepsilon(s,\omega)\,ds\,, \\[2mm]
\ddot{f}(t,\omega) &= \dot{f}_\varepsilon(t,\omega) - \gamma f_\varepsilon(t,\omega) + \gamma^2\int_{-\infty}^{t} e^{-\gamma(t-s)}f_\varepsilon(s,\omega)\,ds\,.
\end{aligned}
\tag{2.6}
$$

Ferner berechnet man auf der Grundlage des Grenzwertsatzes das zweite Moment

$$
\begin{aligned}
\langle f(t_1)f(t_2)\rangle &= \int_{-\infty}^{t_1}\int_{-\infty}^{t_2} e^{-\gamma(t_1-s_1)}e^{-\gamma(t_2-s_2)}\,\langle f_\varepsilon(s_1)f_\varepsilon(s_2)\rangle\,ds_2 ds_1 \\[2mm]
&= \varepsilon a\int_{-\infty}^{min(t_1,t_2)} e^{-\gamma(t_1+t_2-2s)}\,ds + O(\varepsilon^2) \\[2mm]
&= \frac{\varepsilon a}{2\gamma}e^{-\gamma|t_2-t_1|} + O(\varepsilon^2)\,.
\end{aligned}
\tag{2.7}
$$

$f(t,\omega)$ ist also näherungsweise schwach stationär und besitzt in erster Näherung bezüglich ε eine Korrelationsfunktion der Form (2.2), d.h. mit $t = t_2 - t_1$ ist

$$R_{ff}^1(t) = \frac{\varepsilon a}{2\gamma}e^{-\gamma|t|}\,.$$

Weiterhin erhält man aus (2.6)

$$
\begin{aligned}
\Big\langle \dot{f}(t_1)\dot{f}(t_2)\Big\rangle =& \\
&\langle f_\varepsilon(t_1)f_\varepsilon(t_2)\rangle + \gamma^2\int_{-\infty}^{t_1}\int_{-\infty}^{t_2} e^{-\gamma(t_1-s_1)}e^{-\gamma(t_2-s_2)}\,\langle f_\varepsilon(s_1)f_\varepsilon(s_2)\rangle\,ds_2 ds_1 \\
&-\gamma\int_{-\infty}^{t_1} e^{-\gamma(t_1-s)}\,\langle f_\varepsilon(s)f_\varepsilon(t_2)\rangle\,ds - \gamma\int_{-\infty}^{t_2} e^{-\gamma(t_2-s)}\,\langle f_\varepsilon(s)f_\varepsilon(t_1)\rangle\,ds\,,
\end{aligned}
$$

woraus man für die Korrelationsfunktion von $\dot{f}(t,\omega)$

$$R_{\dot{f}\dot{f}}(t) = R_{f_\varepsilon f_\varepsilon}(t) - \frac{1}{2}\varepsilon a\gamma e^{-\gamma|t|} + O(\varepsilon^2) \tag{2.8}$$

berechnet. In analoger Weise ergibt sich

$$R_{\ddot{f}\ddot{f}}(t) = -R''_{f_\varepsilon f_\varepsilon}(t) - \gamma^2 R_{f_\varepsilon f_\varepsilon}(t) + \frac{1}{2}\varepsilon a\gamma^3 e^{-\gamma|t|} + O(\varepsilon^2)\,. \tag{2.9}$$

Aus diesen Korrelationsfunktionen erhält man durch einfache Rechnungen die Spektraldichten

$$
\begin{aligned}
S_{ff}(\alpha) &= \frac{\varepsilon a}{2\pi}\frac{1}{\gamma^2 + \alpha^2} + O(\varepsilon^2)\,, \\[2mm]
S_{\dot{f}\dot{f}}(\alpha) &= S_{f_\varepsilon f_\varepsilon}(\alpha) - \frac{\varepsilon a}{2\pi}\frac{\gamma^2}{\gamma^2 + \alpha^2} + O(\varepsilon^2)\,, \\[2mm]
S_{\ddot{f}\ddot{f}}(\alpha) &= (\alpha^2 - \gamma^2)S_{f_\varepsilon f_\varepsilon}(\alpha) + \frac{\varepsilon a}{2\pi}\frac{\gamma^4}{\gamma^2 + \alpha^2} + O(\varepsilon^2)\,.
\end{aligned}
\tag{2.10}
$$

Schließlich sei bemerkt, daß der oben dargestellte Prozeß $f(t,\omega)$ Lösung der Differentialgleichung

$$\dot{f} + \gamma f = f_\varepsilon(t,\omega) \tag{2.11}$$

ist, was sich leicht mittels (2.6) verifizieren läßt. Diese Differentialgleichung läßt sich damit auch als Filtergleichung für den Prozeß $f(t,\omega)$ interpretieren. In ähnlicher Weise werden oft stochastische Prozesse als Filtergleichungen mit Rauschprozessen dargestellt.

Der Nachteil dieses Ansatzes besteht darin, daß die Ableitungen von f keine reinen Integraldarstellungen gemäß (2.3) ergeben. Diese Tatsache erschwert die obige Berechnung der Korrelationsfunktionen und später auch die Untersuchung der Lösungen der Bewegungsgleichungen für die Schwingungssysteme.

Dieser Nachteil läßt sich beheben, wenn man die Wahl der Funktion Q modifiziert. Zunächst wird gefordert, daß die zweimal differenzierbare Funktion Q den Bedingungen

$$Q(0) = 0, \qquad Q'(0) = 0 \tag{2.12}$$

genügt. Damit erhält man aus (2.3) und (2.4) für den Prozeß $f(t,\omega)$ und seine ersten beiden Ableitungen die einheitlichen Integraldarstellungen

$$f^{(k)}(t,\omega) = \int_{-\infty}^{t} Q^{(k)}(t-s)f_\varepsilon(s,\omega)\,ds, \qquad k = 0,1,2. \tag{2.13}$$

Aus (2.13) folgen dann unmittelbar die Erwartungswerte

$$\left\langle f^{(k)}(t,\omega)\right\rangle = 0, \qquad k = 0,1,2 \tag{2.14}$$

und mit Hilfe der Approximationsformeln aus Abschnitt 1.4 die Momente

$$\left\langle f^{(k)}(t_1)f^{(l)}(t_2)\right\rangle = R^1_{f^{(k)}f^{(l)}}(t_1,t_2) + O(\varepsilon^2), \qquad k,l = 0,1,2$$

mit

$$R^1_{f^{(k)}f^{(l)}}(t_1, t_2) = \varepsilon a \int_{-\infty}^{min(t_1,t_2)} Q^{(k)}(t_1 - s)Q^{(l)}(t_2 - s)\,ds.$$

Einfache Integraltransformationen zeigen, daß diese Funktionen nur von der Zeitdifferenz $t_2 - t_1$ abhängen, d.h.

$$R^1_{f^{(k)}f^{(l)}}(t_1, t_2) = R^1_{f^{(k)}f^{(l)}}(t_2 - t_1).$$

Damit sind diese Prozesse schwach stationär verbunden, und die erste Approximation für die Korrelationsfunktionen ergibt

$$R^1_{f^{(k)}f^{(l)}}(t) = \begin{cases} \varepsilon a \int_0^\infty Q^{(k)}(s)Q^{(l)}(t + s)\,ds & \text{für } t \geq 0 \\[2mm] \varepsilon a \int_0^\infty Q^{(k)}(s - t)Q^{(l)}(s)\,ds & \text{für } t \leq 0. \end{cases} \tag{2.15}$$

Um die Eigenschaften der Braunschen Ansätze zu erhalten, wird nun

$$Q(t) = Q(t; \gamma, \delta) = Q_0(t; \delta)e^{-\gamma t}, \qquad \gamma, \delta > 0 \tag{2.16}$$

mit

$$Q_0(t; \delta) = \begin{cases} 0 & \text{für } t < 0 \\ 1 & \text{für } t > \delta \end{cases}$$

gewählt. Auf dem Intervall $[0, \delta]$ sei Q_0 eine zweimal differenzierbare, monoton wachsende Funktion. Es ergeben sich folgende Randbedingungen für Q_0:

$$\begin{aligned} Q_0(0) &= 0, & Q_0'(0) &= 0, \\ Q_0(\delta) &= 1, & Q_0'(\delta) &= 0. \end{aligned} \tag{2.17}$$

Damit sind natürlich die Bedingungen (2.12) für Q erfüllt. Darüber hinaus ist

$$Q_0^{(k)}(t; \delta) = 0 \qquad \text{für } t < 0 \quad \text{oder} \quad t > \delta, \qquad k = 1, 2.$$

Für die Ableitungen von Q berechnet man

$$\begin{aligned} Q'(t) &= [Q_0'(t) - \gamma Q_0(t)]e^{-\gamma t}, \\ Q''(t) &= [Q_0''(t) - 2\gamma Q_0'(t) + \gamma^2 Q_0(t)]e^{-\gamma t}, \end{aligned} \tag{2.18}$$

woraus insbesondere

$$Q'(t) = Q''(t) = 0 \qquad \text{für } t < 0$$

und

$$Q'(t) = -\gamma e^{-\gamma t}, \qquad Q''(t) = \gamma^2 e^{-\gamma t} \qquad \text{für } t > \delta$$

folgt.

Für die gemäß (2.16) gewählte Funktion ist für $t \geq 0$

$$\int_0^\infty Q^{(k)}(s)Q^{(l)}(t+s)\,ds$$

$$= \int_0^\delta Q^{(k)}(s)Q^{(l)}(t+s)\,ds + \int_\delta^\infty (-1)^{k+l}\gamma^{k+l}e^{-\gamma s}e^{-\gamma(t+s)}\,ds$$

$$= \int_0^\delta Q^{(k)}(s)Q^{(l)}(t+s)\,ds + \frac{1}{2}(-1)^{k+l}\gamma^{k+l-1}e^{-\gamma(t+2\delta)}.$$

Setzt man diese Beziehung in (2.15) ein, erhält man schließlich als erste Näherung für die Korrelationsfunktion

$$R^1_{f^{(k)}f^{(l)}}(t) = \frac{\varepsilon a}{2}(-1)^{k+l}\gamma^{k+l-1}e^{-\gamma(|t|+2\delta)}$$

$$+ \ \varepsilon a \begin{cases} \int_0^\delta Q^{(k)}(s)Q^{(l)}(t+s)\,ds & \text{für} \quad t \geq 0 \\[2ex] \int_0^\delta Q^{(k)}(s-t)Q^{(l)}(s)\,ds & \text{für} \quad t \leq 0 \end{cases}$$

$$k,l = 0,1,2. \tag{2.19}$$

Nun kann die zugehörige erste Näherung für die Spektraldichte

$$S^1_{f^{(k)}f^{(l)}}(\alpha) = \frac{1}{2\pi}\int_{-\infty}^\infty e^{-i\alpha t}R^1_{f^{(k)}f^{(l)}}(t)\,dt$$

berechnet werden. Die angeführten Eigenschaften von Q und einfache Integraltransformationen führen für $k = l$ auf

$$S^1_{f^{(k)}f^{(k)}}(\alpha) = \frac{\varepsilon a}{2\pi}\{2\int_0^\delta \cos\alpha t \int_0^\delta Q^{(k)}(s)Q^{(k)}(t+s)\,ds\,dt$$

$$+ \ 2(-1)^k\gamma^k \frac{e^{-\gamma\delta}}{\gamma^2+\alpha^2}(\gamma\cos\delta\alpha - \alpha\sin\delta\alpha)\int_0^\delta Q^{(k)}(s)e^{-\gamma s}\,ds$$

$$+ \ \gamma^{2k}\frac{e^{-2\gamma\delta}}{\gamma^2+\alpha^2}\ \}. \tag{2.20}$$

Um einen Vergleich mit den Braunschen Ansätzen durchzuführen, werden in (2.19) und (2.20) die Grenzübergänge $\delta \to 0$ durchgeführt. Im Fall $l = k = 0$ führt dieser Grenzübergang auf

$$\lim_{\delta\to 0} R^1_{ff}(t) = \frac{\varepsilon a}{2\gamma}e^{-\gamma|t|},$$

$$\lim_{\delta\to 0} S^1_{ff}(\alpha) = \frac{\varepsilon a}{2\pi}\frac{1}{\gamma^2+\alpha^2}$$

und diese Grenzwerte stimmen bei geeigneter Parameterwahl mit (2.2) bzw. (2.1) überein. Man kann also die verwendete Methode auch als eine Glättung der

Braunschen Ansätze interpretieren. Die Parameter $\frac{\varepsilon a}{\gamma}$, γ bzw. δ charakterisieren also die Unebenheiten, die Welligkeiten bzw. die Art der Glättung. Damit lassen sich stochastische Prozesse mit gewissen vorgegebenen Eigenschaften als lineare Funktionale schwach korrelierter Prozesse darstellen.

Schließlich sollen noch einige Bemerkungen zur Wahl der Funktion $Q_0(t; \delta)$ gemacht werden. Offensichtlich erfüllt das Polynom

$$Q_0(t; \delta) = \left(\frac{t}{\delta}\right)^2 \left(\frac{t}{\delta} - 2\right)^2 \qquad \text{für} \quad 0 \le t \le \delta \qquad (2.21)$$

die Bedingungen (2.17). Es ist dann

$$Q_0''(0) = \frac{8}{\delta^2}, \qquad Q_0''(\delta) = -\frac{4}{\delta^2}$$

und demzufolge

$$Q''(0) = \frac{8}{\delta^2}, \qquad Q''(\delta) = \left(-\frac{4}{\delta^2} + \gamma^2\right) e^{-\gamma\delta}.$$

Q ist dann also zweimal differenzierbar mit einer stückweise stetigen zweiten Ableitung, die an den Stellen $t = 0$ und $t = \delta$ Sprünge hat.

Für die später folgende Analyse von Schwingungssystemen ist es sinnvoll, die zusätzliche Forderung $Q''(0) = 0$ an die Funktion Q zu stellen. Dann hat man statt (2.12) die Bedingungen

$$Q(0) = 0, \qquad Q'(0) = 0, \qquad Q''(0) = 0. \qquad (2.22)$$

Für eine auf $(-\infty, \infty)$ zweimal stetig differenzierbare Funktion Q ergeben sich daraus für die Funktion Q_0 die Randbedingungen

$$\begin{aligned} Q_0(0) = 0, \quad Q_0'(0) = 0, \quad Q_0''(0) = 0, \\ Q_0(\delta) = 1, \quad Q_0'(\delta) = 0, \quad Q_0''(\delta) = 0. \end{aligned} \qquad (2.23)$$

Setzt man nun auf $[0, \delta]$ für Q_0 ein Polynom fünften Grades an, dann berechnet man aus diesen Randbedingungen

$$Q_0(t; \delta) = 6\left(\frac{t}{\delta}\right)^5 - 15\left(\frac{t}{\delta}\right)^4 + 10\left(\frac{t}{\delta}\right)^3 \qquad \text{für} \quad 0 \le t \le \delta. \qquad (2.24)$$

In den bisherigen Betrachtungen wurden die Fahrbahnunebenheiten als Funktion der Zeit aufgefaßt. Der gemäß (2.3) dargestellte Prozeß wird also von der Geschwindigkeit abhängen, mit der das Profil überrollt wird. Nun soll die Frage geklärt werden, wie sich die Darstellung ändert, wenn das gleiche Profil mit einer anderen Geschwindigkeit befahren wird. Dazu werden zunächst die Straßenprofile unabhängig von der Geschwindigkeit als Funktionen des zurückgelegten Weges dargestellt.

Wird mit $g(s,\omega)$ das wegabhängige Profil und mit $f(t,\omega)$ das zeitabhängige Profil bei konstanter Geschwindigkeit v bezeichnet, dann ist

$$g(s,\omega) = f(\frac{s}{v},\omega),$$

und man erhält mit (2.3) und (2.16)

$$
\begin{aligned}
g(s,\omega) &= \int_{-\infty}^{\frac{t}{v}} Q(\frac{s}{v} - u; \gamma, \delta) f_\varepsilon(u,\omega)\, du \\
&= \frac{1}{v} \int_{-\infty}^{s} Q(\frac{s-w}{v}; \gamma, \delta) f_\varepsilon(\frac{w}{v},\omega)\, dw.
\end{aligned}
\tag{2.25}
$$

Es ist

$$Q(\frac{s}{v}; \gamma, \delta) = Q_0(\frac{s}{v}; \delta) e^{-\frac{\gamma}{v}s}$$

und

$$Q_0(\frac{s}{v}; \delta) = 6 \left(\frac{s}{v\delta}\right)^5 - 15 \left(\frac{s}{v\delta}\right)^4 + 10 \left(\frac{s}{v\delta}\right)^3$$

bzw.

$$Q_0(\frac{s}{v}; \delta) = \left(\frac{s}{v\delta}\right)^2 \left(\frac{s}{v\delta} - 2\right)^2$$

für $0 \leq \frac{s}{v} \leq \delta$ bzw. $0 \leq s \leq v\delta$. Setzt man

$$\delta_0 = v\delta, \qquad \gamma_0 = \frac{\gamma}{v},$$

dann folgt somit

$$Q(\frac{s}{v}; \gamma, \delta) = Q_0(s; \delta_0) e^{-\gamma_0 s} = Q(s; \gamma_0, \delta_0).$$

$f_\varepsilon(t,\omega)$ wurde als ein schwach korrelierter Prozeß mit der Korrelationslänge ε und der konstanten Intensität a angenommen. Dann ist $f_\varepsilon(\frac{t}{v},\omega)$ schwach korreliert mit der Korrelationslänge $\varepsilon_0 = v\varepsilon$. Der gemäß

$$g_{\varepsilon_0}(t,\omega) = \frac{1}{v} f_\varepsilon(\frac{t}{v},\omega)$$

definierte schwach korrelierte Prozeß ist schwach stationär und hat wegen

$$
\begin{aligned}
\int_{-\varepsilon_0}^{\varepsilon_0} R_{g_{\varepsilon_0} g_{\varepsilon_0}}(t)\, dt &= \frac{1}{v^2} \int_{-v\varepsilon}^{v\varepsilon} R_{f_\varepsilon f_\varepsilon}(\frac{t}{v})\, dt = \frac{1}{v} \int_{-\varepsilon}^{\varepsilon} R_{f_\varepsilon f_\varepsilon}(u)\, du \\
&= \frac{1}{v} \left(a\varepsilon + O\left(\varepsilon^2\right)\right) = \frac{1}{v^2} \left(a\varepsilon_0 + O\left(\varepsilon_0^2\right)\right)
\end{aligned}
$$

die Intensität

$$a_0 = \frac{1}{v^2} a \quad .$$

Schließlich erhält man nun für den wegabhängigen Prozeß $g(s,\omega)$ aus (2.25) die Darstellung

$$g(s,\omega) = \int_{-\infty}^{s} Q(s - u; \gamma_0, \delta_0) g_{\varepsilon_0}(u,\omega)\, du, \qquad (2.26)$$

also eine zum zeitabhängigen Prozeß $f(t,\omega)$ ähnliche Darstellung, wobei

$$\delta_0 = v\delta \quad , \qquad \gamma_0 = \frac{\gamma}{v} \quad , \qquad \varepsilon_0 = v\varepsilon \quad , \qquad a_0 = \frac{1}{v^2}a \qquad (2.27)$$

die Parametertransformationen sind. Der Unebenheitsparameter $\frac{\varepsilon a}{\gamma}$ bleibt bei dieser Transformation invariant.

Es seien nun $f_1(t,\omega)$, $f_2(t,\omega)$ zwei zeitabhängige Prozesse, die das gleiche wegabhängige Straßenprofil $g(s,\omega)$ bei den Fahrgeschwindigkeiten v_1 bzw. v_2 beschreiben, d.h.

$$f_1(t,\omega) = g(v_1 t,\omega) \quad , \qquad f_2(t,\omega) = g(v_2 t,\omega) \quad .$$

f_1 bzw. f_2 lassen sich durch die Funktionale (2.3) mit den Parametern δ_1, γ_1, ε_1, a_1 bzw. δ_2, γ_2, ε_2, a_2 darstellen, die gemäß (2.27) von den Parametern δ_0, γ_0, ε_0, a_0 des wegabhängigen Straßenprofils (2.26) abhängen. Daraus ergeben sich nun sofort die Transformationsformeln für die Parameter

$$\delta_2 = \frac{v_1}{v_2}\delta_1 \quad , \qquad \gamma_2 = \frac{v_2}{v_1}\gamma_1 \quad , \qquad \varepsilon_2 = \frac{v_1}{v_2}\varepsilon_1 \quad , \qquad a_2 = \left(\frac{v_2}{v_1}\right)^2 a_1 \quad .$$

Auch hier gilt wieder

$$\frac{\varepsilon_2 a_2}{\gamma_2} = \frac{\varepsilon_1 a_1}{\gamma_1},$$

d.h. der Unebenheitsparameter ist invariant bei Geschwindigkeitswechseln.

2.1.3 Spezifizierung freier Parameter

Für die praktische Anwendung der im vorherigen Abschnitt entwickelten Approximationen der Form (2.3) benötigt man die in der Funktion $Q(t)$ enthaltenen Parameter sowie die Intensität a und die Korrelationslänge ε als Charakteristiken des schwach korrelierten Prozesses $f_\varepsilon(t,\omega)$. Auf der Basis vorhandener Messungen des zu approximierenden Prozesses $f(t,\omega)$ sowie seiner Ableitungen können dazu mit den im Abschnitt 1.3.2 angesprochenen Methoden der mathematischen Statistik stochastischer Prozesse Mittelwerte, Varianzen, Korrelationsfunktionen und Spektraldichten geschätzt werden. In den Bildern 2.1 (s. Abschnitt 2.1.1) und 2.3 sind entsprechende Schätzergebnisse dargestellt.

Es existieren eine Reihe leistungsfähiger Meßapparaturen, die Realisierungen von Unebenheitsprofilen f einschließlich deren Ableitungen $\dot{f}$ und $\ddot{f}$ bereit stellen. Wir können deshalb von der Existenz solcher Messungen, gegebenenfalls nach numerischer Differentiation oder Integration, ausgehen.

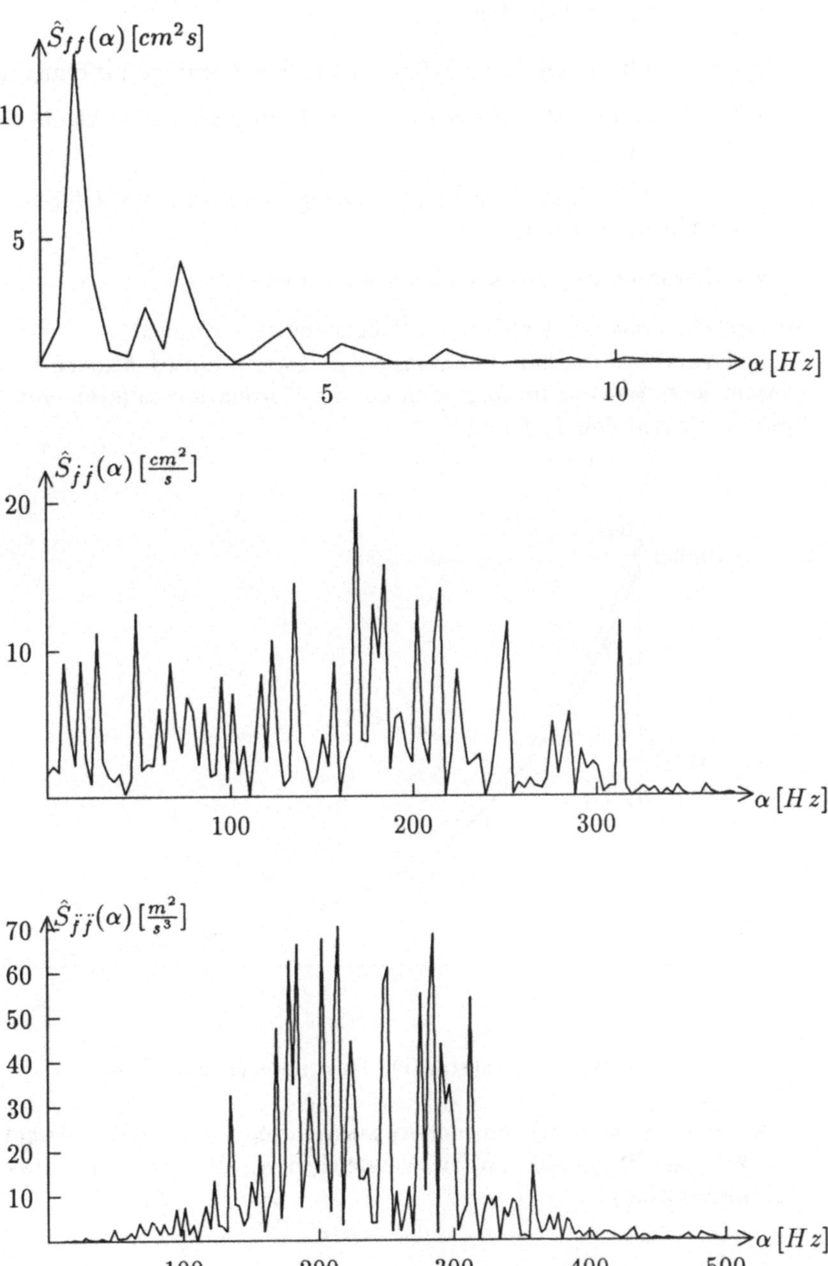

Bild 2.3: Schätzungen der Spektraldichten eines Profils

Bei der Auswertung solcher Messungen sind allerdings eine Reihe von Problemen im Auge zu behalten:

- durch auftretende Rauscheffekte ist eine aufwendige Filterung notwendig,

- für die numerische Differentiation und Integration sind kleine Meßabstände notwendig,

- technisch bedingte Meßverhältnisse ergeben maximale Meßfrequenzen bzw. -geschwindigkeiten,

- die Wahl einer repräsentativen Meßstrecke,

die Ursache auftretender Unregelmäßigkeiten sein können.

Aufgrund des raschen Abklingens der Korrelationsfunktionen von $\dot{f}$ und $\ddot{f}$ konzentrieren wir uns im folgenden auf die Korrelationsfunktion von f und die Spektraldichten von f, $\dot{f}$ und $\ddot{f}$.

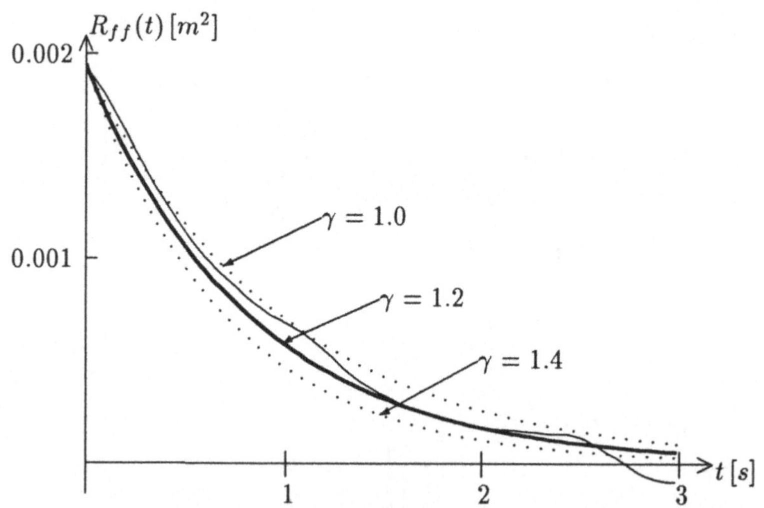

Bild 2.4: Interaktive Parameterfindung für γ

Als erstes wenden wir uns der Approximation (2.3) mit der Wahl der Funktion $Q(t) = e^{-\gamma t}$ gemäß (2.5) zu. Vergleichen wir die vorausgesetzte Korrelationsfunktion (2.2)

$$R(t) = \sigma^2 e^{-\gamma|t|}$$

mit der aus der Approximation erhaltenen ersten Näherung in (2.7)

$$R^1_{ff}(t) = \frac{\varepsilon a}{2\gamma} e^{-\gamma|t|}\,,$$

so erhalten wir aus einer geschätzten Varianz $\hat{\sigma}^2 = \hat{R}(0)$ von f die Beziehung

$$\hat{\sigma}^2 = \frac{\varepsilon a}{2\gamma}.$$

Den Parameter γ erhält man aus der Schätzung $\hat{R}(t)$ der Korrelationsfunktion, indem man ihn geeignet anpaßt. Dies kann analytisch geschehen, z. B. mittels der Methode der kleinsten Quadrate, oder in einem computergestützten interaktiven Vorgehen.

Beispiel 2.2 Bei den dargestellten Schätzungen ist $\hat{\sigma}^2 = 0.00194m^2$ und im Rahmen eines interaktiven Vorgehens (s. Bild 2.4) kann man $\gamma = 1.2s^{-1}$ erhalten. Damit wird $\varepsilon a = 2\hat{\sigma}^2\gamma = 0.004656\frac{m^2}{s}$. Die zugehörige Spektraldichte

$$S^1_{ff}(\alpha) = \frac{\varepsilon a}{2\pi} \frac{1}{\gamma^2 + \alpha^2}$$

ist zusammen mit der Schätzung $\hat{S}(\alpha)$ im Bild 2.5 dargestellt.

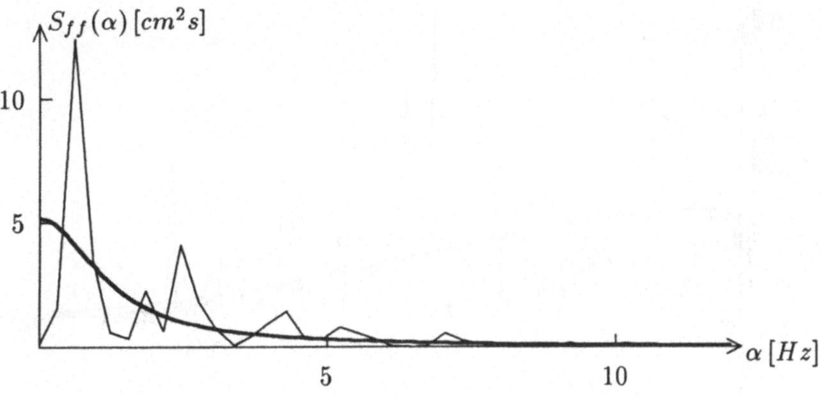

Bild 2.5: Geschätzte und angepaßte Spektraldichte für f

Damit haben wir γ und εa angepaßt. Wir werden später sehen, daß dies für eine analytische Auswertung ausreicht, da dort a und ε nur in der Form des Produktes εa auftritt. Für Simulationen werden wir a und ε einzeln benötigen. Diese können durch Auswertung von Schätzungen $\hat{S}_{\dot{f}\dot{f}}(\alpha)$ und $\hat{S}_{\ddot{f}\ddot{f}}(\alpha)$ der Spektraldichten von $\dot{f}$ und $\ddot{f}$ (vgl. (2.10)) spezifiziert werden. Dazu ist die Vorgabe einer Spektraldichte $S_{f_\varepsilon f_\varepsilon}(\alpha)$ des schwach korrelierten Prozesses f_ε notwendig, um in (2.10)

$$S^1_{\dot{f}\dot{f}}(\alpha) \;=\; S_{f_\varepsilon f_\varepsilon}(\alpha) - \frac{\varepsilon a}{2\pi} \frac{\gamma^2}{\gamma^2 + \alpha^2}\,,$$

$$S^1_{\ddot{f}\ddot{f}}(\alpha) \;=\; (\alpha^2 - \gamma^2)S_{f_\varepsilon f_\varepsilon}(\alpha) + \frac{\varepsilon a}{2\pi} \frac{\gamma^4}{\gamma^2 + \alpha^2}$$

zu bestimmen. Durch ein interaktives Vorgehen kann dann ε und a angepaßt werden, indem man:

1. ε vorgibt,

2. $S_{f_\varepsilon f_\varepsilon}(\alpha)$, $S^1_{ff}(\alpha)$, $S^1_{f\dot{f}}(\alpha)$ und $S^1_{\dot{f}\dot{f}}(\alpha)$ berechnet,

3. $S^1_{ff}(\alpha)$ und/oder $S^1_{\dot{f}\dot{f}}(\alpha)$ mit den Schätzungen $\hat{S}_{ff}(\alpha)$ und/oder $\hat{S}_{\dot{f}\dot{f}}(\alpha)$ vergleicht,

4. bei guter Übereinstimmung die Intensität aus $a = 2\hat{\sigma}^2\gamma/\varepsilon$ bestimmt; ansonsten ε verändert und mit 2. fortsetzt.

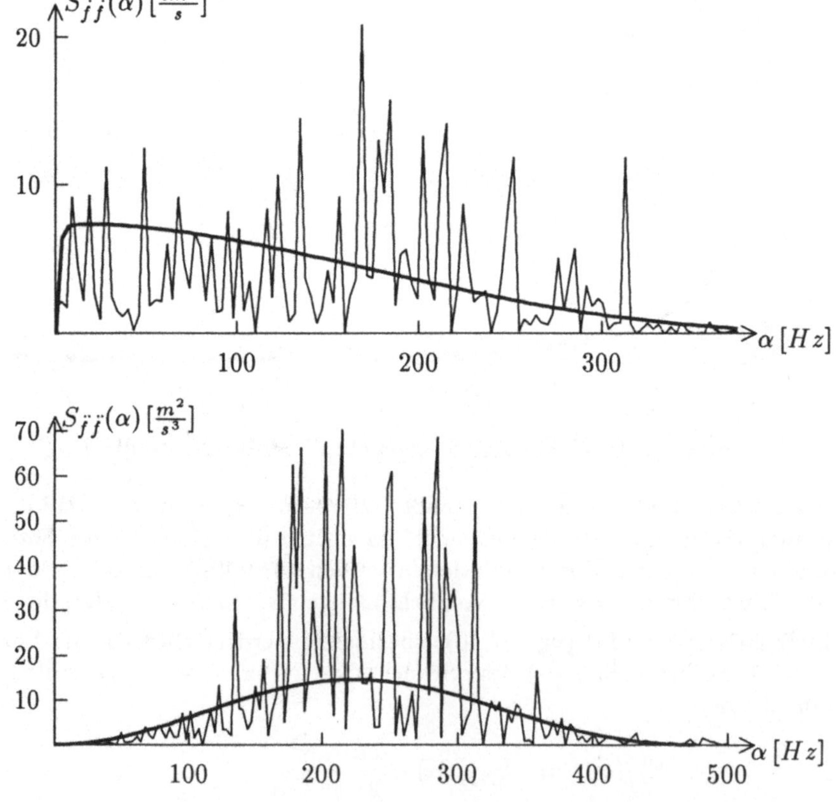

Bild 2.6: Geschätzte und angepaßte Spektraldichten für $\dot{f}$ und $\ddot{f}$

Beispiel 2.3 Legen wir beispielsweise die im Beispiel 1.9 betrachtete Korrelationsfunktion R_2 mit $b = 1$ und Varianz $\sigma_{f_e}^2$ für $R_{f_e f_e}(t)$ zugrunde, dann erhalten wir definitionsgemäß

$$S_{f_e f_e}(\alpha) = \frac{1}{2\pi} \int_{-\infty}^{\infty} R_{f_e f_e}(t) \exp(-i\alpha t)\, dt$$

durch numerische Integration. Die Wahl von $\sigma_{f_e}^2$ erfolgt dabei so, daß

$$S_{f_e f_e}(0) = \frac{\varepsilon a}{2\pi}$$

und damit

$$\begin{aligned}
S_{ff}^1(0) &= S_{f_e f_e}(0) - \frac{\varepsilon a}{2\pi} = 0 \\
S_{ff}^1(0) &= -\gamma^2 \left(S_{f_e f_e}(0) - \frac{\varepsilon a}{2\pi} \right) = 0 \,.
\end{aligned}$$

Das interaktive Vorgehen ergibt dann die Werte $\varepsilon = 0.021s$ und $a = 0.222(\frac{m}{s})^2$. Das Ergebnis des interaktiven Vorgehens ist im Bild 2.6 dargestellt.

Nun wenden wir uns der zweiten Variante der Approximation (2.3) mit der Funktion $Q(t) = Q_0(t; \delta)e^{-\gamma t}$ gemäß (2.16) zu. Hier kommt neben γ, ε und a mit $\delta > 0$ ein weiterer freier Parameter hinzu. Grundlage bilden auch hier die in (2.19) und (2.20) erhaltenen ersten Näherungen der (Auto-) Korrelationsfunktionen $R_{f^{(k)} f^{(k)}}^1(t)$ und der Spektraldichte $S_{f^{(k)} f^{(k)}}^1(\alpha)$. Der daraus resultierende Grenzübergang für $\delta \to 0$, z. B.

$$\lim_{\delta \to 0} R_{ff}^1(t) = \frac{\varepsilon a}{2\gamma} e^{-\gamma |t|}$$

zeigt, daß man zum Erhalt von Anfangsnäherungen für εa und γ analog dem oben dargestellten Verfahren vorgehen kann (vgl. Beispiel 2.2). Für die Einbeziehung von δ ist die Auswertung von (2.19)

$$R_{f^{(k)} f^{(k)}}^1(t) = \frac{\varepsilon a}{2} \gamma^{2k-1} e^{-\gamma(|t|+2\delta)} + \varepsilon a \int_0^{\delta} Q^{(k)}(s) Q^{(k)}(|t| + s)\, ds$$

mit anschließender Fouriertransformation (2.20) notwendig. Die auftretenden Integrale können in Abhängigkeit vom konkret gewählten Polynom $Q_0(t; \delta)$ entweder analytisch geschlossen oder durch numerische Integration gelöst werden.

Das daraus resultierende interaktive Vorgehen kann dann wie folgt beschrieben werden:

1. Bestimmung von Anfangsnäherungen γ und εa (unter der Annahme $\delta \to 0$, d.h. „$\delta = 0$"),

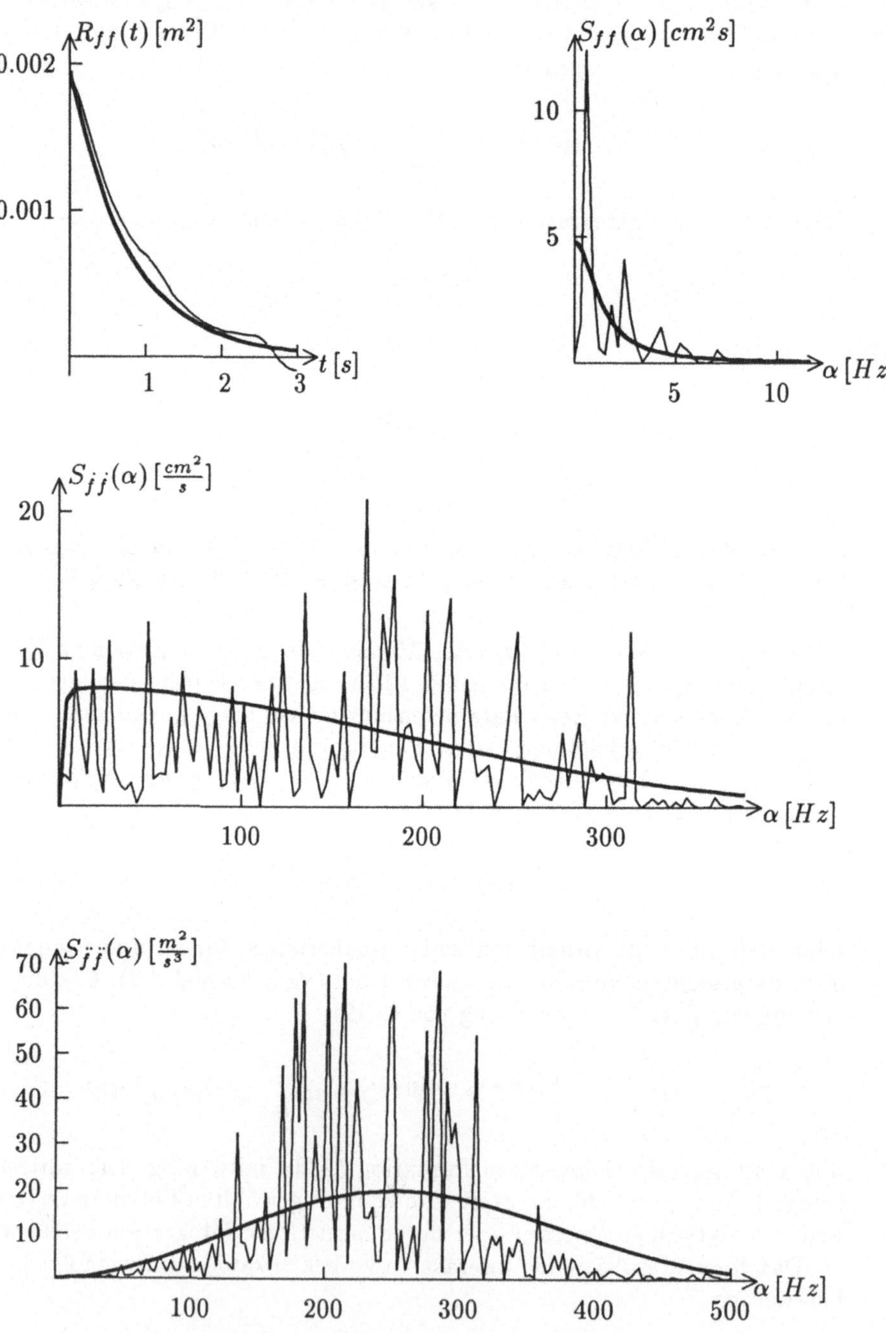

Bild 2.7: Ergebnis der interaktiven Parameterfindung

2. interaktive Anpassung von δ durch Vergleich von $S_{j\dot{j}}(\alpha)$ und/oder $S_{\dot{j}\dot{j}}(\alpha)$ mit den Schätzungen $\hat{S}_{j\dot{j}}(\alpha)$ und/oder $\hat{S}_{\dot{j}\dot{j}}(\alpha)$,

3. Vergleich von $R^1_{ff}(t)$ mit $\hat{R}_{ff}(t)$ und von $S^1_{ff}(\alpha)$ mit $\hat{S}_{ff}(\alpha)$ mit dem in 2. erhaltenen „$\delta \neq 0$",

4. bei guter Übereinstimmung wird γ, εa und δ verwendet; ansonsten Veränderung von γ und εa und Fortsetzung mit 2.

Dabei bleibt am Ende ε als frei wählbarer (kleiner) Parameter für die Simulation übrig.

Beispiel 2.4 Ausgehend von den Anfangsnäherungen $\gamma = 1.2s^{-1}$ und $\varepsilon a = 0.004656\frac{m^2}{s}$ sowie mit $Q_0(t;\delta)$ gemäß (2.24) erhält man nach dem interaktiven Vorgehen $\gamma = 1.3s^{-1}$, $\varepsilon a = 0.0052\frac{m^2}{s}$ und $\delta = 0.02s$. Im Bild 2.7 ist das Ergebnis der interaktiven Parameterfindung dargestellt.

2.2 Zweidimensionale Erregung

2.2.1 Modell für zwei korrelierte Erregungen

In den bisherigen Abschnitten haben wir uns mit der Approximation eines Erregungsprozesses $f(t,\omega)$ beschäftigt. Dies konnte beispielsweise eine Spur auf einer zufälligen Oberfläche sein. Greifen wir das einführende Beispiel aus dem Abschnitt 1.1 auf, so sind wir damit in der Lage Längsschnittmodelle zu betrachten, wenn die zeitverschobenen Erregungen durch $f_1(t,\omega) = f(t,\omega)$ und $f_2(t,\omega) = f(t+l/v,\omega)$ modelliert werden. Wollen wir dagegen das Verhalten am Fahrzeugquerschnitt untersuchen, so ist die Approximation einer zweiten Spur notwendig, die nicht als stochastisch unabhängig von der ersten Spur betrachtet werden kann. Unser Ziel besteht jetzt in der Approximation zweier schwach stationär verbundener Erregungsprozesse $f_L(t,\omega)$ und $f_R(t,\omega)$, die beispielsweise zwei parallele Fahrspuren auf einer Fahrbahnoberfläche darstellen können.

In der Literatur (s. z. B. PARKHILOVSKII[22] und SCHIEHLEN [27]) sind Methoden zu finden, die dieses Problem auf der Basis von zwei unkorrelierten Hilfsprofilen lösen. Seien die Erregerprozesse $f_L(t,\omega)$ und $f_R(t,\omega)$ zwei zentrierte Prozesse mit

$$R_{ff}(t_1,t_2) = \langle f_L(t_1)f_L(t_2)\rangle = \langle f_R(t_1)f_R(t_2)\rangle \, .$$

Ferner bezeichnen wir mit

$$m(t,\omega) = \frac{1}{2}(f_L(t,\omega) + f_R(t,\omega))$$

das „*mittlere Profil*" und mit

$$d(t,\omega) = \frac{1}{2}(f_L(t,\omega) - f_R(t,\omega))$$

das „*Differenzprofil*" zwischen f_L und f_R. Dann gelten die Beziehungen

$$f_L(t,\omega) = m(t,\omega) + d(t,\omega), \qquad f_R(t,\omega) = m(t,\omega) - d(t,\omega) \qquad (2.28)$$

Setzen wir zusätzlich voraus, daß

$$\langle f_L(t_1)f_R(t_2)\rangle = R(|t_2 - t_1|)$$

gelten soll, dann liefert die Berechnung der Kreuzkorrelationsfunktion von $m(t,\omega)$ und $d(t,\omega)$ (Nachweis: Übung)

$$\langle m(t_1)d(t_2)\rangle = \frac{1}{4}\left\{\langle f_L(t_1)f_L(t_2)\rangle - \langle f_R(t_1)f_R(t_2)\rangle\right\} = 0.$$

Damit sind die beiden Hilfsprofile m und d unkorreliert. Ferner sind

$$\langle m(t_1)m(t_2)\rangle = \frac{1}{2}\left\{R_{ff}(t_1,t_2) + \langle f_L(t_1)f_R(t_2)\rangle\right\}$$

$$\text{und} \qquad \langle d(t_1)d(t_2)\rangle = \frac{1}{2}\left\{R_{ff}(t_1,t_2) - \langle f_L(t_1)f_R(t_2)\rangle\right\}. \qquad (2.29)$$

Aufbauend auf Abschnitt 2.1.2 wird wiederum die Korrelationsfunktion (2.2)

$$R(t) = \sigma^2 e^{-\gamma|t|}.$$

für $f(t,\omega)$ betrachtet, d. h. $R_{ff}(t_1,t_2) = R(|t_2 - t_1|)$. Erweitern wir diese Annahme auf ein analoges, orthotropes Verhalten quer zur Fahrbahnrichtung, dann erhalten wir zunächst

$$\langle f_L(t)f_R(t)\rangle = \sigma^2 e^{-\gamma|b|},$$

wobei $|b|$ dem Abstand (Spurbreite) zwischen den beiden Erregungen entspricht. Mit dem allgemeineren Ansatz

$$\langle f_L(t_1)f_R(t_2)\rangle = \sigma^2 e^{-\gamma(|b|+|t_2-t_1|)}, \qquad (2.30)$$

wird sichergestellt, daß für $f_L = f_R$ sich mit $b = 0$ wieder (2.2) einstellt.

Dann erhalten wir aus (2.29)

$$\langle m(t_1)m(t_2)\rangle = \frac{1}{2}\sigma^2(1 + e^{-\gamma|b|})e^{-\gamma|t_2-t_1|}$$
$$\doteq \sigma_m^2 e^{-\gamma|t_2-t_1|}$$

und

$$\langle d(t_1)d(t_2)\rangle = \frac{1}{2}\sigma^2(1 - e^{-\gamma|b|})e^{-\gamma|t_2-t_1|}$$
$$\doteq \sigma_d^2 e^{-\gamma|t_2-t_1|}$$

mit

$$\sigma_m^2 = \frac{1}{2}\sigma^2(1 + e^{-\gamma|b|}) \text{ und } \sigma_d^2 = \frac{1}{2}\sigma^2(1 - e^{-\gamma|b|})\,.$$

Damit können die Funktionalansätze (2.3) aus Abschnitt 2.1.2 zur (stochastischen) unabhängigen Approximation von m und d verwendet werden, d. h. die Prozesse

$$m(t,\omega) = \int_{-\infty}^{t} Q(t-s)f_{1\varepsilon}(s,\omega)\,ds,$$

$$d(t,\omega) = \int_{-\infty}^{t} Q(t-s)f_{2\varepsilon}(s,\omega)\,ds$$

mit unabhängigen schwach korrelierten Prozessen $f_{1\varepsilon}(t,\omega)$ und $f_{2\varepsilon}(t,\omega)$ liefern über (2.28)

$$f_L(t,\omega) = \int_{-\infty}^{t} Q(t-s)[f_{1\varepsilon}(s,\omega) + f_{2\varepsilon}(s,\omega)]\,ds,$$

$$f_R(t,\omega) = \int_{-\infty}^{t} Q(t-s)[f_{1\varepsilon}(s,\omega) - f_{2\varepsilon}(s,\omega)]\,ds$$

zwei gemäß (2.30) korrelierte parallele Erregungen.

Bisher haben wir bei den Approximationen uns auf die Korrelationsfunktion bzw. Spektraldichte konzentriert. Bei der Approximation zweier Spuren kommt oft die Analyse der Kohärenzfunktion $K_{f_L f_R}(\alpha)$ hinzu. Aus der Beziehung

$$R_{f_L f_R}(t_1, t_2) = \langle f_L(t_1)f_R(t_2)\rangle = e^{-\gamma|b|}\sigma^2 e^{-\gamma|t_2-t_1|}$$

und damit

$$S_{f_L f_R}(\alpha) = e^{-\gamma|b|}\frac{\sigma^2}{\pi}\frac{\gamma}{\gamma^2 + \alpha^2}$$

erhalten wir

$$K_{f_L f_R}(\alpha) = \frac{|S_{f_L f_R}(\alpha)|}{\sqrt{S_{f_L f_L}(\alpha)S_{f_R f_R}(\alpha)}} = e^{-\gamma|b|},$$

d. h. die Kohärenzfunktion nimmt mit zunehmender Spurbreite b ab und ist im gesamten Frequenzbereich konstant.

Wir wollen nun die Kohärenz durch Verrauschen beeinflussen. Dazu betrachten wir die Ansätze

$$\tilde{f}_L(t,\omega) = f_L(t,\omega) + r_L(t,\omega)$$
$$\tilde{f}_R(t,\omega) = f_R(t,\omega) + r_R(t,\omega)$$

mit zwei unkorrelierten von f_L, f_R unabhängigen Rauschprozessen r_L, r_R. Seien ferner

$$S_{ff}(\alpha) = S_{f_L f_L}(\alpha) = S_{f_R f_R}(\alpha) = e^{\gamma|b|}S_{f_L f_R}(\alpha),$$
$$S_{rr}(\alpha) = S_{r_L r_L}(\alpha) = S_{r_R r_R}(\alpha),$$

dann wird (für reelle S_{ff}, S_{rr})

$$K_{\hat{f}_L \hat{f}_R}(\alpha) = e^{-\gamma|b|} \frac{|S_{ff}(\alpha)|}{|S_{ff}(\alpha) + S_{rr}(\alpha)|}$$

$$= \frac{e^{-\gamma|b|}}{|1 + S_{rr}(\alpha)/S_{ff}(\alpha)|}.$$

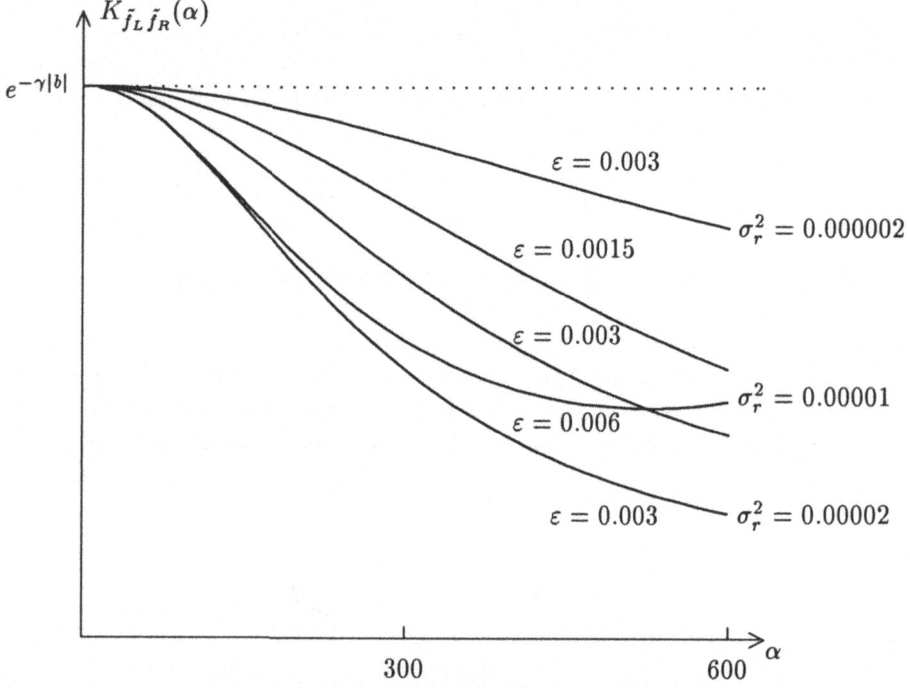

Bild 2.8: Kohärenzfunktion in Abhängigkeit von ε und σ_r^2

Beispiel 2.5 Betrachten wir r_L und r_R als schwach korrelierte Prozesse mit einer Korrelationsfunktion der Form (1.25), dann ist

$$S_{rr}(\alpha) = \frac{\sigma_r^2}{\pi \varepsilon \alpha^2}(1 - \cos(\alpha\varepsilon))$$

(vgl. Beispiel 1.2) mit $S_{rr}(0) = \sigma_r^2 \varepsilon/2\pi$. Im Bild 2.8 ist der Verlauf der Kohärenzfunktion für verschiedene Werte von ε und σ_r^2 der Rauschprozesse dargestellt. Dabei sind $\sigma_f^2 = 0.002$ und $\gamma = 1.2$ als Parameter für S_{ff} gesetzt. Die Auswertung des Bildes zeigt, daß durch Verwendung der Rauschprozesse die Kohärenz beeinflußt werden kann.

2.2.2 Approximation eines zufälligen Feldes

Die im Abschnitt 2.1.2 eingeführten Approximationen eindimensionaler Erregungen und die im Abschnitt 2.2.1 darauf aufbauenden 2-Spur-Erregungen lassen sich fortsetzen zu Approximationen zweidimensionaler Erregungen mittels schwach korrelierter Felder.

Als Ansatz wählen wir in Verallgemeinerung von (2.3)

$$f(t,r,\omega) = \int_{-\infty}^{t} \int_{-\infty}^{r} Q(t-s,r-u)f_\varepsilon(s,u,\omega)\,du\,ds\,, \qquad (2.31)$$

wobei $f_\varepsilon(s,u,\omega)$ ein zentriertes, schwach korreliertes Feld mit konstanter Intensität a und Korrelationslänge ε sei. Dann ist $f(t,r,\omega)$ ein zentriertes zufälliges Feld, welches die (t,r)-Ebene vollständig erfaßt. Insbesondere können wir $t \geq 0$ als Zeitparameter interpretieren und wir erhalten die (partiellen) Ableitungen nach t

$$\begin{aligned}
\dot{f}(t,r,\omega) &= \int_{-\infty}^{r} Q(0,r-u)f_\varepsilon(t,u,\omega)\,du \\
&\quad + \int_{-\infty}^{t}\int_{-\infty}^{r} Q'(t-s,r-u)f_\varepsilon(s,u,\omega)\,du\,ds \\
\ddot{f}(t,r,\omega) &= \int_{-\infty}^{r} Q(0,r-u)\dot{f}_\varepsilon(t,u,\omega)\,du \qquad\qquad (2.32) \\
&\quad + \int_{-\infty}^{r} Q'(0,r-u)f_\varepsilon(t,u,\omega)\,du\,ds \\
&\quad + \int_{-\infty}^{t}\int_{-\infty}^{r} Q''(t-s,r-u)f_\varepsilon(s,u,\omega)\,du\,ds\,.
\end{aligned}$$

Analysieren wir speziell $f(t,r,\omega)$, so erhalten wir auf der Grundlage des Grenzwertsatzes für das zweite Moment zunächst

$$\langle f(t_1,r_1)f(t_2,r_2)\rangle$$
$$= \varepsilon^2 a \int_{-\infty}^{\min(t_1,t_2)} \int_{-\infty}^{\min(r_1,r_2)} Q(t_1-s,r_1-u)Q(t_2-s,r_2-u)\,du\,ds + O(\varepsilon^3).$$

Wählt man

$$Q(t,r) = e^{-(\gamma_1 t + \gamma_2 r)}\,, \qquad (2.33)$$

so erhält man daraus

$$\langle f(t_1,r_1)f(t_2,r_2)\rangle = \frac{\varepsilon^2 a}{4\gamma_1\gamma_2} e^{-(\gamma_1|t_2-t_1|+\gamma_2|r_2-r_1|)} + O(\varepsilon^3)$$

und damit die bereits im vorangegangenen Abschnitt erhaltene Korrelationsfunktion eines schwach homogenen und orthotropen Feldes.

Zum gleichen Ergebnis gelangt man durch die Wahl von

$$Q(t, r) = e^{-(\gamma_1 t + \gamma_2 r)} Q_0(t; \delta) Q_0(r; \delta) \tag{2.34}$$

mit Q_0 gemäß (2.21) oder (2.24) und $\delta \downarrow 0$, d. h.

$$\lim_{\delta \downarrow 0} \langle f(t_1, r_1) f(t_2, r_2) \rangle = \frac{\varepsilon^2 a}{4 \gamma_1 \gamma_2} e^{-(\gamma_1 |t_2 - t_1| + \gamma_2 |r_2 - r_1|)} + O(\varepsilon^3)$$

Damit sind wir in der Lage beliebige Feldpunkte $f(t, r, \omega)$ und beliebige Spuren auf zufälligen Oberflächen zu approximieren. Insbesondere für feste Werte von r, z. B. $r_1, r_2, \ldots, r_n$, können n parallele Erregungen $f(t, r_i, \omega)$, $i = 1, 2, \ldots, n$ approximiert werden.

Die Ableitungen sind schließlich in den beiden gewählten Fällen für (2.33)

$$\begin{aligned}
\dot{f}(t, r, \omega) &= \int_{-\infty}^{r} e^{-\gamma_2(r-u)} f_\varepsilon(t, u, \omega) \, du \\
&\quad - \gamma_1 \int_{-\infty}^{t} \int_{-\infty}^{r} e^{-\gamma_1(t-s) + \gamma_2(r-u))} f_\varepsilon(s, u, \omega) \, du \, ds \\
\ddot{f}(t, r, \omega) &= \int_{-\infty}^{r} e^{-\gamma_2(r-u)} \dot{f}_\varepsilon(t, u, \omega) \, du \\
&\quad - \gamma_1 \int_{-\infty}^{r} e^{-\gamma_2(r-u)} f_\varepsilon(t, u, \omega) \, du \, ds \\
&\quad + \gamma_1^2 \int_{-\infty}^{t} \int_{-\infty}^{r} e^{-\gamma_1(t-s) + \gamma_2(r-u))} f_\varepsilon(s, u, \omega) \, du \, ds
\end{aligned}$$

sowie für (2.34)

$$\begin{aligned}
\dot{f}(t, r, \omega) &= \int_{-\infty}^{t} \int_{-\infty}^{r} Q'(t - s, r - u) f_\varepsilon(s, u, \omega) \, du \, ds \\
\ddot{f}(t, r, \omega) &= \int_{-\infty}^{t} \int_{-\infty}^{r} Q''(t - s, r - u) f_\varepsilon(s, u, \omega) \, du \, ds \, .
\end{aligned}$$

2.3   Simulation

2.3.1   Simulation von Zufallsgrößen und schwach korrelierten Funktionen

Nachdem wir in den Abschnitten 2.1 und 2.2 die Modellierung und Approximation stochastischer Erregungen betrachtet haben, wollen wir uns nun mit der Simulation derselben beschäftigen. Dies geschieht mit dem Ziel die Grundlagen zu legen

- für den Erhalt praxisadäquater Erregungen, z. B. Straßenprofile, aus der „Retorte", d. h. mit Computerprogrammen vergleichsweise einfach zu erhaltene Realisierungen realer Erregungen,

- für die Analyse von Schwingungsvorgängen mittels numerischer und statistischer Methoden,

- für die Steuerung von servohydraulischen Anlagen.

Damit können aufwendige Messungen und/oder experimentelle Untersuchungen reduziert werden und in der Entwicklungs- bzw. Konstruktionsphase kann der Einfluß stochastischer Erregungen in einfacher Weise berücksichtigt werden. Die Simulationsmethoden stellen somit eine Ergänzung der rein-experimentellen und rein-mathematischen Analysemethoden dar.

Will man nun stochastische Vorgänge mathematisch simulieren, so bildet die Simulation von Zufallsgrößen den Ausgangspunkt. Dabei können wir von der praktischen Verfügbarkeit von $[0, 1]$-gleichverteilten (Pseudo-) Zufallszahlen ausgehen, d. h. von Zahlen, die als Realisierung einer auf $[0, 1]$ gleichverteilten Zufallsgröße aufgefaßt werden können. Dies geschieht durch technische Rauschgeneratoren und mathematische Rekursionsalgorithmen, die z. B. in allen problemorientierten Programmiersprachen als Routinen enthalten sind. Aus der Vielzahl von Wahrscheinlichkeitsverteilungen wählen wir hier die Gleichverteilung auf $[a, b]$, die Normal- und die logarithmische Normalverteilung aus, weil diese ein geeignetes Spektrum für unsere beabsichtigten Analysen bereitstellen.

Eine erste Methode aus der $[0, 1]$-Gleichverteilung andere Verteilungen zu erhalten, liefert der

Inversionssatz. Sei $F_X(x)$ die Verteilungsfunktion einer Zufallsgröße X und $Z \sim G[0, 1]$, dann kann X durch $X = F_X^{-1}(Z)$ beschrieben werden.

Diese Aussage folgt aus der Beziehungskette

$$F_X(x) = P(X < x) \quad = \quad P(F_X^{-1}(Z) < x) = P(Z < F_X(x))$$
$$= F_Z(F_X(x)) \quad = \quad \int_0^{F_X(x)} dz = F_X(x).$$

Beispiel 2.6: Sei $X \sim G[a, b]$, dann ist für $x \in [a, b]$

$$F_X(x) = \int_a^x \frac{dy}{b-a} = \frac{x-a}{b-a} \doteq z.$$

Daraus folgt mit

$$F_X^{-1}(z) = (b-a)z + a$$

die Beziehung

$$X = (b-a)Z + a,$$

mit der man aus der $[0,1]$-gleichverteilten Zufallszahl Z eine auf $[a,b]$ gleichverteilte Zufallszahl erhält. Speziell für $a = -b$ ist $X = 2bZ - b$ eine auf $[-b,b]$-gleichverteilte Zufallsgröße, die den Erwartungswert $EX = 0$ und die Varianz $D^2X = b^2/3$ hat (vgl. Tabelle 1.1).

Voraussetzung für die Anwendung des Inversionssatzes ist die geschlossene Darstellbarkeit der Verteilungsfunktion $F_X(x)$. Bei der Normalverteilung ist dies nicht gegeben. Ausgehend von der zweidimensionalen Normalverteilung zweier unabhängiger Zufallsgrößen X_1, X_2 kann man aber die folgende Aussage erhalten (siehe z. B. HAFNER [17]).

Satz. Seien Z_1, Z_2 zwei unabhängige $(0,1]$-gleichverteilte Zufallsgrößen, dann sind

$$X_1 = \sqrt{-2\ln Z_1}\cos(2\pi Z_2) \qquad \text{und}$$
$$X_2 = \sqrt{-2\ln Z_1}\sin(2\pi Z_2)$$

zwei unabhängige $N(0,1)$-verteilte Zufallsgrößen.

Die Transformation $\tilde{X} = \sigma X$ ergibt dann allgemeiner eine $N(0,\sigma^2)$-verteilte Zufallszahl $\tilde{X}$ mit $E\tilde{X} = 0$ und $D^2\tilde{X} = \sigma^2$.

Schließlich liefert der im dritten Beispiel im Abschnitt 1.3.1 dargestellte Zusammenhang

$$\tilde{X} \sim N(0,\sigma^2) \Longrightarrow Y = \exp(\tilde{X}) \sim LN(0,\sigma^2)$$

eine logarithmisch normalverteilte Zufallszahl Y. Mit

$$\tilde{Y} = Y - \exp(\sigma^2/2)$$

erhalten wir eine zentrierte Zufallszahl $\tilde{Y}$, d.h. $E\tilde{Y} = 0$, mit $D^2\tilde{Y} = e^{\sigma^2}(e^{\sigma^2} - 1)$ (vgl. Tabelle 1.1).

Nach diesen Grundlagen der Simulation von Zufallsgrößen kommen wir nun zur Simulation schwach korrelierter Prozesse. Die einfachste Form ist im Bild 2.9 dargestellt. Für die Simulation von schwach korrelierten Prozessen gehen wir im folgenden von einem interessierenden Intervall $D = [\alpha,\beta]$ aus und zerlegen dieses in n gleichlange Teilintervalle $[a_i, a_{i+1}]$ der Länge $h = (\beta - \alpha)/n$ mit $a_i = \alpha + ih$, $i = 0,1,\ldots,n$. Definieren wir dann mit unabhängigen, identisch verteilten und zentrierten Zufallsgrößen ξ_i, $i = 0,1,\ldots,n-1$

$$f_\epsilon(x,\omega) = \xi_i \qquad \text{für } x \in [a_i, a_{i+1}), \tag{2.35}$$

so ist $f_\epsilon(x,\omega)$ ein schwach korrelierter Prozeß mit Korrelationslänge $\epsilon = h$. Dies folgt unmittelbar aus der Unabhängigkeit der ξ_i. Analysieren wir die stochastischen Charakteristiken von f_ϵ, so erhalten wir $\langle f_\epsilon(x)\rangle = 0$ aus $\langle\xi_i\rangle = 0$ und mit $\langle\xi_i^2\rangle = \sigma^2$ ist die Korrelationsfunktion für $x_1 \in [a_i, a_{i+1})$ gegeben mit

$$R(x_1,x_2) = \langle f_\epsilon(x_1)f_\epsilon(x_2)\rangle = \begin{cases} \sigma^2 & \text{für } x_2 \in [a_i, a_{i+1}) \\ 0 & \text{sonst.} \end{cases}$$

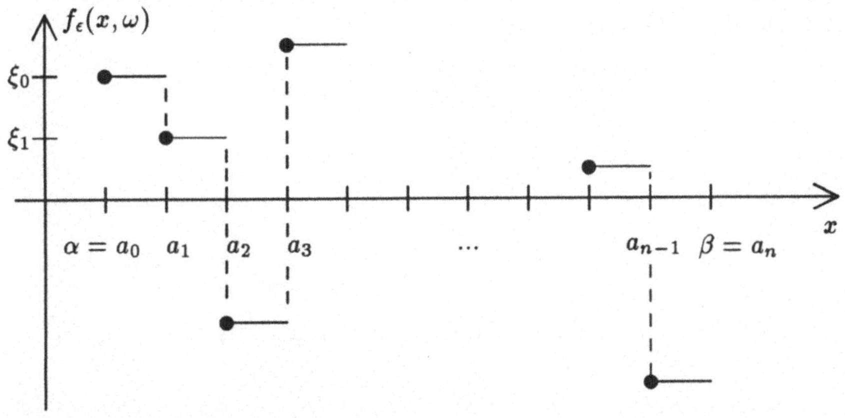

Bild 2.9: Realisierung eines schwach korrelierten Prozesses als Sprungfunktion

Die Intensität $a(x_1)$ ergibt sich zu

$$
\begin{aligned}
a(x_1) &= \lim_{\varepsilon \downarrow 0} \frac{1}{\varepsilon} \int_{-\varepsilon}^{\varepsilon} \langle f_\varepsilon(x_1) f_\varepsilon(x_1 + z) \rangle \, dz \\
&= \lim_{\varepsilon \downarrow 0} \frac{1}{\varepsilon} \int_{a_i}^{a_{i+1}} \langle f_\varepsilon(x_1) f_\varepsilon(y) \rangle \, dy \\
&= \lim_{\varepsilon \downarrow 0} \frac{h}{\varepsilon} \sigma^2 = \sigma^2 = const.
\end{aligned}
$$

Analysieren wir die Korrelationsfunktion weiter, so haben wir für feste $x_1 \in [a_i, a_{i+1})$ die im Bild 2.10 exemplarisch dargestellten Verläufe.

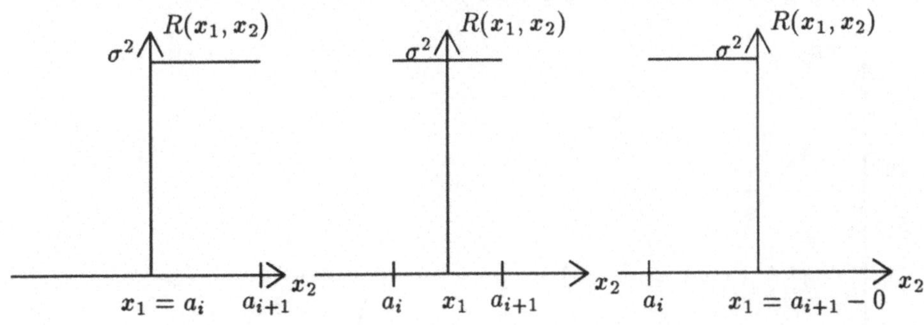

Bild 2.10: Verläufe der Korrelationsfunktion für ausgewählte Werte von x_1

Mitteln wir dieses Verhalten über $x_1 \in [a_i, a_{i+1})$, d. h. wir setzen

$$
\bar{R}(y) = \frac{1}{a_{i+1} - a_i} \int_{a_i}^{a_{i+1}} \langle f_\varepsilon(x_1) f_\varepsilon(x_1 + y) \rangle \, dx_1,
$$

so erhalten wir in dem betrachteten Fall eine Korrelationsfunktion $\bar{R}$ (s. Bild 2.11) der Form R_1 (s. (1.25)).

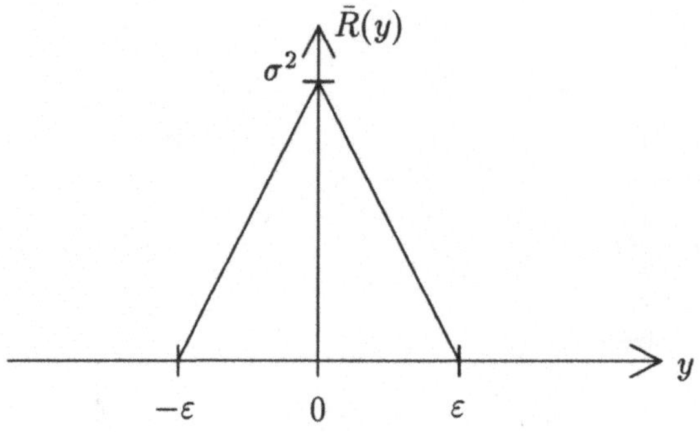

Bild 2.11: Mittlere Korrelationsfunktion $\bar{R}$

Dies bedeutet, daß dieser Prozeß in Verbindung mit einem stationären schwach korrelierten Prozeß mit der Spektraldichte

$$S(\alpha) = \frac{\sigma^2}{\pi\varepsilon\alpha^2}(1 - \cos(\alpha\varepsilon))$$

(vgl. Beispiel 1.2) betrachtet werden kann.

Damit haben wir einen ersten schwach korrelierten Prozeß mit konstanter Intensität erhalten, dessen Realisierungen aber nicht stetig sind. Die Stetigkeit der Realisierungen kann erreicht werden, indem die Sprungfunktion durch einen Polygonzug ersetzt wird (s. Bild 2.12).

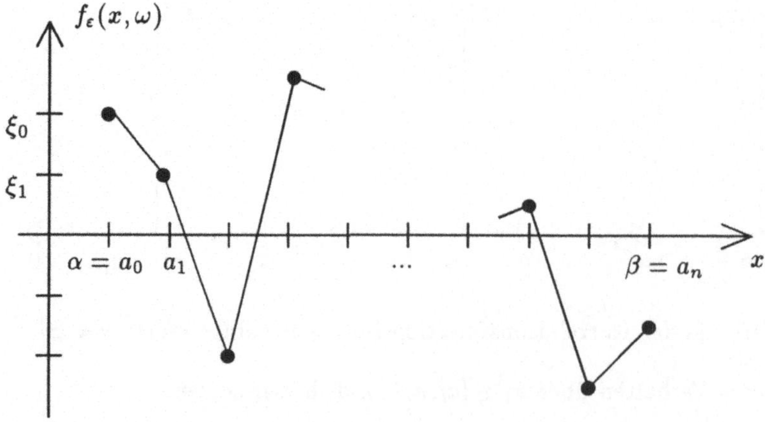

Bild 2.12: Realisierung eines stetigen schwach korrelierten Prozesses

Legen wir die gleiche Intervalleinteilung mit Stützstellen a_i und Zufallsgrößen ξ_i, $i = 0, 1, \ldots, n$ zugrunde, so erhalten wir mit

$$f_\varepsilon(x, \omega) = g_i(x)\xi_i + h_i(x)\xi_{i+1} \qquad \text{für } x \in [a_i, a_{i+1}], \qquad (2.36)$$

wobei

$$g_i(x) = \frac{a_{i+1} - x}{h} \quad \text{und} \quad h_i(x) = \frac{x - a_i}{h}$$

gilt, einen schwach korrelierten Prozeß $f_\varepsilon(x, \omega)$ mit Korrelationslänge $\varepsilon = 2h$. Die Korrelationslänge erstreckt sich jetzt über zwei Teilintervalle, da die Zufallsgröße ξ_i jeweils Einfluß auf zwei Teilintervalle $[a_{i-1}, a_i]$ und $[a_i, a_{i+1}]$ hat.

Die Korrelationsfunktion von f_ε ist hier für $x \in [a_i, a_{i+1}]$ mit $\langle \xi_i^2 \rangle = \sigma^2$ für $i = 0, 1, \ldots, n$

$$R(x, y) = \sigma^2 \begin{cases} g_i(x)h_{i-1}(y) & \text{für } y \in [a_{i-1}, a_i] \\ g_i(x)g_i(y) + h_i(x)h_i(y) & \text{für } y \in [a_i, a_{i+1}] \\ h_i(x)g_{i+1}(y) & \text{für } y \in [a_{i+1}, a_{i+2}] \\ 0 & \text{sonst.} \end{cases}$$

Die Intensität $a(x)$ ergibt sich als

$$\begin{aligned} a(x) &= \lim_{\varepsilon \downarrow 0} \frac{1}{\varepsilon} \int_{a_{i-1}}^{a_{i+2}} R(x, y)\, dy \\ &= \lim_{\varepsilon \downarrow 0} \frac{1}{\varepsilon} \left\langle f_\varepsilon(x) \int_{a_{i-1}}^{a_{i+2}} f_\varepsilon(y)\, dy \right\rangle \\ &= \frac{\sigma^2}{2} = const. \end{aligned}$$

Damit haben wir hier einen stetigen schwach korrelierten Prozeß mit konstanter Intensität erhalten. Legt man bei den Approximationen von Erregungen im Abschnitt 2.1.2 die Funktion $Q(t)$ mit den Bedingungen (2.12) zugrunde, so ist die Stetigkeit der Realisierungen ausreichend. Bei den Approximationen (2.6) benötigen wir hingegen glatte schwach korrelierte Prozesse, d.h. schwach korrelierte Prozesse mit stetig differenzierbaren Realisierungen. Im folgenden sollen Realisierungen von glatten schwach korrelierten Prozessen durch Simulation bereitgestellt werden.

Neben den Teilintervallen $[a_i, a_{i+1})$ und den Zufallsgrößen ξ_i betrachten wir dazu noch $n + 1$ zusätzliche unabhängige, identisch verteilte und zentrierte Zufallsgrößen $\bar{\xi}_i$, $i = 0, 1, \ldots, n$. Die stetige Differenzierbarkeit können wir dann erreichen, indem wir $f_\varepsilon(x, \omega)$ in jedem Teilintervall durch ein Polynom 3. Grades

$$\begin{aligned} f_\varepsilon(x, \omega) &= p_i(x, \omega) \qquad\qquad\qquad\qquad (2.37) \\ &= p(x - a_i)^3 + q(x - a_i)^2 + u(x - a_i) + v \end{aligned}$$

ansetzen und fordern, daß folgende Bedingungen erfüllt sind

$$p_i(a_i) = \xi_i, \qquad p_i(a_{i+1}) = \xi_{i+1},$$
$$\dot{p}_i(a_i) = \bar{\xi}_i, \qquad \dot{p}_i(a_{i+1}) = \bar{\xi}_{i+1}.$$

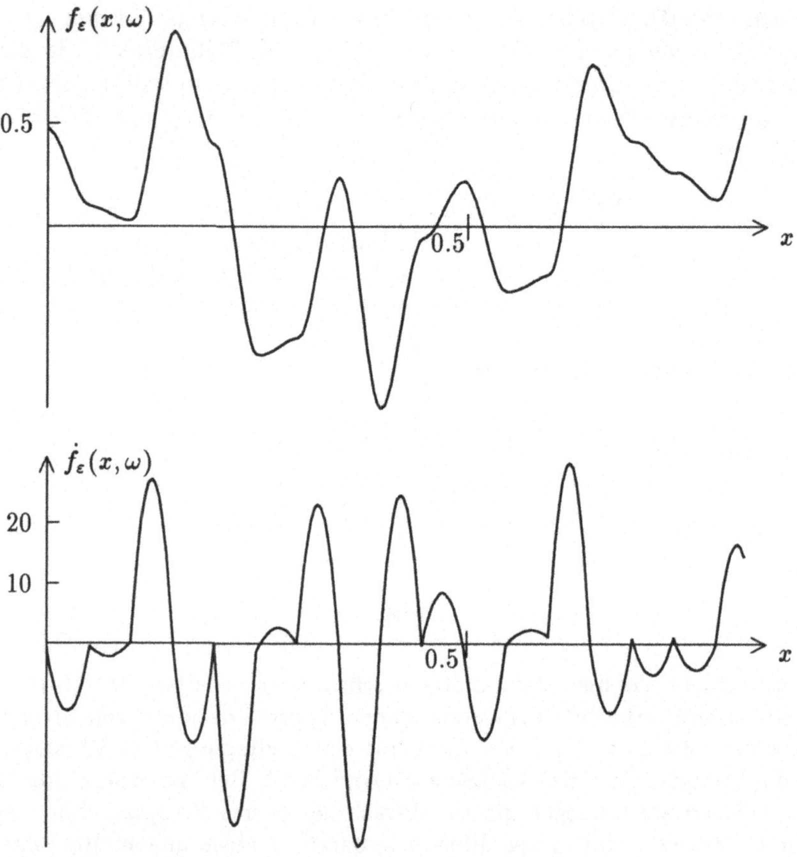

Bild 2.13: Realisierung eines differenzierbaren schwach korrelierten Prozesses einschließlich Ableitung

Löst man das daraus resultierende lineare Gleichungssystem

$$
\begin{aligned}
ph^3 + qh^2 + uh \; +v &= \xi_{i+1} \\
v &= \xi_i \\
3ph^2 + 2qh + u &= \bar{\xi}_{i+1} \\
u &= \bar{\xi}_i
\end{aligned}
$$

so erhält man daraus die (von i abhängigen) Parameter

$$p = \frac{2(\xi_i - \xi_{i+1}) + (\bar{\xi}_i + \bar{\xi}_{i+1})h}{h^3},$$

$$q = \frac{3(\xi_{i+1} - \xi_i) - (2\bar{\xi}_i + \bar{\xi}_{i+1})h}{h^2},$$

$$u = \bar{\xi}_i \quad \text{und} \quad v = \xi_i.$$

Dann ist $f_\varepsilon(x,\omega)$ ein schwach korrelierter stetig differenzierbarer Prozeß mit Korrelationslänge $\varepsilon = 2h$. Im Bild 2.13 sind Realisierungen von f_ε und $\dot{f}_\varepsilon$ dargestellt, wobei $\varepsilon = 0.1$, $\xi \sim G[-1,1]$ und $\bar{\xi} \sim N(0,\tfrac{1}{3})$ verwendet wurden.

Dieses Simulationsverfahren kann durch feste Vorgabe der $\bar{\xi}_i$, z. B. $\bar{\xi}_i = 0$ für alle $i = 0, 1, \ldots, n$ sogar noch vereinfacht werden. Offensichtlich kann man mit der hier vorgestellten Methode beliebig glatte, d.h. beliebig oft stetig differenzierbare, schwach korrelierte Prozesse aufstellen.

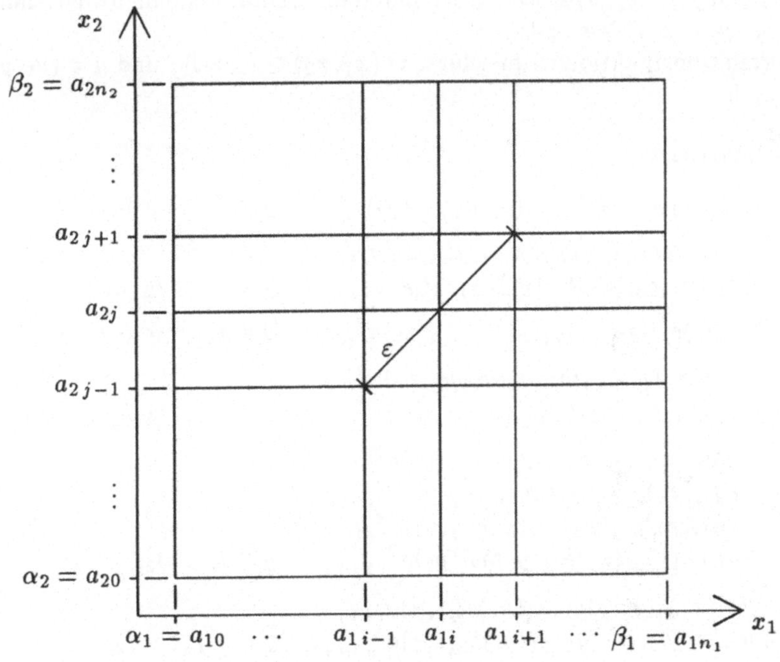

Bild 2.14: Stützstellengitter

Abschließend wenden wir uns der Simulation eines stetigen schwach korrelierten Feldes $f_\varepsilon(x_1, x_2, \omega)$ über dem zweidimensionalem Gebiet $D = [\alpha_1, \beta_1] \times [\alpha_2, \beta_2]$ zu. Die Diskretisierung von D mit Intervallängen $h_1 = (\beta_1 - \alpha_1)/n_1$ und $h_2 = (\beta_2 - \alpha_2)/n_2$ liefert das im Bild 2.14 dargestellte Stützstellengitter mit den Stützstellenkoordinaten

$$a_{1i} \;=\; \alpha_1 + ih_1,\; i = 0, 1, \ldots, n_1$$

sowie
$$a_{2j} \;=\; \alpha_2 + jh_2,\; j = 0, 1, \ldots, n_2.$$

Den Gitterpunkten (a_{1i}, a_{2j}) seien dann $(n_1+1)(n_2+1)$ unabhängige, identisch verteilte und zentrierte Zufallsgrößen ξ_{ij} zugeordnet mit $\langle \xi_{ij}^2 \rangle = \sigma^2$. Erweitern wir das Vorgehen gemäß (2.36), so ist

$$\begin{aligned}
f_\varepsilon(x_1, x_2, \omega) \;=\; & g_{1i}(x_1)g_{2j}(x_2)\xi_{ij} + g_{1i}(x_1)h_{2j}(x_2)\xi_{i\,j+1} \\
& + h_{1i}(x_1)g_{2j}(x_2)\xi_{i+1\,j} + h_{1i}(x_1)h_{2j}(x_2)\xi_{i+1\,j+1}
\end{aligned}$$

für $(x_1, x_2) \in I_{1i} \times I_{2j}$ mit $I_{1i} = [a_{1i}, a_{1\,i+1}]$ und $I_{2j} = [a_{2j}, a_{2\,j+1}]$ ein schwach korreliertes stetiges Feld mit Korrelationslänge

$$\varepsilon = 2\sqrt{h_1^2 + h_2^2}$$

(s.a. Bild 2.14). Die Korrelationslänge ergibt sich aus der Überlegung, daß $f(x_1, x_2, \omega)$ und $f(y_1, y_2, \omega)$ stochastisch unabhängig sind, wenn die Ungleichung $(y_1 - x_1)^2 + (y_2 - x_2)^2 \geq \varepsilon^2$ gilt.

Die Korrelationsfunktion ist hier für $x = (x_1, x_2) \in I_{1i} \times I_{2j}$ und $y = (y_1, y_2)$ gegeben durch

$$\langle f_\varepsilon(x_1, x_2) f_\varepsilon(y_1, y_2) \rangle =$$

$$
\left\{
\begin{array}{ll}
g_{1i}(x_1)g_{2j}(x_2)h_{1\,i-1}(y_1)h_{2\,j-1}(y_2)\sigma_{ij}^2 & y \in I_{1\,i-1} \times I_{2\,j-1} \\[1.2em]
\begin{aligned}
& g_{1i}(x_1)g_{2j}(x_2)g_{1i}(y_1)h_{2\,j-1}(y_2)\sigma_{ij}^2 \\
+ & h_{1i}(x_1)g_{2j}(x_2)h_{1i}(y_1)h_{2\,j-1}(y_2)\sigma_{i+1\,j}^2
\end{aligned} & y \in I_{1i} \times I_{2\,j-1} \\[1.6em]
h_{1i}(x_1)g_{2j}(x_2)g_{1\,i+1}(y_1)h_{2\,j-1}(y_2)\sigma_{i+1\,j}^2 & y \in I_{1\,i+1} \times I_{2\,j-1} \\[1.2em]
\begin{aligned}
& g_{1i}(x_1)g_{2j}(x_2)h_{1\,i-1}(y_1)g_{2j}(y_2)\sigma_{ij}^2 \\
+ & g_{1i}(x_1)h_{2j}(x_2)h_{1\,i-1}(y_1)h_{2j}(y_2)\sigma_{i\,j+1}^2
\end{aligned} & y \in I_{1\,i-1} \times I_{2j} \\[1.6em]
\begin{aligned}
& g_{1i}(x_1)g_{2j}(x_2)g_{1i}(y_1)g_{2j}(y_2)\sigma_{ij}^2 \\
+ & g_{1i}(x_1)h_{2j}(x_2)g_{1i}(y_1)h_{2j}(y_2)\sigma_{i\,j+1}^2 \\
+ & h_{1i}(x_1)g_{2j}(x_2)h_{1i}(y_1)g_{2j}(y_2)\sigma_{i+1\,j}^2 \\
+ & h_{1i}(x_1)h_{2j}(x_2)h_{1i}(y_1)h_{2j}(y_2)\sigma_{i+1\,j+1}^2
\end{aligned} & y \in I_{1i} \times I_{2j} \\[2.4em]
\begin{aligned}
& h_{1i}(x_1)g_{2j}(x_2)g_{1\,i+1}(y_1)g_{2j}(y_2)\sigma_{i+1\,j}^2 \\
+ & h_{1i}(x_1)h_{2j}(x_2)g_{1\,i+1}(y_1)h_{2j}(y_2)\sigma_{i+1\,j+1}^2
\end{aligned} & y \in I_{1\,i+1} \times I_{2j} \\[1.6em]
g_{1i}(x_1)h_{2j}(x_2)h_{1\,i-1}(y_1)h_{2\,j+1}(y_2)\sigma_{i\,j+1}^2 & y \in I_{1\,i-1} \times I_{2\,j+1} \\[1.2em]
\begin{aligned}
& g_{1i}(x_1)h_{2j}(x_2)g_{1i}(y_1)g_{2\,j+1}(y_2)\sigma_{i\,j+1}^2 \\
+ & h_{1i}(x_1)h_{2j}(x_2)h_{1i}(y_1)g_{2\,j+1}(y_2)\sigma_{i+1\,j+1}^2
\end{aligned} & y \in I_{1i} \times I_{2\,j+1} \\[1.6em]
h_{1i}(x_1)h_{2j}(x_2)g_{1\,i+1}(y_1)g_{2\,j+1}(y_2)\sigma_{i+1\,j+1}^2 & y \in I_{1\,i+1} \times I_{2\,j+1} \\[1.2em]
0 & \text{sonst}
\end{array}
\right.
$$

und die Intensität

$$a(x_1, x_2) = \lim_{\varepsilon \downarrow 0} \frac{1}{\varepsilon^2} \int_{\{(y_1,y_2):|(x_1,x_2)-(y_1,y_2)|<\varepsilon\}} \langle f_\varepsilon(x_1, x_2) f_\varepsilon(y_1, y_2) \rangle \, dy_1 \, dy_2$$

bestimmt sich nach einer Berechnung der resultierenden neun Teilintegrale als

$$a(x_1, x_2) = \lim_{\varepsilon \downarrow 0} \left(\frac{h_1 h_2}{\varepsilon^2} \sigma^2 \right) = \sigma^2 \frac{v_h}{4(1 + v_h^2)} = a$$

mit $v_h = h_2/h_1 = const$. Damit ist $f_\varepsilon(x_1, x_2, \omega)$ ein schwach korreliertes Feld mit konstanter Intensität a. Speziell für gleiche Intervallängen $h_1 = h_2$ ist $v_h = 1$ und damit $a = \sigma^2/8$.

Im Bild 2.15 ist der Verlauf des schwach korrelierten Feldes $f_\varepsilon(x_1, x_2, \omega)$ in einem Teilgebiet $I_{1i} \times I_{2j}$ dargestellt.

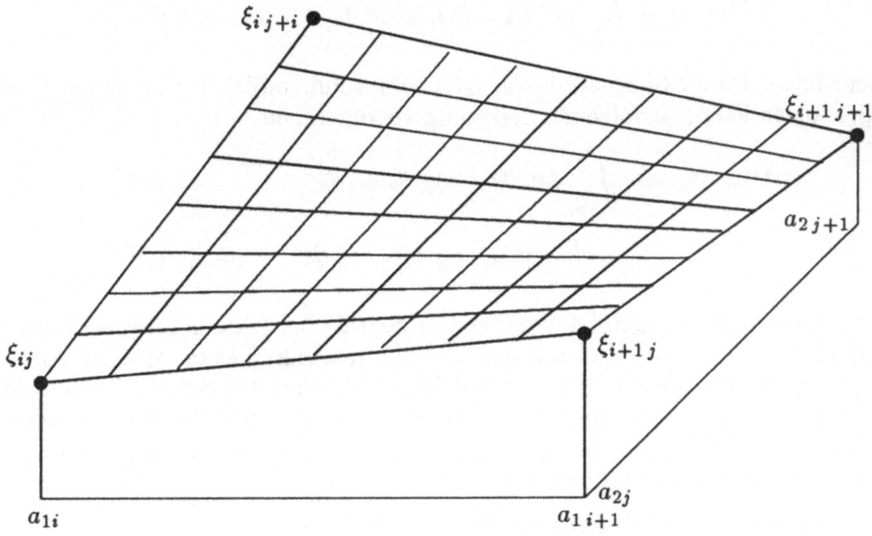

Bild 2.15: Verlauf von $f_\varepsilon(x_1, x_2, \omega)$ in $I_{1i} \times I_{2j}$

Übung

1. Zeigen Sie, daß für den stetig differenzierbaren Prozeß (2.37) die Intensität konstant ist mit $a = \sigma^2/2$ ist, wobei σ^2 wieder die Varianz der ξ_i ist. Hinweis: Bringen Sie dazu $p_i(x, \omega)$ in die Form

$$p_i(x, \omega) = g_i(x)\xi_i + h_i(x)\xi_{i+1} + \bar{g}_i(x)\bar{\xi}_i + \bar{h}_i(x)\bar{\xi}_{i+1}.$$

2. Stellen Sie mit den Methoden dieses Abschnittes einen zweimal stetig differenzierbaren schwach korrelierten Prozeß auf.

3. Skizzieren Sie das schwach korrelierte Feld

$$f_\varepsilon(x_1, x_2, \omega) = \xi_{ij} \text{ für } (x_1, x_2) \in [a_{1i}, a_{1\,j+1}) \times [a_{2j}, a_{2\,j+1})$$

mit unabhängigen Zufallsgrößen ξ_{ij}, $\langle \xi_{ij} \rangle = 0$ und $\langle \xi_{ij}^2 \rangle = \sigma^2$. Bestimmen Sie die Korrelationslänge und zeigen Sie, daß die Intensität gleich $a = \sigma^2/2$ ist für $v_h = 1$.

2.3.2 Simulation der Approximationen von Erregungen

Mit den im Abschnitt 2.3.1 dargestellten Simulationsmethoden für Zufallsgrößen und schwach korrelierte Funktionen sind wir in der Lage die Simulation der im Abschnitt 2.1.2 und nachfolgend im Kapitel 2.2 erhaltenen Approximationen für Unebenheitsprofile zu realisieren. Ausgehend vom Ansatz (2.3) und den Ableitungen (2.4) sind dabei insbesondere die Integrale

$$f^{(k)}(t, \omega) = \int_{-\infty}^{t} Q^{(k)}(t - s) f_\varepsilon(s, \omega)\, ds, \qquad k = 0, 1, 2,$$

zu berechnen. Da die Simulation von $f_\varepsilon(s, \omega)$ nur auf endlichen Intervallen $D = [\alpha, \beta]$ erfolgen kann, ist folgende Zerlegung vorzunehmen

$$\begin{aligned} f^{(k)}(t, \omega) &= \int_{-\infty}^{\alpha} Q^{(k)}(t - s) f_\varepsilon(s, \omega)\, ds, \\ &+ \int_{\alpha}^{t} Q^{(k)}(t - s) f_\varepsilon(s, \omega)\, ds, \qquad k = 0, 1, 2. \end{aligned}$$

Wählt man α dabei so klein, daß das erste Integral über $(-\infty, \alpha)$ vernachlässigbar klein wird, dann hat man mit dem zweiten Integral über (α, t) einen endlichen Integrationsbereich D. Diese Wahl kann aufgrund des Exponentialanteils $\exp(-\gamma t)$ in $Q^{(k)}(t)$ stets erreicht werden. Mathematisch handhabbar wird dies zum Beispiel durch die beiden folgenden Möglichkeiten, bei denen wir voraussetzen, daß $\alpha < 0 < \delta < |\alpha|$ und damit $t > \alpha + \delta$ gilt:

1. Beschränkte Realisierungen von $f_\varepsilon(s, \omega)$
Sei $|f_\varepsilon(s, \omega)| \leq c_f$; dies kann bei gleichverteilten Zufallsgrößen ξ_i, $\bar{\xi}_i$ angenommen werden. Ferner ist

$$|Q^{(k)}(t)| \leq \gamma^k e^{-\gamma t}$$

(vgl. Folgerung aus (2.18)) und damit

$$\begin{aligned} \left| \int_{-\infty}^{\alpha} Q^{(k)}(t - s) f_\varepsilon(s, \omega)\, ds \right| &\leq \int_{-\infty}^{\alpha} |Q^{(k)}(t - s)| |f_\varepsilon(s, \omega)|\, ds \\ &\leq c_f \gamma^k \int_{-\infty}^{\alpha} e^{-\gamma(t - s)}\, ds = c_f \gamma^{k-1} e^{-\gamma(t - \alpha)} \\ &\leq c_f \gamma^{k-1} e^{\gamma \alpha} =: c_k(\alpha). \end{aligned}$$

Gibt man dann eine Schranke c_α für die Integrale

$$\left| \int_{-\infty}^{\alpha} Q^{(k)}(t-s) f_\varepsilon(s,\omega)\, ds \right| \leq c_\alpha$$

vor, so kann die Grenze α aus $c_k(\alpha) = c_\alpha$ bestimmt werden gemäß

$$\alpha = \frac{1}{\gamma} \ln \left(\frac{c_\alpha}{c_f} \gamma^{1-k} \right). \tag{2.38}$$

2. Anwendung des Grenzwertsatzes

Die Anwendung des Grenzwertsatzes auf das Funktional

$$r(\omega) = \int_{-\infty}^{\alpha} Q^{(k)}(t-s) f_\varepsilon(s,\omega)\, ds$$

führt auf

$$\lim_{\varepsilon \downarrow 0} \frac{1}{\sqrt{\varepsilon}} r(\omega) = g(\omega)$$

mit $g \sim N(0, \sigma_g^2)$ und

$$\sigma_g^2 \;=\; a \int_{-\infty}^{\alpha} (Q^{(k)}(t-s))^2\, ds \leq a\gamma^{2k} \int_{-\infty}^{\alpha} e^{-2\gamma(t-s)}\, ds$$

$$=\; \frac{a\gamma^{2k-1}}{2} e^{-2\gamma(t-\alpha)} \leq \frac{a\gamma^{2k-1}}{2} e^{2\gamma\alpha}.$$

Damit sind (für kleine ε) die Integralwerte $r(\omega)$ normalverteilt mit Mittelwert $\mu_r = 0$ und maximaler Varianz

$$\sigma_r^2 = \frac{a\varepsilon\gamma^{2k-1}}{2} e^{2\gamma\alpha}$$

Die Grenze α kann dann bestimmt werden aus der Forderung

$$P(''|r| \leq c_\alpha\,'') = p$$

mit einer vorzugebenden Wahrscheinlichkeit p. Ist zum Beispiel $c_\alpha = m\sigma_r$, so ergibt sich

$$P(''|r| \leq c_\alpha\,'') \;=\; P(''|r| \leq m\sigma_r\,'')$$

$$= \Phi(m) - \Phi(-m) \;=\; \left\{ \begin{array}{ll} 0.6827 & \text{für } m = 1 \\ 0.9545 & \text{für } m = 2 \\ 0.9973 & \text{für } m = 3 \end{array} \right\} = p.$$

Dies bedeutet, daß zum Beispiel bei einer Wahl von $c_\alpha = 2\sigma_r$ das Integral mit einer Sicherheit von 95,45 % betragsmäßig kleiner als c_α ist. Allgemein ist obige Forderung erfüllt für

$$m\sigma_r = m\sqrt{\frac{a\varepsilon\gamma^{2k-1}}{2}e^{2\gamma\alpha}} = c_\alpha$$

und damit

$$\alpha = \frac{1}{2\gamma}\ln\left(\left(\frac{c_\alpha}{m}\right)^2 \frac{2}{a\varepsilon\gamma^{2k-1}}\right). \tag{2.39}$$

Beispiel 2.7 Seien $\gamma = 1.2$, $c_\alpha = 10^{-4}$ und für Möglichkeit 1 $c_f = 1$ sowie für Möglichkeit 2 $a = 0.2$, $\varepsilon = 0.02$ und $m = 2$ gegeben, dann erhalten wir die in der Tabelle 2.2 dargestellten Werte.

Tabelle 2.2: α-Werte

k	0	1	2
Möglichkeit 1	-7.52	-7.68	-7.83
Möglichkeit 2	-5.59	-5.74	-5.89

Im Gegensatz zur analytischen Auswertung (s. Kapitel 3) ist für die Simulation stochastischer Erregungen die Wahl von $Q(t) = \exp(-\gamma t)$ die einfacher zu realisierende Variante. Die Simulation von $\dot{f}_\varepsilon(t, \omega)$ kann in der beschriebenen Art recht einfach realisiert werden. Für die Wahl von $Q(t) = Q_0(t; \delta)\exp(-\gamma t)$ sei auf die Arbeiten DRESCHER[10] und DRESCHER;FELLENBERG,VOM SCHEIDT[11] verwiesen, in denen umfangreiche Analysen und Vergleiche mit analytischen Zugängen zu finden sind.

Für die Simulation der in (2.6) erhaltenen Approximationen

$$f(t, \omega) = \int_{-\infty}^{t} e^{-\gamma(t-s)} f_\varepsilon(s, \omega)\, ds,$$

$$\dot{f}(t, \omega) = f_\varepsilon(t, \omega) - \gamma \int_{-\infty}^{t} e^{-\gamma(t-s)} f_\varepsilon(s, \omega)\, ds,$$

$$\ddot{f}(t, \omega) = \dot{f}_\varepsilon(t, \omega) - \gamma f_\varepsilon(t, \omega) + \gamma^2 \int_{-\infty}^{t} e^{-\gamma(t-s)} f_\varepsilon(s, \omega)\, ds$$

für die Unebenheiten und deren Ableitungen benötigen wir insbesondere noch Realisierungen des Integrals

$$\int_{-\infty}^{t} e^{-\gamma(t-s)} f_\varepsilon(s, \omega)\, ds \approx \int_{\alpha}^{t} e^{-\gamma(t-s)} f_\varepsilon(s, \omega)\, ds.$$

Legen wir nun eine Realisierung von $f_\varepsilon(s,\omega)$ gemäß (2.37) auf einem Gebiet $D = [\alpha,\beta]$ mit β gleich der maximalen Zeit des interessierenden Zeitbereiches zugrunde, so haben wir

$$\int_\alpha^t e^{-\gamma(t-s)} f_\varepsilon(s,\omega)\, ds$$

$$= \sum_{i=0}^{nt-1} \int_{a_i}^{a_{i+1}} e^{-\gamma(t-s)} p_i(s)\, ds + \int_{a_{nt}}^t e^{-\gamma(t-s)} p_{nt}(s)\, ds$$

$$=: \quad I_c \quad + \quad I_t$$

mit $nt = \text{entier}[(t-\alpha)/h]$ als kleinste ganze Zahl, die kleiner gleich $[(t-\alpha)/h]$ ist.

Berechnen wir zunächst I_c, so erhalten wir mit der Substitution $z = s - a_i$ für die Teilintegrale

$$\int_{a_i}^{a_{i+1}} e^{-\gamma(t-s)} p_i(s)\, ds$$

$$= \quad e^{-\gamma t} \int_{a_i}^{a_{i+1}} e^{\gamma s} [p(s-a_i)^3 + q(s-a_i)^2 + u(s-a_i) + v]\, ds$$

$$= \quad e^{-\gamma(t-a_i)} \int_0^h e^{\gamma z} [pz^3 + qz^2 + uz + v]\, dz$$

$$= \quad e^{-\gamma(t-a_i)} \left\{ e^{\gamma h} \left[p\left(\frac{h^3}{\gamma} - \frac{3h^2}{\gamma^2} + \frac{6h}{\gamma^3} - \frac{6}{\gamma^4}\right) + q\left(\frac{h^2}{\gamma} - \frac{2h}{\gamma^2} + \frac{2}{\gamma^3}\right) \right.\right.$$

$$\left.\left. + u\left(\frac{h}{\gamma} - \frac{1}{\gamma^2}\right) + v\frac{1}{\gamma} \right] + \left[\frac{6p}{\gamma^4} - \frac{2q}{\gamma^3} + \frac{u}{\gamma^2} - \frac{v}{\gamma}\right] \right\}$$

$$=: \quad e^{-\gamma(t-a_i)}\, c_i.$$

In analoger Weise erhält man das Integral zu

$$I_t = \int_{a_{nt}}^t e^{-\gamma(t-s)} p_{nt}(s)\, ds = e^{-\gamma(t-a_{nt})}\, c_{nt}\,,$$

wobei sich c_{nt} aus c_i durch Ersetzung von h durch $t - a_{nt}$ ergibt. Damit haben wir

$$\int_\alpha^t e^{-\gamma(t-s)} f_\varepsilon(s,\omega)\, ds = \sum_{i=0}^{nt-1} c_i e^{-\gamma(t-a_i)} + c_{nt} e^{-\gamma(t-a_{nt})}\,.$$

als Simulation für $f(t,\omega)$ erhalten und die Ableitungen ergeben sich mit diesem Resultat unmittelbar aus (2.6).

Beispiel 2.8 Es soll ein Unebenheitsprofil mit den Charakteristiken gemäß Beispiel 2.3 simuliert werden, d.h für den schwach korrelierten Prozeß f_ε seien die Korrelationslänge mit $\varepsilon = 2h = 0.021$ und die Intensität mit $a = 0.222$ vorgegeben. Da die Intensität des gemäß (2.37) simulierten Prozesses gleich $a = \sigma_\xi^2/2$ ist (vgl. Übung 1 im Abschnitt 2.3.1), muß $\sigma_\xi^2 = 0.444$ werden, wobei $\sigma_\xi^2 = \langle \xi^2 \rangle$ gilt. Betrachten wir beispielsweise die $\xi_i \sim G[-c, c]$ als gleichverteilt, so ist dies gewährleistet durch $c^2/3 = 0.444$ und damit $c = 1.154$. Es sei bemerkt, daß die Mittelung $\bar{R}$ über die Korrelationsfunktionen von f_ε im Falle $\bar{\xi}_i = 0$ dem Verlauf von R_2 für $b = 1$ entspricht (s. Bild 2.16 und vgl. Bild 1.10). Dabei ist $\bar{R}$ wieder (vgl. Abschnitt 2.3.1) definiert als

$$\bar{R}(\tau) = \frac{1}{a_{i+1} - a_i} \int_{a_i}^{a_{i+1}} \langle f_\varepsilon(t) f_\varepsilon(t + \tau) \rangle \, dt.$$

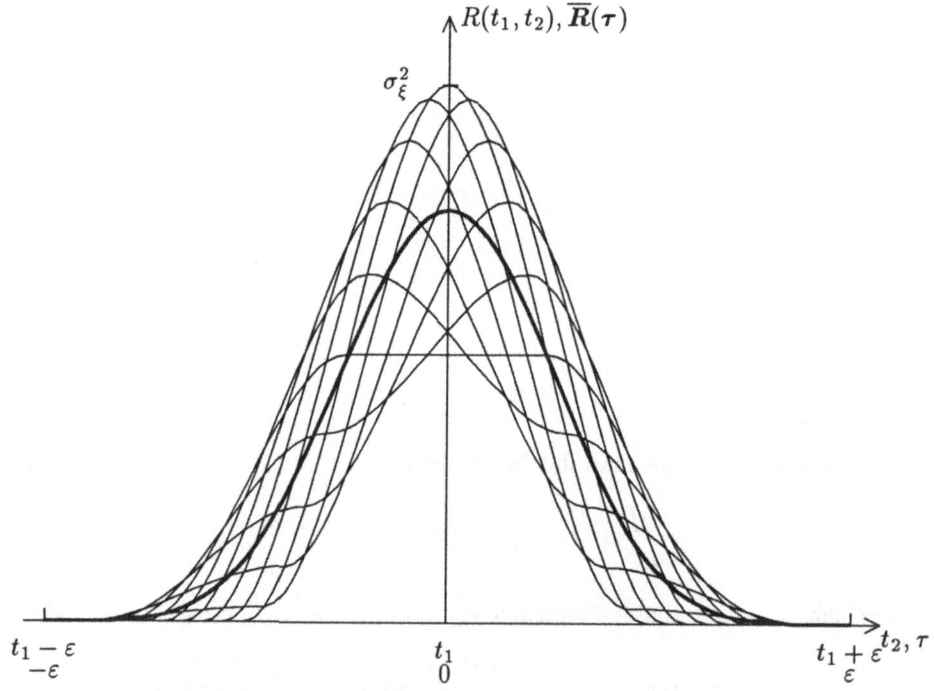

Bild 2.16: Korrelationsfunktionen $R(t_1, t_2)$ für $t_1 = a_i, a_i + h/10, \ldots, a_{i+1}$ und mittlere Korrelationsfunktion $\bar{R}(\tau)$

Für die konkrete Simulation werden dann $\xi_i \sim G[-1.154, 1.154]$ und $\bar{\xi}_i \sim G[-1, 1]$ gewählt. Für die Bestimmung der unteren Grenze α wird Möglichkeit 2 mit $m = 2$ betrachtet, woraus sich nach (2.39) $\alpha = -5.95$ für $k = 2$ und $\gamma = 1.2$ ergibt.

Im Bild 2.17 ist ein Teilabschnitt der Realisierung von $f(t,\omega)$ im Vergleich mit dem gemessenen Profil dargestellt. Die Realisierungen von $\dot{f}$ und $\ddot{f}$ im Ergebnis der Simulation sind ebenfalls im Bild 2.17 dargestellt.

Als statistische Analyse betrachten wir zunächst das Verhalten der Mittelwerte und Varianzen von f, $\dot{f}$ und $\ddot{f}$. Dazu wird je eine Realisierung der simulierten Funktionen im Abstand $\varepsilon/8 = 0.002625\,s$ abgetastet und anschließend ausgewertet. Die in der Tabelle 2.3 zusammengestellten Mittelwerte $\bar{x}$ und Streuungen s^2 zeigen eine gute Übereinstimmung mit den geschätzten Werten aus der Messung.

Tabelle 2.3: Geschätzte Mittelwerte und Varianzen der Simulation

| nach | f | | $\dot{f}$ | | $\ddot{f}$ | |
$t\,[s]$	$\bar{x}$	s^2	$\bar{x}$	s^2	$\bar{x}$	s^2
5	0.053	0.00123	0.008	0.321	-0.007	9075
10	0.031	0.00205	-0.001	0.322	0.048	9312
15	0.019	0.00206	-0.004	0.316	0.033	9178
$\vdots$						
50	0.014	0.00251	0.001	0.321	0.001	9629
$\vdots$						
75	0.016	0.00217	0.000	0.321	-0.004	9767
Messung	0	0.00194	0	0.251	0	9503

Zur gleichen Aussage kommen wir bei der Analyse der Spektraldichten. Im Bild 2.18 sind die aus der Simulation geschätzten Spektraldichten im Vergleich mit den im Abschnitt 2.1.3 angepaßten Spektraldichten dargestellt.

Simulieren wir nun zwei parallele korrelierte Spuren gemäß (2.28) mit γ, a und ε wie oben und Spurbreite $b = 0.0675\,s$. Dies entspricht bei einer Geschwindigkeit $v = 80\,km/h$, die der Ermittlung von γ zugrunde lag, einer Spurbreite von $1.5\,m$. Im Bild 2.19 sind die beiden sich aus der Simulation ergebenden Spuren f_L und f_R dargestellt.

Jetzt simulieren wir noch zusätzlich die Rauschprozesse r_L und r_R mittels (2.35) mit $\sigma_r^2 = 0.00001$ und $\varepsilon_r = 0.006$, und wir erhalten die im Bild 2.20 dargestellte verrauschte Spur $\tilde{f}_L$ im Vergleich zur unverrauschten Spur f_L.

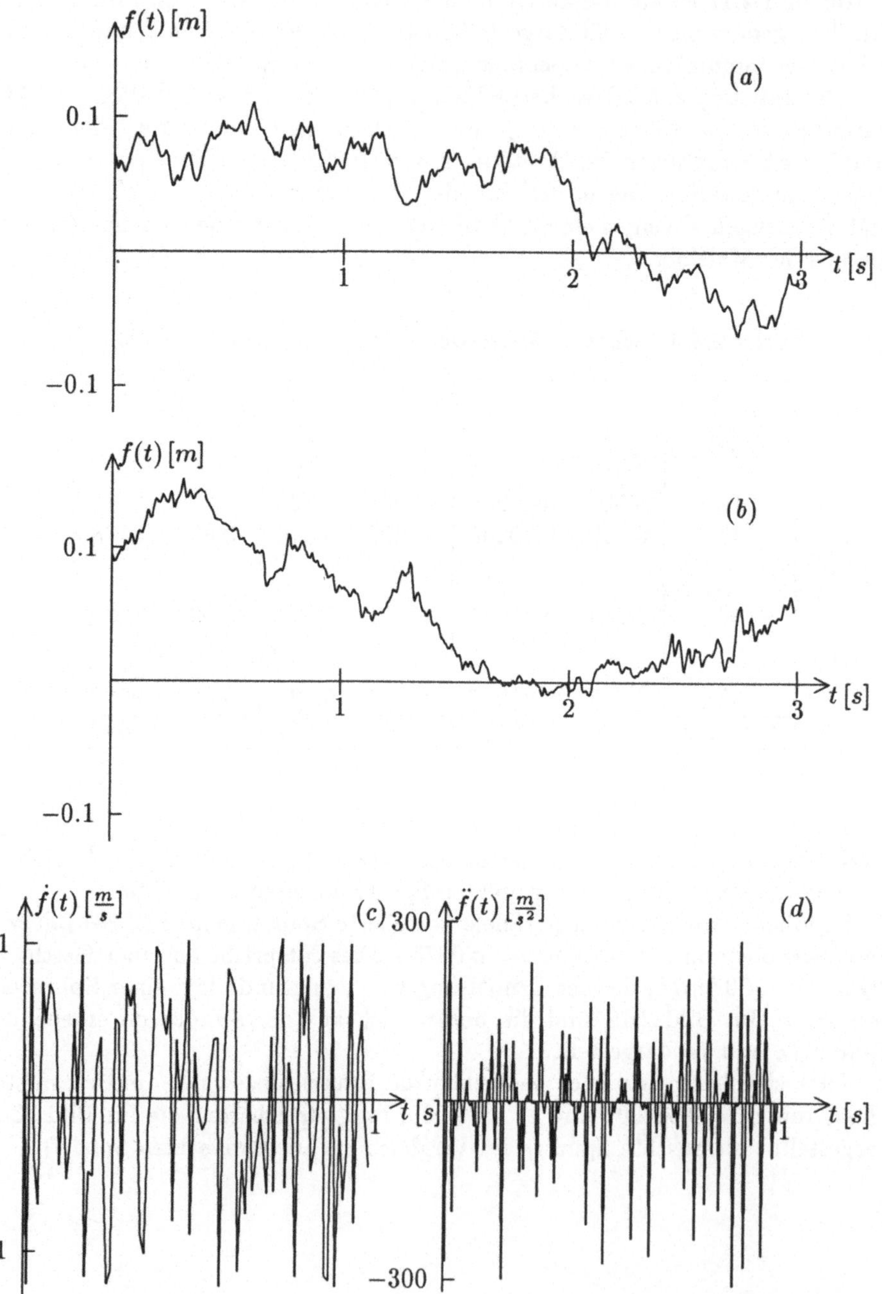

Bild 2.17: Simuliertes (a) und gemessenes (b) Profil sowie erste (c) und zweite (d) simulierte Ableitung

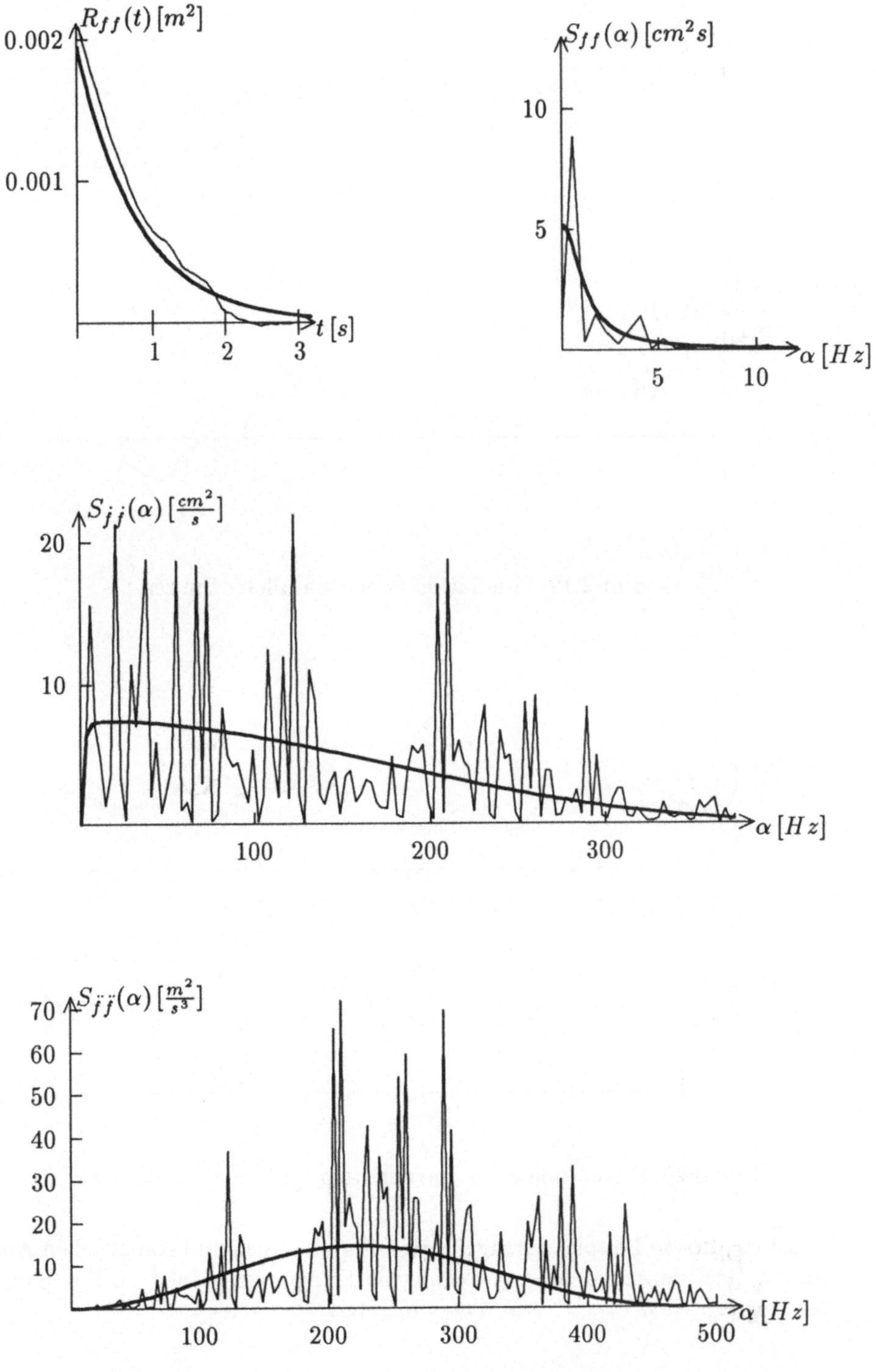

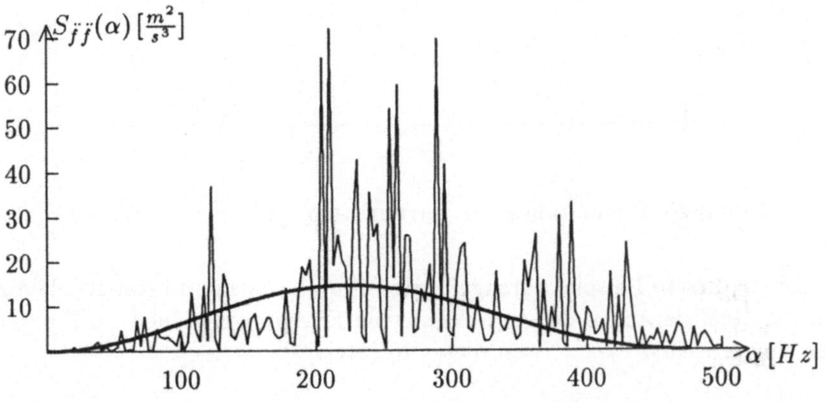

Bild 2.18: Geschätzte und angepaßte Spektraldichten sowie Korrelationsfunktion

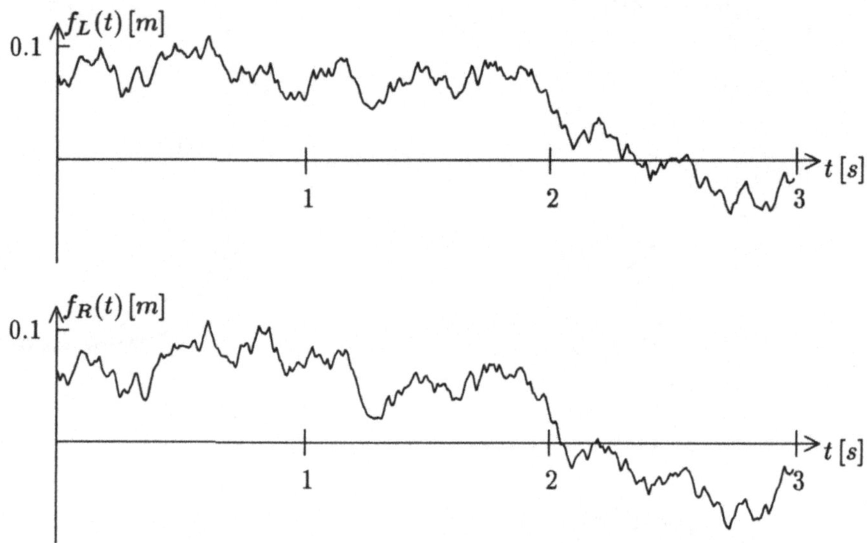

Bild 2.19: Simulation zweier paralleler Spuren

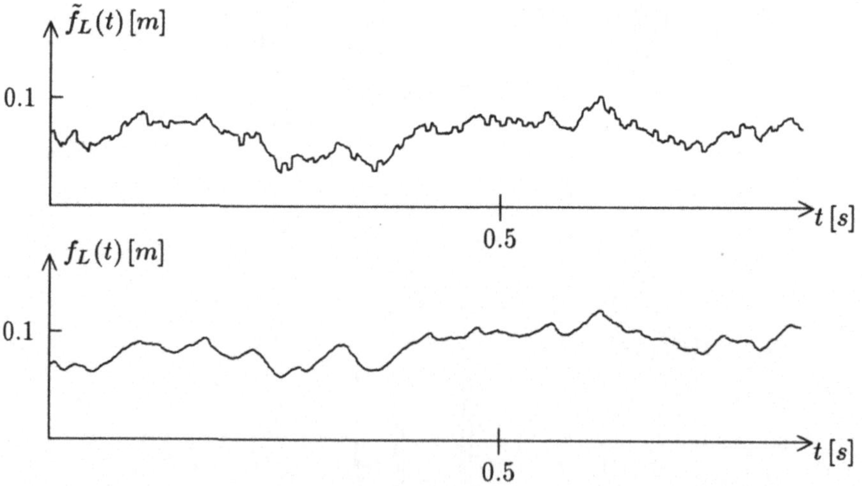

Bild 2.20: Simulation einer verrauschten und unverrauschten Spur

Die in diesem Beispiel durchgeführten Simulationen und statistischen Analysen der Realisierungen der approximierten Erregungen stehen im Einklang mit den theoretischen Ergebnissen dieses Kapitels.

Bemerkungen zur numerischen Realisierung

1. Den ersten Wert $f(0,\omega)$ berechnet man vorteilhaft gemäß

$$f(0,\omega) = \sum_{i=0}^{n0} c_i e^{\gamma a_i},$$

wobei α, neben obigen Überlegungen zur Genauigkeit, so zu wählen ist, daß α ohne Rest durch h teilbar ist und damit $0 \in \{a_i : i = 0, 1, \ldots, n\}$ ist. Anschließend belegt man eine Variable s mit $s = f(0,\omega)$.

2. Innerhalb eines Intervalls $[a_i, a_{i+1}]$ wird $f(t,\omega)$ gemäß

$$f(t,\omega) = s + c_{nt} e^{-\gamma(t-a_{nt})}$$

berechnet.

3. Beim Übergang von $[a_i, a_{i+1}]$ zu $[a_{i+1}, a_{i+2}]$ wird $s := (s + c_i)e^{-\gamma h}$ gesetzt.

4. Alle Berechnungen sind mit hoher Genauigkeit auszuführen, weil sonst durch den Exponentialanteil Rundungsfehlereinflüsse nicht auszuschließen sind.

Übung

1. Stellen Sie die Berechnungsvorschrift für die Simulation der Approximation eines stetigen Erregungsprozesses

$$f(t,\omega) = \int_{\alpha}^{t} e^{-\gamma(t-s)} f_\varepsilon(s,\omega)\, ds$$

auf der Basis der einfachen Simulation von $f_\varepsilon(s,\omega)$ gemäß (2.35) auf !

2. Simulieren Sie den in 1. erhaltenen Prozeß $f(t,\omega)$ mit $\xi_i \sim G[-1,1]$, $\varepsilon = 0.1$ und $\gamma = 1.5$ im Zeitbereich $[0, 25]$, wobei α durch die Wahl von $c_\alpha = 10^{-4}$ und $m = 2$ bestimmt werden soll.

Kapitel 3

Analyse stochastischer Schwingungssysteme

3.1 Lineare Modelle

3.1.1 Lösungsdarstellung

In diesem Kapitel werden stochastisch fremderregte lineare Schwingungsmodelle mit n Freiheitsgraden betrachtet, die sich durch das Anfangswertproblem

$$A\ddot{x} + B\dot{x} + Cx = \hat{h}(t) + \hat{F}(t,\omega)$$

$$\hat{F}(t,\omega) = \hat{P}_0\hat{f}(t,\omega) + \hat{P}_1\dot{\hat{f}}(t,\omega) + \hat{P}_2\ddot{\hat{f}}(t,\omega) \tag{3.1}$$

$$x(0) = x_0, \qquad \dot{x}(0) = x_1$$

beschreiben lassen (vgl. hierzu auch die Abschnitte 1.1 und 1.2). A, B, C, $\hat{P}_0$, $\hat{P}_1$ und $\hat{P}_2$ seien (n,n)-Matrizen, wobei im folgenden A stets als regulär (invertierbar) vorausgesetzt sei. Der Vektor der Störfunktionen bestehe aus einem deterministischen Anteil $\hat{h}(t)$ und einem stochastischen Vektorprozeß $\hat{F}(t,\omega)$, der zentriert ist, d.h. $\langle \hat{F}(t) \rangle = O$. Diese Darstellung kann man für jeden beliebigen Vektor von Störfunktionen $\tilde{F}(t,\omega)$ verwenden, wenn man $\hat{h}(t) = \langle \tilde{F}(t) \rangle$ und $\hat{F}(t,\omega) = \tilde{F}(t,\omega) - \langle \tilde{F}(t) \rangle$ setzt. Der zentrierte Vektorprozeß $\hat{f}(t,\omega) = (f_1(t,\omega)\ldots f_r(t,\omega)\,0\ldots 0)^T$ enthalte die r Erregungsprozesse des Modells. Die Störfunktionen des Differentialgleichungssystems sind Linearkombinationen dieser Erregungsprozesse und ihrer ersten beiden Ableitungen. Die Erregungen müssen solchen Differenzierbarkeitsvoraussetzungen genügen, daß die inhomogenen Terme des Differentialgleichungssystems mindestens stetig sind. Die Vektoren x_0 und x_1 enthalten die Anfangsbedingungen. Der stochastische Vektorprozeß $x(t,\omega)$ enthält die Ausgangsprozesse des stochastischen Schwingungsmodells.

Setzt man

$$z = \begin{pmatrix} \dot{x} \\ x \end{pmatrix}, \qquad f = \begin{pmatrix} \hat{f} \\ O \end{pmatrix} \qquad \text{und} \qquad h = \begin{pmatrix} \hat{h} \\ O \end{pmatrix},$$

dann erhält man das zu (3.1) äquivalente Anfangswertproblem erster Ordnung

$$M\dot{z} + Nz = h(t) + F(t,\omega)$$
$$F(t,\omega) = P_0 f(t,\omega) + P_1 \dot{f}(t,\omega) + P_2 \ddot{f}(t,\omega) \tag{3.2}$$
$$z(0) = z_0 \,.$$

Die $(2n, 2n)$-Matrizen M, N, P_0, P_1 und P_2 sind durch die Blockmatrizen

$$M = \begin{pmatrix} A & O \\ O & E \end{pmatrix}, \quad N = \begin{pmatrix} B & C \\ -E & O \end{pmatrix}, \quad P_i = \begin{pmatrix} \hat{P}_i & O \\ O & O \end{pmatrix}, \quad i = 0,1,2$$

mit der Einheitsmatrix E und der Nullmatrix O definiert. Für die Anfangswerte gilt

$$z_0 = \begin{pmatrix} x_1 \\ x_0 \end{pmatrix},$$

und es ist

$$F(t,\omega) = \begin{pmatrix} \hat{F}(t,\omega) \\ O \end{pmatrix}.$$

Wegen der vorausgesetzten Regularität von A ist M eine reguläre Matrix.

Die Lösung des stochastischen Anfangswertproblems (3.2) ist

$$z(t,\omega) = G(t)M z_0 + \int_0^t G(t-s)[h(s) + F(s,\omega)]\,ds \tag{3.3}$$

mit der Matrixfunktion

$$G(t) = \exp(-M^{-1}Nt)M^{-1}\,.$$

Der Vektorprozeß $z(t,\omega)$ enthält alle Schwingungsbewegungen und -geschwindigkeiten. Die Schwingungsbeschleunigungen sind gerade die ersten n Koordinaten des Vektorprozesses $\ddot{z}(t,\omega)$, für den man aus (3.3)

$$\dot{z}(t,\omega) = G'(t)M z_0 + G(0)[h(t) + F(t,\omega)] + \int_0^t G'(t-s)[h(s) + F(s,\omega)]\,ds \tag{3.4}$$

berechnet.

Die in der Lösungsdarstellung verwendete Matrixexponentialfunktion ist für quadratische Matrizen A durch

$$e^{At} = \sum_{k=0}^{\infty} \frac{1}{k!} A^k t^k$$

definiert. Hieraus lassen sich unmittelbar die Eigenschaften

$$e^O = E\,, \quad e^{At+Bs} = e^{At}e^{Bs}\,, \quad \frac{d}{dt}e^{At} = Ae^{At} = e^{At}A$$

ableiten. Für die oben definierte Matrixfunktion G folgt daraus insbesondere

$$G(0) = M^{-1}, \quad G(t+s) = G(t)MG(s),$$
$$G'(t) = -M^{-1}NG(t) = -G(t)NM^{-1}. \tag{3.5}$$

Andererseits ist die Matrixexponentialfunktion auch darstellbar durch

$$e^{At} = \sum_{i=1}^{s} \sum_{j=0}^{\mu_i-1} \frac{1}{j!} \frac{d^j}{d\lambda^j} \left(\frac{e^{\lambda t}}{p_i(\lambda)} \right)_{|\lambda=\lambda_i} (A - \lambda_i E)^j \prod_{\substack{k=1 \\ k \neq i}}^{s} (A - \lambda_k E)^{\mu_k},$$

wobei λ_i die s verschiedenen Eigenwerte der Matrix A mit den Vielfachheiten μ_i sind. Dabei wurden

$$p(\lambda) = det(\lambda E - A) = \prod_{j=1}^{s} (\lambda - \lambda_j)^{\mu_j} \quad \text{und} \quad p_i(\lambda) = p(\lambda)(\lambda - \lambda_i)^{-\mu_i}$$

gesetzt (vgl. z.B. ZURMÜHL[45]). Dann ist

$$e^{At} = \sum_{i=1}^{s} e^{\lambda_i t} R_i(t) \tag{3.6}$$

mit Matrizen $R_i(t)$, deren Elemente Polynome in Abhängigkeit von t sind.

Bemerkungen zur numerischen Realisierung

Zur numerischen Berechnung der Matrixfunktion e^{At} ist die Potenzreihe auch deshalb ungeeignet, weil diese Matrixfunktion an vielen Stützstellen ermittelt werden muß. Deshalb ist die Berechnung nach (3.6) vorzuziehen, erfordert aber ebenfalls einen nicht unbeträchtlichen Aufwand.
Besitzt jedoch die Matrix A nur einfache Eigenwerte, dann kann eine sehr einfache Berechnungsmethode angewandt werden. Unter dieser Voraussetzung ist A diagonalähnlich (vgl. z.B. EISENREICH[12], ZURMÜHL[45]), d.h. es gibt eine reguläre Matrix T mit

$$T^{-1}AT = \Lambda = diag(\lambda_1, \lambda_2, ..., \lambda_{2n}).$$

Dabei seien $\lambda_1, \lambda_2, ..., \lambda_{2n}$ die Eigenwerte von A, und $\xi_1, \xi_2, ..., \xi_{2n}$ bezeichnen die zugehörigen Eigenvektoren, d.h. es ist

$$A\xi_k = \lambda_k \xi_k, \qquad k = 1, 2, ..., 2n.$$

Die Spalten der Matrix T sind wegen $AT = T\Lambda$ gerade diese Eigenvektoren, also

$$T = (\xi_1 \, \xi_2 \, ... \, \xi_{2n}).$$

Dann ergibt sich

$$e^{At} = e^{T\Lambda T^{-1}t} = \sum_{k=0}^{\infty} \frac{1}{k!}(T\Lambda T^{-1})^k t^k = T\sum_{k=0}^{\infty} \frac{1}{k!}\Lambda^k t^k T^{-1}$$
$$= Te^{\Lambda t}T^{-1}.$$

Wegen

$$e^{\Lambda t} = diag(e^{\lambda_1 t}, e^{\lambda_2 t}, ..., e^{\lambda_{2n} t})$$

lassen sich mit dieser Formel in einfacher Weise die Werte der Matrixfunktion e^{At} für beliebige Argumente t berechnen, wenn zunächst die Eigenwerte und Eigenvektoren der Matrix A ermittelt wurden.

Das zu (3.2) gehörende gemittelte Problem erhält man, wenn in diesen Gleichungen alle stochastischen Funktionen durch ihre Erwartungswerte ersetzt werden, also

$$M\dot{z}_m + Nz_m = h(t), \qquad z_m(0) = z_0. \tag{3.7}$$

Dieses deterministische Differentialgleichungssystem beschreibt also ein mechanisches Modell, in dem alle zufälligen Einflüsse gemittelt wurden. Dieses gemittelte Problem hat die Lösung

$$z_m(t) = G(t)Mz_0 + \int_0^t G(t-s)h(s)\,ds. \tag{3.8}$$

Da die stochastischen Erregungen als zentrierte Prozesse vorausgesetzt wurden, erhält man aus (3.3) durch Vertauschung von wahrscheinlichkeitstheoretischer Mittelung und Integration

$$\langle z(t,\omega)\rangle = z_m(t).$$

Aussagekräftige Größen für die technische oder physikalische Interpretation der mathematischen Lösungen sind die Abweichungen der stochastischen Ausgangsprozesse von ihren Erwartungswerten, die wegen der obigen Beziehung bei den betrachteten linearen Modellen mit den Abweichungen von der Lösung des gemittelten Problems übereinstimmen. Für diese Fluktuationen ergibt sich

$$w(t,\omega) = z(t,\omega) - \langle z(t,\omega)\rangle = z(t,\omega) - z_m(t) = \int_0^t G(t-s)F(s,\omega)\,ds. \tag{3.9}$$

Nun soll die für interessierende Schwingungsmodelle erfüllte Bedingung vorausgesetzt werden, daß die Matrix $M^{-1}N$ nur Eigenwerte mit positiven Realteilen besitzt. Der Vektorprozeß

$$\bar{z}(t,\omega) = \int_{-\infty}^t G(t-s)[h(s) + F(s,\omega)]\,ds \tag{3.10}$$

ist eine Lösung des Differentialgleichungssystems (3.2), erfüllt jedoch nicht die Anfangsbedingungen, was leicht zu überprüfen ist. Dann ist $z(t,\omega) - \bar{z}(t,\omega)$ eine Lösung des homogenen Systems

$$M\dot{z}_h + Nz_h = O\,,$$

dessen allgemeine Lösung durch

$$z_h(t) = G(t)C$$

mit einem konstanten Vektor C gegeben ist. Wegen (3.6) konvergiert $G(t)$ für $t \to \infty$ exponentiell gegen die Nullmatrix, und damit $z_h(t)$ gegen den Nullvektor. Folglich kann $\bar{z}(t,\omega)$ nach einer hinreichend großen Einschwingzeit als Näherungslösung des Anfangswertproblems (3.2) betrachtet werden. Analog dazu sind

$$\bar{z}_m(t) \;=\; \int_{-\infty}^{t} G(t-s)h(s)\,ds\,,$$

$$\bar{w}(t,\omega) \;=\; \bar{z}(t,\omega) - \bar{z}_m(t) = \int_{-\infty}^{t} G(t-s)F(s,\omega)\,ds \qquad (3.11)$$

Näherungen für $z_m(t)$ bzw. $w(t,\omega)$.

Übung

Im Anwendungsbeispiel in Abschnitt 1.4 wurde ein lineares Einmassensystem betrachtet. Berechnen Sie für das dort angegebene Differentialgleichungssystem für die Relativbewegung die Matrixfunktion $G(t)$! Ermitteln Sie damit die dort angegebenen Formeln für $y(t,\omega)$, $\dot{y}(t,\omega)$!

3.1.2　Korrelations- und Spektralmethode

Zunächst soll die Kovarianzfunktionsmatrix des Lösungsvektorprozesses $z(t,\omega)$ des Schwingungsmodells (3.2) berechnet werden. Aus (3.9) erhält man durch Multiplikation und Vertauschung der wahrscheinlichkeitstheoretischen Mittelung mit der Integration

$$\Big\langle \big(z(t_1) - \langle z(t_1)\rangle\big)\big(z(t_2) - \langle z(t_2)\rangle\big)^T \Big\rangle = \big\langle w(t_1)w^T(t_2)\big\rangle$$

$$= \int_0^{t_1} \int_0^{t_2} G(t_1 - s_1)\big\langle F(s_1)F^T(s_2)\big\rangle G^T(t_2 - s_2)\,ds_2 ds_1\,. \qquad (3.12)$$

Für die Näherungslösung $\bar{z}(t,\omega)$ nach einer hinreichend großen Einschwingzeit (natürlich wieder unter der Voraussetzung, daß $M^{-1}N$ nur Eigenwerte mit positiven Realteilen besitzt) gilt entsprechend für die Kovarianzfunktionsmatrix

$$\Big\langle \big(\bar{z}(t_1) - \langle \bar{z}(t_1)\rangle\big)\big(\bar{z}(t_2) - \langle \bar{z}(t_2)\rangle\big)^T \Big\rangle = \big\langle \bar{w}(t_1)\bar{w}^T(t_2)\big\rangle$$

$$= \int_{-\infty}^{t_1} \int_{-\infty}^{t_2} G(t_1 - s_1)\big\langle F(s_1)F^T(s_2)\big\rangle G^T(t_2 - s_2)\,ds_2 ds_1\,. \qquad (3.13)$$

Will man die Güte der Näherung $\bar{z}(t,\omega)$ für $z(t,\omega)$ beurteilen, so ist der Differenzprozeß

$$d(t,\omega) = z(t,\omega) - \bar{z}(t,\omega) = G(t)Mz_0 - \int_{-\infty}^{0} G(t-s)[h(s) + F(s,\omega)]\,ds \quad (3.14)$$

zu untersuchen, für den man den Erwartungswert

$$\langle d(t,\omega)\rangle = G(t)Mz_0 - \int_{-\infty}^{0} G(t-s)h(s)\,ds\,,$$

den zugehörigen zentrierten Vektorprozeß

$$\hat{w}(t,\omega) = d(t,\omega) - \langle d(t,\omega)\rangle = -\int_{-\infty}^{0} G(t-s)F(s,\omega)\,ds$$

und damit schließlich die Kovarianzfunktionsmatrix für $d(t,\omega)$

$$\langle \hat{w}(t_1)\hat{w}^{T}(t_2)\rangle = \int_{-\infty}^{0}\int_{-\infty}^{0} G(t_1-s_1)\,\langle F(s_1)F^{T}(s_2)\rangle\,G^{T}(t_2-s_2)\,ds_2ds_1 \quad (3.15)$$

berechnet.

Für die in (3.12), (3.13) und (3.15) enthaltenen zweiten Momente von $F(t,\omega)$ ergibt sich aus (3.2)

$$\begin{aligned}
\langle F(s_1)F^{T}(s_2)\rangle &= P_0\,\langle f(s_1)f^{T}(s_2)\rangle\,P_0^{T} \\
&+ P_1\,\langle \dot{f}(s_1)\dot{f}^{T}(s_2)\rangle\,P_1^{T} \\
&+ P_2\,\langle \ddot{f}(s_1)\ddot{f}^{T}(s_2)\rangle\,P_2^{T} \\
&+ P_0\,\langle f(s_1)\dot{f}^{T}(s_2)\rangle\,P_1^{T} + P_1\,\langle \dot{f}(s_1)f^{T}(s_2)\rangle\,P_0^{T} \\
&+ P_0\,\langle f(s_1)\ddot{f}^{T}(s_2)\rangle\,P_2^{T} + P_2\,\langle \ddot{f}(s_1)f^{T}(s_2)\rangle\,P_0^{T} \\
&+ P_1\,\langle \dot{f}(s_1)\ddot{f}^{T}(s_2)\rangle\,P_2^{T} + P_2\,\langle \ddot{f}(s_1)\dot{f}^{T}(s_2)\rangle\,P_1^{T}\,.
\end{aligned} \quad (3.16)$$

Nun soll der für Anwendungen wichtige Fall von schwach stationär verbundenen Erregungsprozessen ausführlicher untersucht werden. In diesem Fall ist

$$\langle f(s_1)f^{T}(s_2)\rangle = R_{ff}(s_2 - s_1)\,,$$

und für die Ableitungen gilt bei entsprechender Differenzierbarkeit

$$\begin{aligned}
\langle f^{(k)}(s_1)f^{(l)T}(s_2)\rangle &= \frac{\partial^{k+l}}{\partial s_1^k \partial s_2^l}\,R_{ff}(s_2 - s_1) \quad (3.17) \\
&= (-1)^k R_{ff}^{(k+l)}(s_2 - s_1) = R_{f^{(k)}f^{(l)}}(s_2 - s_1)\,.
\end{aligned}$$

Nun folgt sofort aus (3.16), daß auch der Vektorprozeß $F(t,\omega)$ schwach stationär ist, und man erhält durch Einsetzen der Beziehungen (3.17) die Kovarianzfunktionsmatrix

$$
\begin{aligned}
R_{FF}(s) \;=\;& \langle F(\tau)F^T(\tau+s)\rangle \\
=\;& P_0 R_{ff}(s)P_0^T - P_1 R''_{ff}(s)P_1^T + P_2 R_{ff}^{(4)}(s)P_2^T \\
& +P_0 R'_{ff}(s)P_1^T - P_1 R'_{ff}(s)P_0^T \\
& +P_0 R''_{ff}(s)P_2^T + P_2 R''_{ff}(s)P_0^T \\
& -P_1 R_{ff}^{(3)}(s)P_2^T + P_2 R_{ff}^{(3)}(s)P_1^T \,.
\end{aligned} \tag{3.18}
$$

Damit ergibt sich nun aus (3.13) die Kovarianzfunktionsmatrix von $\bar{z}(t,\omega)$

$$
R_{\bar{z}\bar{z}}(t_1,t_2) = \int_{-\infty}^{t_1} \int_{-\infty}^{t_2} G(t_1 - s_1) R_{FF}(s_2 - s_1) G^T(t_2 - s_2)\, ds_2 ds_1 \,,
$$

und die Integraltransformationen $u_1 = t_1 - s_1$, $u_2 = t_2 - s_2$ liefern

$$
\begin{aligned}
R_{\bar{z}\bar{z}}(t_1,t_2) \;=\;& \int_0^\infty \int_0^\infty G(u_1) R_{FF}(u_1 - u_2 + t_2 - t_1) G^T(u_2)\, du_2 du_1 \\
=\;& R_{\bar{z}\bar{z}}(t_2 - t_1)\,.
\end{aligned} \tag{3.19}
$$

Die Kovarianzfunktionsmatrix von $\bar{z}(t,\omega)$ hängt also nur von der Differenz der Beobachtungszeitpunkte ab. Damit ist $\bar{z}(t,\omega)$ eine schwach stationäre Näherungslösung von (3.2) nach einer hinreichend großen Einschwingzeit, deren Kovarianzfunktionsmatrix gemäß (3.19) unter Berücksichtigung von (3.18) berechnet werden kann.

In diesem Fall kann nun die Spektraldichtematrix

$$
S_{\bar{z}\bar{z}}(\alpha) = \frac{1}{2\pi} \int_{-\infty}^\infty e^{-i\alpha t} R_{\bar{z}\bar{z}}(t)\, dt
$$

ermittelt werden, für die zunächst aus (3.19)

$$
\begin{aligned}
S_{\bar{z}\bar{z}}(\alpha) \;=\;& \frac{1}{2\pi} \int_{-\infty}^\infty \int_0^\infty \int_0^\infty e^{-i\alpha t} G(u_1) R_{FF}(u_1 - u_2 + t) G^T(u_2)\, du_2 du_1 dt \\
=\;& \frac{1}{2\pi} \int_{-\infty}^\infty \int_0^\infty \int_0^\infty e^{-i\alpha(\tau + u_2 - u_1)} G(u_1) R_{FF}(\tau) G^T(u_2)\, du_2 du_1 d\tau
\end{aligned}
$$

folgt. Zur weiteren Vereinfachung dieses Ausdrucks wird nun das Integral

$$
\int_0^\infty e^{-i\alpha u} G(u)\, du
$$

berechnet. Zunächst erhält man durch partielle Integration und Beachtung von (3.5)

$$\int_0^\infty e^{-i\alpha u} G(u)\, du \;=\; \left[-\frac{1}{i\alpha} e^{-i\alpha u} G(u)\right]_0^\infty + \frac{1}{i\alpha} \int_0^\infty e^{-i\alpha u} G'(u)\, du$$

$$=\; \frac{1}{i\alpha} M^{-1} - \frac{1}{i\alpha} M^{-1} N \int_0^\infty e^{-i\alpha u} G(u)\, du$$

und folglich

$$(i\alpha M + N) \int_0^\infty e^{-i\alpha u} G(u)\, du = E\,.$$

Definiert man die Übertragungsmatrix

$$H(t) = (tM + N)^{-1}\,, \tag{3.20}$$

die nur von den Modellparametern, nicht aber von der Erregung abhängt, dann ist also

$$\int_0^\infty e^{-i\alpha u} G(u)\, du = H(i\alpha)\,. \tag{3.21}$$

Nun ist noch die Existenz dieser inversen Matrizen nachzuweisen. Da $M^{-1}N$ nach Voraussetzung nur Eigenwerte mit positiven Realteilen besitzt, ist für alle reellen α

$$det(i\alpha M + N) = det(M) det(i\alpha E + M^{-1} N) \neq 0$$

und folglich existiert $H(i\alpha)$ für alle reellen α.

Dieses Resultat führt nun sofort zur Spektraldichtematrix

$$S_{\bar z \bar z}(\alpha) \;=\; \frac{1}{2\pi} \int_{-\infty}^\infty e^{-i\alpha\tau} H(-i\alpha) R_{FF}(\tau) H^T(i\alpha)\, d\tau$$

$$=\; H(-i\alpha) \frac{1}{2\pi} \int_{-\infty}^\infty e^{-i\alpha\tau} R_{FF}(\tau)\, d\tau\, H^T(i\alpha)$$

$$=\; H(-i\alpha) S_{FF}(\alpha) H^T(i\alpha) \tag{3.22}$$

mit der Spektraldichtematrix $S_{FF}(\alpha)$ des Vektorprozesses $F(t,\omega)$.

Es ist lediglich noch zu untersuchen, wie man $S_{FF}(\alpha)$ aus der Spektraldichte der Erregungen ermittelt. Verwendet man die Fourier-Rücktransformation

$$R_{ff}(\tau) = \int_{-\infty}^\infty e^{i\alpha\tau} S_{ff}(\alpha)\, d\alpha\,,$$

so folgt aus (3.17)

$$R_{f^{(k)} f^{(l)}}(s_2 - s_1) \;=\; \frac{\partial^{k+l}}{\partial s_1^k \partial s_2^l} \int_{-\infty}^\infty e^{i\alpha(s_2 - s_1)} S_{ff}(\alpha)\, d\alpha$$

$$=\; \int_{-\infty}^\infty (-i\alpha)^k (i\alpha)^l e^{i\alpha(s_2 - s_1)} S_{ff}(\alpha)\, d\alpha\,,$$

woraus man

$$S_{f^{(k)}f^{(l)}}(\alpha) = (-1)^k (i\alpha)^{k+l} S_{ff}(\alpha) \tag{3.23}$$

ableitet. Die Fouriertransformation von (3.16) ergibt damit im Fall schwach stationärer Erregung folgende Formel für die Spektraldichtematrix:

$$
\begin{aligned}
S_{FF}(\alpha) = \ & P_0 S_{ff}(\alpha) P_0^T + \alpha^2 P_1 S_{ff}(\alpha) P_1^T + \alpha^4 P_2 S_{ff}(\alpha) P_2^T \\
& + \ i\alpha P_0 S_{ff}(\alpha) P_1^T - i\alpha P_1 S_{ff}(\alpha) P_0^T \\
& - \ \alpha^2 P_0 S_{ff}(\alpha) P_2^T - \alpha^2 P_2 S_{ff}(\alpha) P_0^T \\
& + \ i\alpha^3 P_1 S_{ff}(\alpha) P_2^T - i\alpha^3 P_2 S_{ff}(\alpha) P_1^T \, .
\end{aligned}
\tag{3.24}
$$

Damit sind alle Kovarianzfunktionen und Spektraldichten für die Schwingungsbewegungen und -geschwindigkeiten berechnet. Wie bereits im Abschnitt 3.1.1 bemerkt wurde, sind die Schwingungsbeschleunigungen im Vektorprozeß $\dot{\bar{z}}(t,\omega)$ enthalten. Verwendet man wieder (3.23), so folgt mit (3.22)

$$S_{\ddot{z}\ddot{z}}(\alpha) = \alpha^2 S_{\bar{z}\bar{z}}(\alpha) = \alpha^2 H(-i\alpha) S_{FF}(\alpha) H^T(i\alpha) \, . \tag{3.25}$$

Jetzt sind alle interessierenden Kovarianzfunktionen und Spektraldichten der Ausgangsprozesse und deren Geschwindigkeiten und Beschleunigungen in Abhängigkeit von den Korrelationsfunktionen bzw. Spektraldichten der Erregungen dargestellt. Insbesondere hängen die Spektraldichten der Lösungen linear von den Spektraldichten der Erregungen ab (vgl. (3.22),(3.25)). Dieser Zusammenhang wird vollständig durch die Übertragungsmatrizen H beschrieben, die nur von den Matrizen M und N bzw. A, B und C abhängen. Diese Übertragungsmatrizen charakterisieren also vollständig das Input-Output-Verhalten dieser linearen Systeme. Der Einfluß einzelner Modellparameter auf das Übertragungsverhalten kann aus diesen Matrizen abgelesen werden. Änderungen der Erregungen, also Änderungen der rechten Seiten der Differentialgleichungen, wirken sich nur auf die Spektraldichtematrix S_{FF}, nicht aber auf die Übertragungsmatrizen H aus.

Nun soll auf den im einführenden Beispiel geschilderten Spezialfall einer zeitverschobenen Erregung eingegangen werden. Für die nichtverschwindenden Koordinaten des Vektorprozesses $f(t,\omega)$ gelte jetzt

$$f_k(t,\omega) = g(t + v_k, \omega), \qquad k = 1, 2, ..., r, \tag{3.26}$$

wobei $g(t,\omega)$ ein zentrierter schwach stationärer Prozeß mit den benötigten Differenzierbarkeitseigenschaften, der Korrelationsfunktion $R_{gg}(t)$ und der Spektraldichte $S_{gg}(\alpha)$ sei. Dann sind natürlich auch die Prozesse $f_k(t,\omega)$ zentriert und schwach stationär verbunden. Es ist

$$
\begin{aligned}
R_{f_k f_l}(t) &= \langle f_k(\tau) f_l(t+\tau) \rangle = \langle g(\tau + v_k) g(t + \tau + v_l) \rangle \\
&= R_{gg}(t + v_l - v_k)
\end{aligned}
\tag{3.27}
$$

und damit

$$
\begin{aligned}
S_{f_k f_l}(\alpha) &= \frac{1}{2\pi} \int_{-\infty}^{\infty} e^{-i\alpha t} R_{f_k f_l}(t)\, dt = \frac{1}{2\pi} \int_{-\infty}^{\infty} e^{-i\alpha t} R_{gg}(t + v_l - v_k)\, dt \\
&= \frac{1}{2\pi} \int_{-\infty}^{\infty} e^{-i\alpha(\tau - v_l + v_k)} R_{gg}(\tau)\, d\tau \\
&= e^{i\alpha(v_l - v_k)} \frac{1}{2\pi} \int_{-\infty}^{\infty} e^{-i\alpha\tau} R_{gg}(\tau)\, d\tau \\
&= e^{i\alpha(v_l - v_k)} S_{gg}(\alpha).
\end{aligned}
$$

Definiert man die $(2n, 2n)$-Matrix $V(\alpha)$ durch ihre Elemente

$$
V_{kl}(\alpha) = \begin{cases} e^{i\alpha(v_l - v_k)} & l, k = 1, ..., r \\ 0 & \text{sonst}, \end{cases} \tag{3.28}
$$

dann ergibt sich in Matrizenschreibweise

$$
S_{ff}(\alpha) = V(\alpha) S_{gg}(\alpha). \tag{3.29}
$$

Diese Methoden werden häufig in ingenieurwissenschaftlichen Berechnungen angewandt. Vorteilhafterweise berechnet man zunächst die Spektraldichten gemäß (3.22) und (3.25) unter Berücksichtigung von (3.24) und gegebenenfalls (3.29). Dazu sind nur algebraische Operationen durchzuführen. Anschließend können die entsprechenden Kovarianzfunktionen durch eine Integration (Fourier-Rücktransformation)

$$
\begin{aligned}
R_{\bar{z}\bar{z}}(t) &= \int_{-\infty}^{\infty} e^{i\alpha t} S_{\bar{z}\bar{z}}(\alpha)\, d\alpha, \\
R_{\dot{\bar{z}}\dot{\bar{z}}}(t) &= \int_{-\infty}^{\infty} e^{i\alpha t} S_{\dot{\bar{z}}\dot{\bar{z}}}(\alpha)\, d\alpha
\end{aligned}
$$

berechnet werden. Durch diese Reihenfolge läßt sich die kompliziertere Berechnung des Doppelintegrals (3.19) vermeiden.

Bemerkungen zur numerischen Realisierung

Die einzige Schwierigkeit bei einer rechentechnischen Realisierung dieser Spektralmethode besteht in der Berechnung der Übertragungsmatrizen. Die Invertierung der Matrix $i\alpha M + N$ an den entsprechenden Stützstellen ist zwar aus numerischer Sicht kein Problem, wäre aber bei einer in Anwendungen benötigten großen Stützstellenanzahl zu aufwendig. Günstiger als die Invertierung an jeder Stützstelle ist der nachfolgend beschriebene Weg. Die einzelnen Elemente der Übertragungsmatrizen $H(t)$ sind

$$
H_{lk}(t) = (-1)^{k+l} \frac{det(tM^{kl} + N^{kl})}{det(tM + N)}, \qquad k, l = 1, ..., 2n,
$$

wobei die Matrizen M^{kl} bzw. N^{kl} durch Streichen der k-ten Zeile und l-ten Spalte aus M bzw. N entstehen. Die Determinanten der Form $det(tM + N)$ und $det(tM^{kl} + N^{kl})$ sind Polynome in der Variablen t, deren Koeffizienten sich aus M und N nach dem Verfahren von Hessenberg und Wilkinson (vgl. ZURMÜHL[45, 46]) ermitteln lassen.

Es ist vorteilhaft, zunächst alle Polynomkoeffizienten von $det(tM + N)$ und $det(tM^{kl} + N^{kl})$ bereitzustellen. Zur Berechnung der Elemente der Übertragungsmatrix an den einzelnen Stützstellen sind dann nur noch die Funktionswerte der entsprechenden Polynome zu ermitteln.

Beispiel 3.1 Es wird der in Bild 1.2 dargestellte lineare Zweimassenschwinger mit einer zufälligen Erregung $f_1(t,\omega)$ betrachtet. Aus dem Differentialgleichungssystem (1.10) für die Absolutbewegungen liest man die Matrizen

$$M = \begin{pmatrix} m_1 & 0 & 0 & 0 \\ 0 & m_2 & 0 & 0 \\ 0 & 0 & 1 & 0 \\ 0 & 0 & 0 & 1 \end{pmatrix}, \quad N = \begin{pmatrix} k_2 & -k_2 & c_1 + c_2 & -c_2 \\ -k_2 & k_2 & -c_2 & c_2 \\ -1 & 0 & 0 & 0 \\ 0 & -1 & 0 & 0 \end{pmatrix},$$

$$P_0 = \begin{pmatrix} c_1 & 0 & 0 & 0 \\ 0 & 0 & 0 & 0 \\ 0 & 0 & 0 & 0 \\ 0 & 0 & 0 & 0 \end{pmatrix}, \quad P_1 = O, \quad P_2 = O,$$

$$f(t,\omega) = \begin{pmatrix} f_1(t,\omega) \\ 0 \\ 0 \\ 0 \end{pmatrix}, \quad z(t,\omega) = \begin{pmatrix} \dot{x}_1(t,\omega) \\ \dot{x}_2(t,\omega) \\ x_1(t,\omega) \\ x_2(t,\omega) \end{pmatrix}$$

ab. In diesem einfachen Fall läßt sich mit wenig Aufwand die Übertragungsmatrix $H(t)$ algebraisch berechnen. Man erhält

$$\begin{aligned} \Delta(t) &= det(tM + N) \\ &= m_1 m_2 t^4 + (m_1 + m_2)k_2 t^3 + [m_2 c_1 + (m_1 + m_2)c_2]t^2 + c_1 k_2 t + c_1 c_2 \end{aligned}$$

und

$$\begin{aligned} H_{11}(t) &= \frac{1}{\Delta(t)}(m_2 t^2 + k_2 t + c_2)t, \\[1ex] H_{12}(t) &= \frac{1}{\Delta(t)}(k_2 t + c_2)t, \\[1ex] H_{13}(t) &= \frac{1}{\Delta(t)}[-m_2(c_1 + c_2)t^2 - c_1(k_2 t + c_2)], \\[1ex] H_{14}(t) &= \frac{1}{\Delta(t)}m_2 c_2 t^2, \end{aligned}$$

$$H_{21}(t) \;=\; \frac{1}{\Delta(t)}(k_2 t + c_2)t\,,$$

$$H_{22}(t) \;=\; \frac{1}{\Delta(t)}(m_1 t^2 + k_2 t + c_1 + c_2)t\,,$$

$$H_{23}(t) \;=\; \frac{1}{\Delta(t)}(m_1 c_2 t - c_1 k_2)t\,,$$

$$H_{24}(t) \;=\; \frac{1}{\Delta(t)}c_2(-m_1 t^2 - c_1)\,,$$

$$H_{31}(t) \;=\; \frac{1}{\Delta(t)}(m_2 t^2 + k_2 t + c_2)\,,$$

$$H_{32}(t) \;=\; \frac{1}{\Delta(t)}(k_2 t + c_2)\,,$$

$$H_{33}(t) \;=\; \frac{1}{\Delta(t)}[m_1 m_2 t^2 + (m_1 + m_2)k_2 t + m_1 c_2]t\,,$$

$$H_{34}(t) \;=\; \frac{1}{\Delta(t)}m_2 c_2 t\,,$$

$$H_{41}(t) \;=\; \frac{1}{\Delta(t)}(k_2 t + c_2)\,,$$

$$H_{42}(t) \;=\; \frac{1}{\Delta(t)}(m_1 t^2 + k_2 t + c_1 + c_2)\,,$$

$$H_{43}(t) \;=\; \frac{1}{\Delta(t)}(m_1 c_2 t - c_1 k_2)\,,$$

$$H_{44}(t) \;=\; \frac{1}{\Delta(t)}[m_1 m_2 t^3 + (m_1 + m_2)k_2 t^2 + m_2(c_1 + c_2)t + c_1 k_2]$$

als Elemente von $H(t)$.

Ist der Erregungsprozeß $f_1(t,\omega)$ schwach stationär, folgt nach der Spektralmethode (vgl. (3.22), (3.24) und (3.25)) für die Näherungslösungen nach einer hinreichend großen Einschwingzeit

$$S_{\bar{x}_1 \bar{x}_1}(\alpha) \;=\; \frac{c_1^2}{h(\alpha)}[m_2^2 \alpha^4 + (k_2^2 - 2m_2 c_2)\alpha^2 + c_2^2]S_{f_1 f_1}(\alpha)\,,$$

$$S_{\bar{x}_2 \bar{x}_2}(\alpha) \;=\; \frac{c_1^2}{h(\alpha)}[k_2^2 \alpha^2 + c_2^2]S_{f_1 f_1}(\alpha)\,,$$

$$S_{\dot{\bar{x}}_k \dot{\bar{x}}_k}(\alpha) \;=\; \alpha^2 S_{\bar{x}_k \bar{x}_k}(\alpha)\,,$$

$$S_{\ddot{\bar{x}}_k \ddot{\bar{x}}_k}(\alpha) \;=\; \alpha^4 S_{\bar{x}_k \bar{x}_k}(\alpha)\,, \qquad\qquad k = 1,2$$

mit

$$\begin{aligned}
h(\alpha) \;=\;& \Delta(i\alpha)\Delta(-i\alpha) \\
\;=\;& \{m_1 m_2 \alpha^4 - [m_2 c_1 + (m_1 + m_2)c_2]\alpha^2 + c_1 c_2\}^2 \\
& + \alpha^2\{(m_1 + m_2)k_2 \alpha^2 - c_1 k_2\}^2\,.
\end{aligned}$$

Einige numerische Resultate werden im Beispiel 3.2 zum Vergleich mit der dort verwendeten Approximationsmethode angegeben.

Übungen

1. Verifizieren Sie die im Beispiel 3.1 angegebenen Formeln!
   Berechnen Sie dazu auch die Übertragungsmatrix für die Relativbewegungen! Ermitteln Sie daraus die Spektraldichten für die Relativbewegungen!

2. Berechnen Sie die Übertragungsmatrix und die Spektraldichten der Relativbewegung und ihrer Beschleunigung für den eingeschwungenen linearen Einmassenschwinger aus dem Anwendungsbeispiel in Abschnitt 1.4!

3.1.3 Schwach korreliert verbundene Erregung

In diesem und in den folgenden Abschnitten dieses Kapitels werden lineare Schwingungsmodelle mit schwach korrelierten Fremderregungen betrachtet. Natürlich kann wieder die Korrelations- oder Spektralmethode benutzt werden. Zur Berechnung der Kovarianzfunktionen für die Ausgangsprozesse werden aber jetzt die Approximationsformeln bzw. Grenzwertsätze für lineare Funktionale schwach korrelierter Prozesse (vgl. Abschnitt 1.4) angewandt. Die Ausgangspunkte sind wieder die Differentialgleichungssysteme (3.1) bzw. (3.2) mit den dort getroffenen Voraussetzungen. Die stochastischen Fremderregungen seien durch die schwach korreliert verbundenen Prozesse $f_{1\varepsilon}(t,\omega),...,f_{r\varepsilon}(t,\omega)$ mit den Intensitäten a_{ij} gegeben, d.h. es ist

$$f_1(t,\omega) = f_{1\varepsilon}(t,\omega)\,,\,...,\,f_r(t,\omega) = f_{r\varepsilon}(t,\omega)$$

bzw.

$$f(t,\omega) = (f_{1\varepsilon}(t,\omega)\,...\,f_{r\varepsilon}(t,\omega)\,0\,...\,0)^T = f_\varepsilon(t,\omega)\,.$$

Fall $P_1 = P_2 = O$

Zunächst wird die Methode am Spezialfall $P_1 = P_2 = O$ erklärt. Ausgehend von der Lösungsdarstellung (3.3) erhält man unter Berücksichtigung von (3.9) und der Approximationsformeln die Matrix der Kovarianzfunktionen

$$\begin{aligned}
R_{zz}(t_1,t_2) &= \langle w(t_1)w^T(t_2)\rangle \\
&= \int_0^{t_1}\int_0^{t_2} G(t_1 - s_1)P_0\langle f_\varepsilon(s_1)f_\varepsilon^T(s_2)\rangle P_0^T G^T(t_2 - s_2)\,ds_2ds_1 \\
&= \varepsilon\int_0^{min(t_1,t_2)} G(t_1 - s)P_0 a(s)P_0^T G^T(t_2 - s)\,ds + O(\varepsilon^2)\,, \quad (3.30)
\end{aligned}$$

wobei $a(s)$ die Matrix der Intensitäten $a_{ij}(s)$ ist.

Desweiteren folgt aus dem Grenzwertsatz, daß der Vektorprozeß $w(t, \omega)$, der die Abweichung der Lösung vom Erwartungswert beschreibt (vgl. (3.9)), in erster Näherung ein zentrierter Gaußscher Vektorprozeß mit der obigen Korrelationsfunktionsmatrix ist.

An dieser Stelle wird bereits ein Vorteil dieser Approximationsmethode sichtbar. Die ersten Näherungen bzgl. der Korrelationslänge ε für die Kovarianzfunktionen lassen sich durch Einfachintegrale berechnen, während die im vorangehenden Abschnitt beschriebene Korrelationsmethode auf Doppelintegrale (vgl. (3.12)) führt.

In analoger Weise erhält man für die Näherungslösung $\bar{z}(t, \omega)$ (vgl. (3.10)) die Kovarianzfunktionsmatrix

$$
\begin{aligned}
R_{\bar{z}\bar{z}}(t_1, t_2) &= \langle \bar{w}(t_1) \bar{w}^T(t_2) \rangle \\
&= \varepsilon \int_{-\infty}^{min(t_1, t_2)} G(t_1 - s) P_0 a(s) P_0^T G^T(t_2 - s)\, ds + O(\varepsilon^2)\,. \quad (3.31)
\end{aligned}
$$

Will man wie im vorangehenden Abschnitt die Güte dieser Näherung $\bar{z}(t, \omega)$ beurteilen, dann ergibt sich für den Vektorprozeß $d(t, \omega)$ (vgl. (3.14)), der die Abweichung der Näherungen von den exakten Lösungen angibt, die Kovarianzfunktionsmatrix

$$
R_{dd}(t_1, t_2) = \varepsilon \int_{-\infty}^{0} G(t_1 - s) P_0 a(s) P_0^T G^T(t_2 - s)\, ds + O(\varepsilon^2)\,. \quad (3.32)
$$

Nun soll wieder der für Anwendungen wichtige Spezialfall von schwach stationär verbundenen Erregungen ausführlicher untersucht werden. In diesem Fall ist die Matrix der Intensitäten eine konstante Matrix (vgl. Abschnitt 1.4). Jetzt folgt aus (3.31) für $t_1 \leq t_2$ durch eine lineare Integraltransformation

$$
\begin{aligned}
R_{\bar{z}\bar{z}}(t_1, t_2) &= \varepsilon \int_{-\infty}^{t_1} G(t_1 - s) P_0 a P_0^T G^T(t_2 - s)\, ds + O(\varepsilon^2) \\
&= \varepsilon \int_{0}^{\infty} G(u) P_0 a P_0^T G^T(t_2 - t_1 + u)\, du + O(\varepsilon^2)\,,
\end{aligned}
$$

und für $t_1 \geq t_2$

$$
\begin{aligned}
R_{\bar{z}\bar{z}}(t_1, t_2) &= \varepsilon \int_{-\infty}^{t_2} G(t_1 - s) P_0 a P_0^T G^T(t_2 - s)\, ds + O(\varepsilon^2) \\
&= \varepsilon \int_{0}^{\infty} G(t_1 - t_2 + u) P_0 a P_0^T G^T(u)\, du + O(\varepsilon^2)\,.
\end{aligned}
$$

Diese Matrizen hängen also nur von der Zeitdifferenz $t = t_2 - t_1$ ab, d.h. diese Näherungen sind Kovarianzfunktionen eines schwach stationären Vektorprozesses $\bar{z}(t, \omega)$. Es gilt also

$$
R_{\bar{z}\bar{z}}(t) = \begin{cases} \varepsilon \int_0^{\infty} G(u - t) P_0 a P_0^T G^T(u)\, du + O(\varepsilon^2) & \text{für} \quad t \leq 0 \\[2mm] \varepsilon \int_0^{\infty} G(u) P_0 a P_0^T G^T(u + t)\, du + O(\varepsilon^2) & \text{für} \quad t \geq 0\,. \end{cases} \quad (3.33)
$$

Definiert man die Matrizen

$$Q^{ij} = \int_0^\infty G(u) P_i a P_j^T G^T(u)\, du\,, \tag{3.34}$$

die wegen (3.6) auch existieren, dann kann man unter Berücksichtigung von (3.5) die Gleichung (3.33) auch in der Form

$$R_{\bar{z}\bar{z}}(t) = \begin{cases} \varepsilon\, G(-t) M Q^{00} & +O(\varepsilon^2) & \text{für} & t \le 0 \\[2mm] \varepsilon\, Q^{00} & +O(\varepsilon^2) & \text{für} & t = 0 \\[2mm] \varepsilon\, Q^{00} M^T G^T(t) & +O(\varepsilon^2) & \text{für} & t \ge 0 \end{cases} \tag{3.35}$$

schreiben. Eine partielle Integration von (3.34) liefert bei Beachtung von (3.5)

$$\begin{aligned} Q^{ij} &= \left[-(M^{-1}N)^{-1} G(u) P_i a P_j^T G^T(u)\right]_0^\infty \\ &\quad -(M^{-1}N)^{-1} \int_0^\infty G(u) P_i a P_j^T G^T(u)\, du\, (M^{-1}N)^T \\ &= N^{-1} P_i a P_j^T M^{-T} - N^{-1} M Q^{ij} N^T M^{-T}\,, \end{aligned}$$

woraus

$$M Q^{ij} N^T + N Q^{ij} M^T = P_i a P_j^T \tag{3.36}$$

folgt. Die Matrizen Q^{ij} sind also Lösungen der Beziehungen (3.36), die man oft als Ljapunov-Gleichungen bezeichnet. Da wegen der Existenz der Integrale (3.34) das lineare Gleichungssystem (3.36) für jede rechte Seite eine Lösung besitzt, sind die Lösungen von (3.36) eindeutig bestimmt (vgl. z.B. EISENREICH [12]).Die Integrale Q^{ij} lassen sich also auch als Lösungen von linearen Gleichungssystemen (3.36) berechnen. Es besteht also die Möglichkeit, die ersten Näherungen für die Kovarianzfunktionen gemäß (3.35) mit (3.36) auf algebraischem Wege zu ermitteln.

Ausgehend von (3.35) berechnet man nun mit Hilfe von (3.21) die Spektraldichtematrix

$$\begin{aligned} S_{\bar{z}\bar{z}}(\alpha) &= \frac{1}{2\pi} \int_{-\infty}^\infty e^{-i\alpha t} R_{\bar{z}\bar{z}}(t)\, dt \\[2mm] &= \frac{\varepsilon}{2\pi} \left[\int_{-\infty}^0 e^{-i\alpha t} G(-t)\, dt\, M Q^{00} + Q^{00} M^T \int_0^\infty e^{-i\alpha t} G^T(t)\, dt\right] \\ &\quad +O(\varepsilon^2) \\[2mm] &= \frac{\varepsilon}{2\pi} \left[\int_0^\infty e^{i\alpha t} G(t)\, dt\, M Q^{00} + Q^{00} M^T \int_0^\infty e^{-i\alpha t} G^T(t)\, dt\right] + O(\varepsilon^2) \\[2mm] &= \frac{\varepsilon}{2\pi} \left[H(-i\alpha) M Q^{00} + Q^{00} M^T H^T(i\alpha)\right] + O(\varepsilon^2)\,, \end{aligned} \tag{3.37}$$

wobei die Übertragungsmatrizen H durch (3.20) definiert sind.

Unter Verwendung von (3.36) kann man (3.37) in folgender Weise umformen:

$$
\begin{aligned}
S_{\dot{z}\dot{z}}(\alpha) &= \frac{\varepsilon}{2\pi} H(-i\alpha) \left[MQ^{00}(i\alpha M + N)^T + (-i\alpha M + N)Q^{00}M^T \right] H^T(i\alpha) \\
&\quad + O(\varepsilon^2) \\
&= \frac{\varepsilon}{2\pi} H(-i\alpha) \left[MQ^{00}N^T + NQ^{00}M^T \right] H^T(i\alpha) + O(\varepsilon^2) \\
&= \frac{\varepsilon}{2\pi} H(-i\alpha) P_0 a P_0^T H^T(i\alpha) + O(\varepsilon^2) .
\end{aligned}
\tag{3.38}
$$

In dieser Darstellung läßt sich die Spektraldichtematrix auch ohne explizite Berechnung der Matrix Q^{00} ermitteln.

Zur Beurteilung der Schwingungsbeschleunigungen ist der Vektorprozeß $\dot{z}$ zu untersuchen. Im hier behandelten Spezialfall $P_1 = P_2 = 0$ bei schwach stationärer Erregung erhält man aus (3.10) und (3.11)

$$
\begin{aligned}
\dot{z}(t,\omega) &= G(0)\left[h(t) + P_0 f_\varepsilon(t,\omega)\right] + \int_{-\infty}^{t} G'(t-s)\left[h(s) + P_0 f_\varepsilon(s,\omega)\right] ds , \\
\dot{z}_m(t) &= G(0)h(t) + \int_{-\infty}^{t} G'(t-s)h(s)\, ds
\end{aligned}
$$

und folglich

$$
\begin{aligned}
\dot{\bar{w}}(t,\omega) &= \dot{z}(t,\omega) - \dot{z}_m(t) \\
&= G(0)P_0 f_\varepsilon(t,\omega) + \int_{-\infty}^{t} G'(t-s)P_0 f_\varepsilon(s,\omega)\, ds \\
&= M^{-1}P_0 f_\varepsilon(t,\omega) - M^{-1}N \int_{-\infty}^{t} G(t-s)P_0 f_\varepsilon(s,\omega)\, ds \\
&= M^{-1}P_0 f_\varepsilon(t,\omega) - M^{-1}N \bar{w}(t,\omega) .
\end{aligned}
\tag{3.39}
$$

Es ist

$$
\langle \dot{\bar{w}}(t,\omega) \rangle = 0 .
$$

Nun kann man die Kovarianzfunktionsmatrix für $\dot{z}(t,\omega)$ berechnen:

$$
\begin{aligned}
\left\langle \dot{\bar{w}}(t_1)\dot{\bar{w}}^T(t_2) \right\rangle &= M^{-1}P_0 \left\langle f_\varepsilon(t_1)f_\varepsilon^T(t_2) \right\rangle P_0^T M^{-T} \\
&\quad + M^{-1}N \left\langle \bar{w}(t_1)\bar{w}^T(t_2) \right\rangle (M^{-1}N)^T \\
&\quad - M^{-1}P_0 \left\langle f_\varepsilon(t_1)\bar{w}^T(t_2) \right\rangle (M^{-1}N)^T \\
&\quad - M^{-1}N \left\langle \bar{w}(t_1)f_\varepsilon^T(t_2) \right\rangle P_0^T M^{-T} .
\end{aligned}
\tag{3.40}
$$

Der erste Summand ist mit

$$
\left\langle f_\varepsilon(t_1)f_\varepsilon^T(t_2) \right\rangle = R_{f_\varepsilon f_\varepsilon}(t_2 - t_1)
$$

durch die Erregungsprozesse bestimmt. Im zweiten Summanden ist

$$\langle \bar{w}(t_1)\bar{w}^T(t_2)\rangle = R_{\bar{z}\bar{z}}(t_2 - t_1)\,.$$

Hier können also die Approximationsresultate der vorangehenden Betrachtungen, insbesondere (3.35), eingesetzt werden.

Die beiden weiteren Summanden enthalten gemischte Momente, d.h. Kovarianzen zwischen den Eingangs- und Ausgangsprozessen des Schwingungsmodells. Die Analyse dieser zweiten Momente tritt nicht nur in diesem Zusammenhang auf, sondern ist auch als einzelne Aufgabenstellung von Bedeutung. Diese Momente beschreiben die Korrelation zwischen den stochastischen Erregungsprozessen und den Schwingungsbewegungen des Modells. Sie sind also ein Maß dafür, wie einzelne Erregungen bestimmte Auslenkungen des Schwingungssystems beeinflussen. Die Kenntnis dieser Momente ist somit für den Anwender ebenfalls eine wichtige Charakteristik für die Analyse des Input-Output-Verhaltens von Schwingungsmodellen. Diese gemischten Momente (schwach korrelierter Prozeß und Funktional eines schwach korrelierten Prozesses) lassen sich ebenfalls nach der Korrelationslänge ε entwickeln, worauf aber im Rahmen dieses Buches nicht näher eingegangen werden soll. Es sei hierzu lediglich auf die Literatur, z.B. vom SCHEIDT/WÖHRL[35], WÖHRL[42], verwiesen. Für diese gemischten Momente können folgende Approximationsformeln angegeben werden:

$$
\langle f_\varepsilon(t_1)\bar{w}^T(t_2)\rangle \;=\; \int_{-\infty}^{t_2} \langle f_\varepsilon(t_1)f_\varepsilon^T(s)\rangle \, P_0^T G^T(t_2 - s)\,ds
$$

$$
= \;\left\{
\begin{array}{lll}
\varepsilon a P_0^T G^T(t_2 - t_1) & +O(\varepsilon^2) & \text{für} \qquad t_1 < t_2 \\[2mm]
\varepsilon \tilde{a}^T P_0^T G^T(0) & +O(\varepsilon^2) & \text{für} \qquad t_1 = t_2 \\[2mm]
O & & \text{für} \qquad t_1 > t_2\,.
\end{array}
\right.
\qquad (3.41)
$$

Aus dieser Formel erhält man das Moment $\langle \bar{w}(t_1)f_\varepsilon^T(t_2)\rangle$ durch Transponieren, Vertauschen von t_1 und t_2 sowie Berücksichtigen von $a = a^T$. Die Matrix $\tilde{a}$ ist durch ihre Elemente

$$
\begin{aligned}
\tilde{a}_{ij} &= \lim_{\varepsilon \to 0} \frac{1}{\varepsilon} \int_0^\varepsilon \langle f_{i\varepsilon}(\tau)f_{j\varepsilon}(t+\tau)\rangle \, dt \\[2mm]
&= \lim_{\varepsilon \to 0} \frac{1}{\varepsilon} \int_0^\varepsilon R_{f_{i\varepsilon}f_{j\varepsilon}}(t)\,dt
\end{aligned}
\qquad (3.42)
$$

bzw. durch

$$
\tilde{a} = \lim_{\varepsilon \to 0} \frac{1}{\varepsilon} \int_0^\varepsilon R_{f_\varepsilon f_\varepsilon}(t)\,dt
$$

definiert und unterscheidet sich von der Intensitätsmatrix a nur durch das Integrationsintervall. Ein Zusammenhang ist durch die Beziehung

$$
\tilde{a} + \tilde{a}^T = a
\qquad (3.43)
$$

gegeben, insbesondere ist also $\tilde{a}_{ii} = \frac{1}{2}a_{ii}$. Die betrachteten gemischten Momente sind nur von der Zeitdifferenz $t = t_2 - t_1$ abhängig, d.h. die Erregungsprozesse und Ausgangsprozesse sind schwach korreliert verbunden mit den Kovarianzfunktionsmatrizen

$$R_{f_\epsilon \bar{z}}(t) = \begin{cases} O & \text{für} \quad t < 0 \\ \varepsilon \tilde{a}^T P_0^T M^{-T} + O(\varepsilon^2) & \text{für} \quad t = 0 \\ \varepsilon a P_0^T G^T(t) + O(\varepsilon^2) & \text{für} \quad t > 0 \end{cases}$$

$$R_{\bar{z}f_\epsilon}(t) = R_{f_\epsilon \bar{z}}^T(-t) = \begin{cases} \varepsilon G(-t) P_0 a + O(\varepsilon^2) & \text{für} \quad t < 0 \\ \varepsilon M^{-1} P_0 \tilde{a} + O(\varepsilon^2) & \text{für} \quad t = 0 \\ O & \text{für} \quad t > 0 . \end{cases} \tag{3.44}$$

Die Ursache für die Unstetigkeiten dieser Funktionen an der Stelle $t = 0$ liegt an der verwendeten Approximationsmethode. Die Approximationen für $t \neq 0$ werden außerhalb der Umgebung $(-\varepsilon, \varepsilon)$ berechnet und anschließend auf diese Umgebung fortgesetzt.

Mit diesen Resultaten erhält man schließlich aus (3.40)

$$\begin{aligned} R_{\bar{z}\bar{z}}(t) = \; & M^{-1} P_0 R_{f_\epsilon f_\epsilon}(t) P_0^T M^{-T} + M^{-1} N R_{\bar{z}\bar{z}}(t)(M^{-1}N)^T \\ & - M^{-1} P_0 R_{f_\epsilon \bar{z}}(t)(M^{-1}N)^T - M^{-1} N R_{\bar{z}f_\epsilon}(t) P_0^T M^{-T} , \end{aligned} \tag{3.45}$$

wobei im zweiten, dritten und vierten Summanden die Approximationsformeln (3.35) und (3.44) einzusetzen sind. Damit besteht auch hier die Möglichkeit der algebraischen Berechnung dieser Kovarianzfunktionen.

Nun soll noch die Spektraldichte des Vektorprozesses $\dot{\bar{z}}(t, \omega)$ berechnet werden. Aus (3.45) folgt

$$\begin{aligned} S_{\bar{z}\bar{z}}(\alpha) = \; & M^{-1} P_0 S_{f_\epsilon f_\epsilon}(\alpha) P_0^T M^{-T} + M^{-1} N S_{\bar{z}\bar{z}}(\alpha)(M^{-1}N)^T \\ & - M^{-1} P_0 S_{f_\epsilon \bar{z}}(\alpha)(M^{-1}N)^T - M^{-1} N S_{\bar{z}f_\epsilon}(\alpha) P_0^T M^{-T} . \end{aligned} \tag{3.46}$$

Der zweite Summand wird gemäß (3.37) approximiert. Nun sind noch die Kreuzspektraldichten des dritten und vierten Summanden aus (3.44) zu ermitteln:

$$\begin{aligned} S_{f_\epsilon \bar{z}}(\alpha) &= \frac{1}{2\pi} \int_{-\infty}^{\infty} e^{-i\alpha t} R_{f_\epsilon \bar{z}}(t)\, dt \\ &= \frac{\varepsilon}{2\pi} a P_0^T \int_0^{\infty} e^{-i\alpha t} G^T(t)\, dt + O(\varepsilon^2) \\ &= \frac{\varepsilon}{2\pi} a P_0^T H^T(i\alpha) + O(\varepsilon^2) , \tag{3.47} \\ S_{\bar{z}f_\epsilon}(\alpha) &= \frac{\varepsilon}{2\pi} \int_{-\infty}^{0} e^{-i\alpha t} G(-t)\, dt\, P_0 a + O(\varepsilon^2) \end{aligned}$$

$$
\begin{aligned}
&= \frac{\varepsilon}{2\pi} \int_0^\infty e^{i\alpha t} G(t)\, dt\, P_0 a + O(\varepsilon^2) \\
&= \frac{\varepsilon}{2\pi} H(-i\alpha) P_0 a + O(\varepsilon^2)\,.
\end{aligned}
$$

Mit diesen Resultaten ist schließlich

$$
\begin{aligned}
S_{\dot{\tilde{z}}\dot{\tilde{z}}}(\alpha) &= M^{-1}P_0 S_{f_\varepsilon f_\varepsilon}(\alpha) P_0^T M^{-T} \\
&\quad + \frac{\varepsilon}{2\pi}\left\{ M^{-1}N\left[H(-i\alpha)MQ^{00} + Q^{00}M^T H^T(i\alpha)\right](M^{-1}N)^T \right. \\
&\qquad\quad \left. - M^{-1}P_0 a P_0^T H^T(i\alpha)(M^{-1}N)^T - M^{-1}N H(-i\alpha)P_0 a P_0^T M^{-T}\right\} \\
&\quad + O(\varepsilon^2) \\
&= M^{-1}P_0 S_{f_\varepsilon f_\varepsilon}(\alpha) P_0^T M^{-T} \\
&\quad + \frac{\varepsilon}{2\pi}\left\{ M^{-1}NH(-i\alpha)\left[MQ^{00}(M^{-1}N)^T - P_0 a P_0^T M^{-T}\right] \right. \\
&\qquad\quad \left. + \left[M^{-1}NQ^{00}M^T - M^{-1}P_0 a P_0^T\right] H^T(i\alpha)(M^{-1}N)^T\right\} \\
&\quad + O(\varepsilon^2) \\
&= M^{-1}P_0 S_{f_\varepsilon f_\varepsilon}(\alpha) P_0^T M^{-T} \\
&\quad - \frac{\varepsilon}{2\pi}\left\{ M^{-1}NH(-i\alpha)NQ^{00} + Q^{00}N^T H^T(i\alpha)(M^{-1}N)^T\right\} \\
&\quad + O(\varepsilon^2)\,. \tag{3.48}
\end{aligned}
$$

An diesem speziellen Fall $P_1 = P_2 = O$ wurde dargestellt, wie man Approximationen für die Kovarianzfunktionen und Spektraldichten ermitteln kann. Mit den gleichen Mitteln und Methoden kann auch die stochastische Analyse linearer Schwingungssysteme im allgemeinen Fall durchgeführt werden. Einige Besonderheiten sollen nun exemplarisch an den für Anwendungen ebenfalls wichtigen Fällen $P_2 = O$ und $P_0 = P_1 = O$ (vgl. auch das einführende Beispiel) erläutert werden. Dabei wollen wir uns auf die Analyse der Näherungslösung $\bar{z}(t,\omega)$ nach einer hinreichend großen Einschwingzeit bei schwach stationär verbundenen Erregungen beschränken (vgl. (3.10), (3.11)).

Fall $P_2 = O$

In diesem Fall ist

$$
\begin{aligned}
\bar{w}(t,\omega) &= \bar{z}(t,\omega) - \bar{z}_m(t) \\
&= \int_{-\infty}^t G(t-s)\left[P_0 f_\varepsilon(s,\omega) + P_1 \dot{f}_\varepsilon(s,\omega)\right] ds \tag{3.49}
\end{aligned}
$$

und

$$
\langle \bar{w}(t,\omega)\rangle = 0\,.
$$

Die Approximationsformeln für die Momente von $\bar{w}(t,\omega)$ lassen sich jetzt nicht ohne weiteres anwenden, da die Ableitungen von schwach korrelierten Prozessen i.a. nicht die benötigten Voraussetzungen für diese Formeln erfüllen. Diese Eigenschaft wurde bereits im Abschnitt 2.1.1 untersucht. Deshalb wird zunächst (3.49) partiell integriert. Es ist

$$
\begin{aligned}
\bar{w}(t,\omega) &= \int_{-\infty}^{t} G(t-s)P_0 f_\epsilon(s,\omega)\,ds + \int_{-\infty}^{t} G(t-s)P_1 \dot{f}_\epsilon(s,\omega)\,ds \\
&= \int_{-\infty}^{t} G(t-s)P_0 f_\epsilon(s,\omega)\,ds \\
&\quad + [G(t-s)P_1 f_\epsilon(s,\omega)]_{-\infty}^{t} + \int_{-\infty}^{t} G'(t-s)P_1 f_\epsilon(s,\omega)\,ds \\
&= \int_{-\infty}^{t} G(t-s)P_0 f_\epsilon(s,\omega)\,ds \\
&\quad + M^{-1}P_1 f_\epsilon(t,\omega) - M^{-1}N \int_{-\infty}^{t} G(t-s)P_1 f_\epsilon(s,\omega)\,ds\,. \quad (3.50)
\end{aligned}
$$

Schreibt man mit (3.50) das Moment $\langle \bar{w}(t_1)\bar{w}^T(t_2)\rangle$ auf, entstehen 9 Summanden, in denen alle auftretenden Integrale durch die Approximationsformeln (3.35) und (3.44) ausgedrückt werden können. Der Summand, der kein Integral enthält, wird nicht approximiert. Auf eine ausführliche Herleitung wird hier verzichtet. Es seien jedoch als Resultate die Kovarianzfunktionen und Spektraldichten angegeben:

$$
\begin{aligned}
R_{\bar{z}\bar{z}}(0) &= M^{-1}\big\{ P_1 R_{f_\epsilon f_\epsilon}(0)P_1^T \\
&\quad + \varepsilon\big[P_1 \tilde{a}^T P_0^T + P_0 \tilde{a} P_1^T - P_1 \tilde{a}^T P_1^T M^{-T}N^T - NM^{-1}P_1 \tilde{a} P_1^T \\
&\quad\quad + MQ^{00}M^T + NQ^{11}N^T - NQ^{10}M^T - MQ^{01}N^T \big]\big\} M^{-T} \\
&\quad + O(\varepsilon^2)\,, \\
R_{\bar{z}\bar{z}}(t) &= M^{-1}P_1 R_{f_\epsilon f_\epsilon}(t)(M^{-1}P_1)^T \\
&\quad + \varepsilon\big\{ Q^{00}M^T + Q^{10}N^T - [Q^{01}M^T + Q^{11}N^T](NM^{-1})^T \big\} G^T(t) \\
&\quad + O(\varepsilon^2) \quad \text{für } t > 0\,, \\
S_{\bar{z}\bar{z}}(\alpha) &= M^{-1}P_1 S_{f_\epsilon f_\epsilon}(\alpha)(M^{-1}P_1)^T \\
&\quad + \frac{\varepsilon}{2\pi}\big\{ Q^{00}M^T + Q^{10}N^T - [Q^{01}M^T + Q^{11}N^T](NM^{-1})^T \big\} H^T(i\alpha) \\
&\quad + \frac{\varepsilon}{2\pi}H(-i\alpha)\big\{ MQ^{00} + NQ^{01} - NM^{-1}[MQ^{10} + NQ^{11}] \big\} \\
&\quad + O(\varepsilon^2)\,.
\end{aligned}
$$

Für die Ableitung $\dot{\bar{w}}(t,\omega)$ berechnet man

$$
\dot{\bar{w}}(t) = -M^{-1}N\bar{w}(t) + M^{-1}\big[P_0 f_\epsilon(t) + P_1 \dot{f}_\epsilon(t)\big]\,. \quad (3.51)
$$

Berücksichtigt man (3.50), treten in der Darstellung für das zweite Moment $\langle \dot{\bar{w}}(t_1)\dot{\bar{w}}^T(t_2)\rangle$ Integrale auf, die sich gemäß (3.35) und (3.44) approximieren lassen. Darüber hinaus ergeben sich aber noch zusätzlich Integrale der Form

$$\int_{-\infty}^{t_1} G(t_1 - s) P_l \left\langle f_\epsilon(s) \dot{f}_\epsilon^{\,T}(t_2) \right\rangle ds\,.$$

Beachtet man

$$\left\langle f_\epsilon(s) \dot{f}_\epsilon^{\,T}(t) \right\rangle \;=\; \frac{\partial}{\partial t} \left\langle f_\epsilon(s) f_\epsilon^T(t) \right\rangle = \frac{\partial}{\partial t} R_{f_\epsilon f_\epsilon}(t-s)$$

$$=\; -\frac{\partial}{\partial s} R_{f_\epsilon f_\epsilon}(t-s) = -\left\langle \dot{f}_\epsilon(s) f_\epsilon^T(t) \right\rangle\,,$$

dann folgt durch partielle Integration

$$\int_{-\infty}^{t_1} G(t_1 - s) P_l \left\langle f_\epsilon(s) \dot{f}_\epsilon^{\,T}(t_2) \right\rangle ds$$

$$=\; -\int_{-\infty}^{t_1} G(t_1 - s) P_l \left\langle \dot{f}_\epsilon(s) f_\epsilon^T(t_2) \right\rangle ds$$

$$=\; -M^{-1} P_l \left\langle f_\epsilon(t_1) f_\epsilon^T(t_2) \right\rangle + M^{-1} N \int_{-\infty}^{t_1} G(t_1 - s) P_l \left\langle f_\epsilon(s) f_\epsilon^T(t_2) \right\rangle ds\,.$$

Nun ist auf den zweiten Summanden wieder die Approximationsformel (3.44) anwendbar.

Wird

$$U = M^{-1} N \qquad \text{und} \qquad U_i = M^{-1} P_i \quad \text{für } i = 0, 1, 2$$

vereinbart, so ergibt sich als Resultat der Approximationen für die Spektraldichte:

$$\begin{aligned}
S_{\dot{z}\dot{z}}(\alpha) \;=\;& U S_{\dot{z}\dot{z}}(\alpha) U^T + U_0 S_{f_\epsilon f_\epsilon}(\alpha) U_0^T + \alpha^2 U_1 S_{f_\epsilon f_\epsilon}(\alpha) U_1^T \\
& - U U_1 S_{f_\epsilon f_\epsilon}(\alpha) U_0^T - \left[U U_1 S_{f_\epsilon f_\epsilon}^T(\alpha) U_0^T \right]^T \\
& + U U_0 S_{f_\epsilon f_\epsilon}(\alpha) U_1^T + \left[U U_0 S_{f_\epsilon f_\epsilon}^T(\alpha) U_1^T \right]^T \\
& - U^2 U_1 S_{f_\epsilon f_\epsilon}(\alpha) U_1^T - \left[U^2 U_1 S_{f_\epsilon f_\epsilon}^T(\alpha) U_1^T \right]^T \\
& + i\alpha \left\{ U_0 S_{f_\epsilon f_\epsilon}(\alpha) U_1^T - \left[U_0 S_{f_\epsilon f_\epsilon}^T(\alpha) U_1^T \right]^T \right. \\
& \qquad \left. + U_1 S_{f_\epsilon f_\epsilon}(\alpha) U_1^T U^T - \left[U_1 S_{f_\epsilon f_\epsilon}^T(\alpha) U_1^T U^T \right]^T \right\} \\
& - \frac{\varepsilon}{2\pi} \left\{ U \left(H(-i\alpha) P_0 - U H(-i\alpha) P_1 \right) a U_0^T \right. \\
& \qquad + \left[U \left(H(i\alpha) P_0 - U H(i\alpha) P_1 \right) a U_0^T \right]^T \\
& \qquad + U^2 \left(H(-i\alpha) P_0 - U H(-i\alpha) P_1 \right) a U_1^T \\
& \qquad \left. + \left[U^2 \left(H(i\alpha) P_0 - U H(i\alpha) P_1 \right) a U_1^T \right]^T \right\} \\
& + O(\varepsilon^2)\,.
\end{aligned}$$

Fall $P_0 = P_1 = O$

Dieser Fall läßt sich mit den gleichen Mitteln und Methoden behandeln, die in den beiden vorangehenden Fällen beschrieben wurden. Hier seien lediglich zwei Resultate angeführt.

$$
\begin{aligned}
R_{\bar{z}\bar{z}}(0) = \; & UU_2 R_{f_e f_e}(0)U_2^T U^T - U_2 R''_{f_e f_e}(0)U_2^T \\
& -U_2 R_{f_e f_e}(0)U_2^T U^{2T} - \left[U_2 R_{f_e f_e}(0)U_2^T U^{2T}\right]^T \\
& +U_2 R'_{f_e f_e}(0)U_2^T U^T + \left[U_2 R'_{f_e f_e}(0)U_2^T U^T\right]^T \\
& +\varepsilon \left\{ U^2 Q^{22} U^{2T} - UU_2 \tilde{a}^T U_2^T U^{2T} - \left[UU_2 \tilde{a}^T U_2^T U^{2T}\right]^T \right. \\
& \left. \qquad +U_2 \tilde{a}^T U_2^T U^{3T} + \left[U_2 \tilde{a}^T U_2^T U^{3T}\right]^T \right\} \\
& +O(\varepsilon^2),
\end{aligned}
$$

$$
\begin{aligned}
S_{\bar{z}\bar{z}}(\alpha) = \; & \alpha^2 U_2 S_{f_e f_e}(\alpha)U_2^T + UU_2 S_{f_e f_e}(\alpha)(UU_2)^T \\
& -U^2 U_2 S_{f_e f_e}(\alpha)U_2^T - \left[U^2 U_2 S^T_{f_e f_e}(\alpha)U_2^T\right]^T \\
& +i\alpha \left\{ U_2 S_{f_e f_e}(\alpha)U_2^T U^T - \left[U_2 S^T_{f_e f_e}(\alpha)U_2^T U^T\right]^T \right\} \\
& +\frac{\varepsilon}{2\pi} \left\{ U^3 H(-i\alpha)P_2 a U_2^T - \left[U^3 H(i\alpha)P_2 a U_2^T\right]^T \right. \\
& \left. \qquad -U^2 H(-i\alpha)NQ^{22}U^T - \left[U^2 H(i\alpha)NQ^{22}U^T\right]^T \right\} \\
& +O(\varepsilon^2).
\end{aligned}
$$

Beispiel 3.2 Es wird wieder der in Bild 1.2 dargestellte lineare Zweimassenschwinger betrachtet (vgl. auch Beispiel 3.1), wobei jetzt die Erregung durch einen schwach stationären, schwach korrelierten Prozeß $f_{1\varepsilon}(t,\omega)$ mit der Intensität a_{11} erfolge.

In diesem Beispiel kann das entsprechende lineare Gleichungssystem (3.36) mit vertretbarem Aufwand algebraisch gelöst werden. Dann kann man gemäß (3.35) sofort die Varianzen $D^2 \bar{z}_i = R_{\bar{z}_i \bar{z}_i}(0)$ in erster Näherung bezüglich der Korrelationslänge ε angeben. Die Varianzen für die Schwingungsbeschleunigungen lassen sich dann aus (3.45) ermitteln. Man erhält die ersten Näherungen:

$$
D^2 \bar{x}_1 = \frac{\varepsilon a_{11}}{2m_2^2 c_1 k_2}\left\{ c_1 k_2^2(m_1 + m_2) + \left[(m_1 + m_2)c_2 - m_2 c_1\right]^2 + m_2^2 c_1 c_2 \right\},
$$

$$
D^2 \bar{x}_2 = \frac{\varepsilon a_{11}}{2m_2^2 c_1 k_2}\left\{ c_1 k_2^2(m_1 + m_2) + (m_1 + m_2)^2 c_2^2 + m_2^2 c_1 c_2 \right\},
$$

$$
D^2 \dot{\bar{x}}_1 = \frac{\varepsilon a_{11}}{2m_1 m_2^2 k_2}\left\{ m_1 c_1 k_2^2 + (m_1 c_2 - m_2 c_1)^2 + m_1 m_2 c_2^2 \right\},
$$

$$D^2 \dot{x}_2 = \frac{\varepsilon a_{11}}{2m_2^2 k_2}\{c_1 k_2^2 + (m_1 + m_2)c_2^2\}\,,$$

$$D^2 \ddot{x}_1 = \frac{c_1^2}{m_1^2} R_{f_{1\varepsilon} f_{1\varepsilon}}(0) + \frac{\varepsilon a_{11} c_1}{2m_1^3 m_2^2 k_2}\{c_1 k_2^2[m_1^2 - m_2^2 - m_1 m_2]$$
$$+ m_1[(m_2 c_1 - m_1 c_2)^2 + m_2^2 c_1 c_2]\}\,,$$

$$D^2 \ddot{x}_2 = \frac{\varepsilon a_{11} c_1}{2m_1 m_2^2 k_2}\{c_1 k_2^2 + m_1 c_2^2\}\,.$$

Kennt man die Übertragungsmatrizen (vgl. Beispiel 3.1), dann können nach (3.37) und (3.48) die ersten Näherungen für die Spektraldichten der Schwingungsbewegungen, -geschwindigkeiten und -beschleunigungen berechnet werden. Als Beispiele seien hier

$$S_{\dot{x}_1 \dot{x}_1}(\alpha) = \frac{\varepsilon a_{11}}{2\pi} \frac{c_1^2}{h(\alpha)}\{m_2^2 \alpha^4 + (k_2^2 - 2m_2 c_2)\alpha^2 + c_2^2\}\,,$$

$$S_{\dot{x}_2 \dot{x}_2}(\alpha) = \frac{\varepsilon a_{11}}{2\pi} \frac{c_1^2}{h(\alpha)}\{k_2^2 \alpha^2 + c_2^2\}$$

explizit angegeben, wobei $h(\alpha)$ wie in Beispiel 3.1 definiert ist. Mit Hilfe von (3.48) kann man sich leicht davon überzeugen, daß nur in der Spektraldichte von $\ddot{x}_1(t,\omega)$ die Spektraldichte $S_{f_{1\varepsilon} f_{1\varepsilon}}(\alpha)$ explizit vorkommt.

Im folgenden werden noch einige numerische Resultate für die Modellparameter $m_1 = 1$, $m_2 = 10$, $c_1 = 10000$, $c_2 = 2000$ und $k_2 = 200$ angegeben. Als Erregung wurde ein schwach korrelierter Prozeß mit der Korrelationsfunktion $R_2(t)$ (vgl. (1.29)) gewählt, wobei $\sigma^2 = 1$ und $b = 1$ gesetzt wurden.

In den Bildern 3.1 bis 3.3 sind die Spektraldichten für die Bewegung x_2, deren Geschwindigkeit $\dot{x}_2$ und Beschleunigung $\ddot{x}_2$ dargestellt.

Zum Vergleich wurden diese Spektraldichten auch nach der Spektralmethode (vgl. Beispiel 3.1) berechnet und gestrichelt gezeichnet, wenn Unterschiede darstellbar waren. Dabei wurde die Spektraldichte der Erregung als Fouriertransformierte von $R_2(t)$ durch numerische Integration ermittelt.

In der Tabelle 3.1 sind die ersten Näherungen der Standardabweichungen (Wurzeln aus den Varianzen) für $\varepsilon = 0,01$ angegeben. Zum Vergleich wurden diese Werte auch aus den mittels der Spektralmethode ermittelten Spektraldichten gemäß $D^2 \xi = \int_{-\infty}^{\infty} S_{\xi\xi}(\alpha)d\alpha = 2\int_0^{\infty} S_{\xi\xi}(\alpha)d\alpha$ durch numerische Integration berechnet.

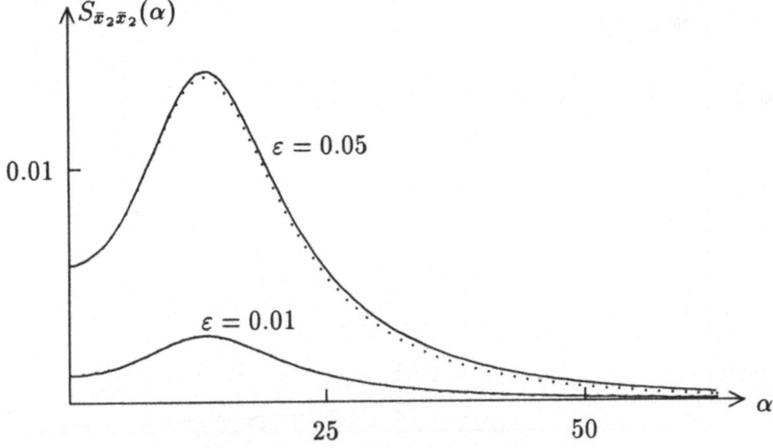

Bild 3.1: Spektraldichte $S_{\bar{x}_2 \bar{x}_2}(\alpha)$

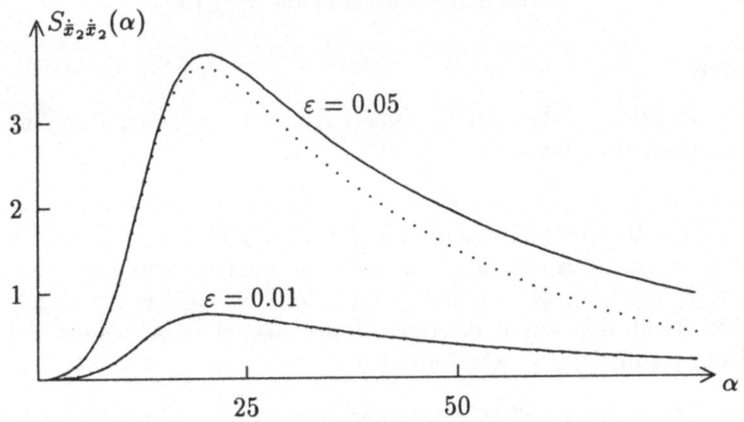

Bild 3.2: Spektraldichte $S_{\dot{\bar{x}}_2 \dot{\bar{x}}_2}(\alpha)$

Tabelle 3.1: Standardabweichungen für $\varepsilon = 0.01$

Prozeß	Approximation	Spektralmethode
$\bar{x}_1$	0.48	0.47
$\bar{x}_2$	0.36	0.36
$\dot{\bar{x}}_1$	43.0	34.6
$\dot{\bar{x}}_2$	9.1	8.9
$\ddot{\bar{x}}_1$	6384	7204
$\ddot{\bar{x}}_2$	865	695

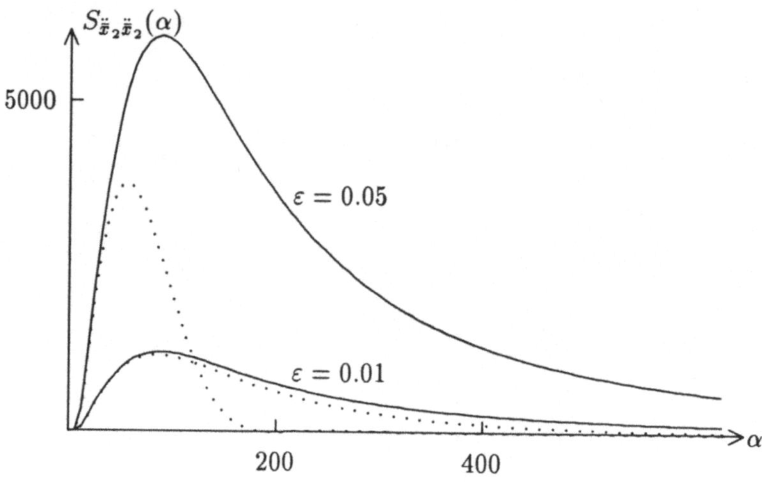

Bild 3.3: Spektraldichte $S_{\ddot{\bar{x}}_2 \ddot{\bar{x}}_2}(\alpha)$

Übungen

Es ist der in Bild 1.11 dargestellte lineare Einmassenschwinger im eingeschwungenen Zustand zu untersuchen.

1. Die Beschleunigung des Erregungsprozesses sei ein schwach stationärer, schwach korrelierter Prozeß, d.h. $\ddot{f}(t,\omega) = f_\varepsilon(t,\omega)$.
   Berechnen Sie Approximationen für die Varianzen und die Spektraldichten von $y(t,\omega)$, $\dot{y}(t,\omega)$ und $\ddot{y}(t,\omega)$! Vergleichen Sie die Ergebnisse mit den Resultaten aus dem Anwendungsbeispiel in Abschnitt 1.4 und der Übungsaufgabe 2 in Abschnitt 3.1.2!

2. Der Erregungsprozeß sei ein schwach stationärer, schwach korrelierter Prozeß, d.h. $f(t,\omega) = f_\varepsilon(t,\omega)$.
   Berechnen Sie Approximationen für die Varianzen und die Spektraldichten von $x(t,\omega)$, $\dot{x}(t,\omega)$, $\ddot{x}(t,\omega)$ und $y(t,\omega)$!

3.1.4   Zeitverschobene schwach korrelierte Erregung

Jetzt sollen lineare Schwingungsmodelle untersucht werden, die durch einen schwach korrelierten Prozeß zeitlich verschoben fremderregt werden. Es werden wieder Differentialgleichungssysteme (3.2) betrachtet, wobei hier $P_2 = O$ gesetzt wird:

$$M\dot{z} + Nz = h(t) + F(t,\omega)$$
$$F(t,\omega) = P_0 f(t,\omega) + P_1 \dot{f}(t,\omega) \tag{3.52}$$
$$z(0) = z_0 \, .$$

Die Erregung des Systems erfolge durch den schwach korrelierten Prozeß $f_\varepsilon(t,\omega)$ zeitverschoben an r Angriffspunkten. Es gelte also für die Koordinaten von $f(t,\omega)$

$$
\begin{aligned}
f_k(t,\omega) &= f_\varepsilon(t+v_k,\omega) && \text{für} && k = 1,...,r \le n\,,\\
f_k(t,\omega) &= 0 && \text{für} && k = r+1,...,2n\,.
\end{aligned}
\tag{3.53}
$$

M und N seien wieder $(2n,2n)$−Matrizen, wobei M regulär sei. Außerdem sei wiederum vorausgesetzt, daß die Matrix $M^{-1}N$ nur Eigenwerte mit positiven Realteilen besitzt. Im folgenden werden wir uns dann auf die Analyse der Näherungslösung $\bar z(t,\omega)$ (vgl. (3.10),(3.11)) beschränken.

Der schwach korrelierte Erregungsprozeß $f_\varepsilon(t,\omega)$ sei schwach stationär und a seine Intensität. Dann ist der Vektorprozeß $f(t,\omega)$ natürlich auch zentriert und schwach stationär. Durch die zeitlichen Verschiebungen v_k sind die Koordinaten von $f(t,\omega)$ allerdings nicht schwach korreliert verbunden. Deshalb lassen sich die Resultate des vorangehenden Abschnittes nicht ohne weiteres übernehmen. Um die Approximationsformeln für lineare Funktionale schwach korrelierter Prozesse anwenden zu können, müssen also die Integraldarstellungen für die Lösungen von (3.52) in Abhängigkeit vom schwach korrelierten Prozeß $f_\varepsilon(t,\omega)$ aufgeschrieben werden.

Zunächst gilt gemäß (3.50)

$$
\bar w(t,\omega) = \xi_0(t,\omega) - U\xi_1(t,\omega) + U_1 f(t,\omega)
\tag{3.54}
$$

mit

$$
\xi_l(t,\omega) = \int_{-\infty}^{t} G(t-s)P_l f(s,\omega)\,ds\,,\quad l = 0,1
$$

und

$$
U = M^{-1}N\,,\qquad U_1 = M^{-1}P_1\,,
$$

woraus man das zweite Moment

$$
\begin{aligned}
\left\langle \bar w(t_1)\bar w^T(t_2)\right\rangle =\ & \left\langle \xi_0(t_1)\xi_0^T(t_2)\right\rangle + U\left\langle \xi_1(t_1)\xi_1^T(t_2)\right\rangle U^T\\
& + U_1\left\langle f(t_1)f^T(t_2)\right\rangle U_1^T\\
& - \left\langle \xi_0(t_1)\xi_1^T(t_2)\right\rangle U^T - U\left\langle \xi_1(t_1)\xi_0^T(t_2)\right\rangle\\
& + \left\langle \xi_0(t_1)f^T(t_2)\right\rangle U_1^T + U_1\left\langle f(t_1)\xi_0^T(t_2)\right\rangle\\
& - U\left\langle \xi_1(t_1)f^T(t_2)\right\rangle U_1^T - U_1\left\langle f(t_1)\xi_1^T(t_2)\right\rangle U^T
\end{aligned}
\tag{3.55}
$$

ermittelt. Für das Moment im dritten Summanden ergibt sich für seine Koordinaten mit $t = t_2 - t_1$ und $i,j = 1,\dots,r$

$$
\langle f_i(t_1)f_j(t_2)\rangle = \langle f_\varepsilon(t_1+v_i)f_\varepsilon(t_2+v_j)\rangle = R_{f_\varepsilon f_\varepsilon}(t+v_j-v_i)\,.
\tag{3.56}
$$

Dieses Moment ist also nur für $|t+v_j-v_i| < \varepsilon$ verschieden von Null. Auf die übrigen Momente lassen sich die Approximationsformeln anwenden. Zur Berechnung von Approximationen für die Momente $\langle \xi_l(t_1)\xi_m^T(t_2)\rangle$, $\langle f(t_1)\xi_l^T(t_2)\rangle$ bzw.

$\langle \xi_l(t_1) f^T(t_2) \rangle$ sind nun die Integraldarstellungen (3.54) in Abhängigkeit vom schwach korrelierten Prozeß $f_\varepsilon(t, \omega)$ auszudrücken. Dazu ist es erforderlich, die Vektorprozesse $\xi_l(t, \omega)$ durch ihre Koordinaten darzustellen. Es ist

$$\xi_{li}(t, \omega) = \sum_{k_1, k_2 = 1}^{2n} \int_{-\infty}^{t} G_{ik_1}(t - s) P_{lk_1 k_2} f_{k_2}(s, \omega) \, ds$$

$$= \sum_{k_1 = 1}^{2n} \sum_{k_2 = 1}^{r} \int_{-\infty}^{t} G_{ik_1}(t - s) P_{lk_1 k_2} f_\varepsilon(s + v_{k_2}, \omega) \, ds \,,$$

und mit $u = s + v_{k_2}$

$$\xi_{li}(t, \omega) = \sum_{k_1 = 1}^{2n} \sum_{k_2 = 1}^{r} \int_{-\infty}^{t + v_{k_2}} G_{ik_1}(t + v_{k_2} - u) P_{lk_1 k_2} f_\varepsilon(u, \omega) \, du \,, \qquad (3.57)$$

$$l = 0, 1 \,; \; i = 1, ..., 2n \,.$$

Mit diesen Darstellungen lassen sich nun auf die zweiten Momente unmittelbar die Approximationsformeln anwenden. Es folgt

$$\langle \xi_{li}(t_1) \xi_{mj}(t_2) \rangle$$

$$= \sum_{k_1, k_3 = 1}^{2n} \sum_{k_2, k_4 = 1}^{r} \int_{-\infty}^{t_2 + v_{k_4}} \int_{-\infty}^{t_1 + v_{k_2}} G_{ik_1}(t_1 + v_{k_2} - u_1) P_{lk_1 k_2} \langle f_\varepsilon(u_1) f_\varepsilon(u_2) \rangle$$

$$P_{mk_3 k_4} G_{jk_3}(t_2 + v_{k_4} - u_2) \, du_2 du_1$$

$$= \varepsilon a \sum_{k_1, k_3 = 1}^{2n} \sum_{k_2, k_4 = 1}^{r} \int_{-\infty}^{min(t_1 + v_{k_2}, t_2 + v_{k_4})} G_{ik_1}(t_1 + v_{k_2} - u) P_{lk_1 k_2}$$

$$P_{mk_3 k_4} G_{jk_3}(t_2 + v_{k_4} - u) \, du$$

$$+ O(\varepsilon^2) \,. \qquad (3.58)$$

Lineare Integraltransformationen ergeben

$$\int_{-\infty}^{t_1 + v_{k_2}} G_{ik_1}(t_1 + v_{k_2} - u) P_{lk_1 k_2} P_{mk_3 k_4} G_{jk_3}(t_2 + v_{k_4} - u) \, du$$

$$= \int_{0}^{\infty} G_{ik_1}(s) P_{lk_1 k_2} P_{mk_3 k_4} G_{jk_3}(t_2 - t_1 + v_{k_4} - v_{k_2} + s) \, ds \,,$$

$$\int_{-\infty}^{t_2 + v_{k_4}} G_{ik_1}(t_1 + v_{k_2} - u) P_{lk_1 k_2} P_{mk_3 k_4} G_{jk_3}(t_2 + v_{k_4} - u) \, du$$

$$= \int_{0}^{\infty} G_{ik_1}(t_1 - t_2 + v_{k_2} - v_{k_4} + s) P_{lk_1 k_2} P_{mk_3 k_4} G_{jk_3}(s) \, ds \,.$$

Hieraus erkennt man, daß die zweiten Momente (3.58) wieder nur von der Zeitdifferenz der Beobachtungspunkte $t = t_2 - t_1$ abhängen. Die Vektorprozesse $\xi_l(t, \omega)$ sind außerdem zentriert und damit schwach stationär. Für die Kovarianzfunktionen erhält man aus (3.58)

$$
\begin{aligned}
R_{\xi_{li}\xi_{mj}}(t) &= \langle \xi_{li}(t_1)\xi_{mj}(t_2) \rangle \\
&= \varepsilon a \sum_{p,q=1}^{r} T_{ijpq}^{lm}(t) + O(\varepsilon^2),
\end{aligned}
\tag{3.59}
$$

$$
l, m = 0, 1; \; i, j = 1, 2, ..., 2n,
$$

wobei

$$
T_{ijpq}^{lm}(t) =
\begin{cases}
\displaystyle\sum_{\mu,\nu=1}^{2n} P_{l\mu p}P_{m\nu q} \int_0^\infty G_{i\mu}(s)G_{j\nu}(t + v_q - v_p + s)\,ds \\
\qquad\qquad\qquad\qquad \text{für} \quad t + v_q - v_p \geq 0 \\
\displaystyle\sum_{\mu,\nu=1}^{2n} P_{l\mu p}P_{m\nu q} \int_0^\infty G_{i\mu}(-t - v_q + v_p + s)G_{j\nu}(s)\,ds \\
\qquad\qquad\qquad\qquad \text{für} \quad t + v_q - v_p \leq 0
\end{cases}
\tag{3.60}
$$

gesetzt wurde.

Wie im vorangehenden Abschnitt lassen sich auch wieder die gemischten Momente in (3.55) behandeln, wobei jetzt aber die Koordinatendarstellung (3.57) zu verwenden ist. Man erhält mit $t = t_2 - t_1$

$$
\begin{aligned}
R_{f_i\xi_{lj}}(t) &= \langle f_i(t_1)\xi_{lj}(t_2) \rangle \\
&= \sum_{k_1=1}^{2n}\sum_{k_2=1}^{r} P_{lk_1k_2} \int_{-\infty}^{t_2+v_{k_2}} \langle f_\varepsilon(t_1 + v_i)f_\varepsilon(u) \rangle\, G_{jk_1}(t_2 + v_{k_2} - u)\,du \\
&= \varepsilon a \sum_{k_1=1}^{2n}\sum_{k_2=1}^{r}
\begin{cases}
0 & \text{für} \quad t < v_i - v_{k_2} \\
\frac{1}{2}P_{lk_1k_2}G_{jk_1}(0) & \text{für} \quad t = v_i - v_{k_2} \\
P_{lk_1k_2}G_{jk_1}(t + v_{k_2} - v_i) & \text{für} \quad t > v_i - v_{k_2}
\end{cases} \\
&\quad +O(\varepsilon^2)
\end{aligned}
\tag{3.61}
$$

$$
l = 0, 1; \quad j = 1, ..., 2n; \quad i = 1, ..., r
$$

und

$$
\begin{aligned}
R_{\xi_{li}f_j}(t) &= \langle \xi_{li}(t_1)f_j(t_2) \rangle = R_{f_j\xi_{li}}(-t) \\
&= \varepsilon a \sum_{k_1=1}^{2n}\sum_{k_2=1}^{r}
\begin{cases}
P_{lk_1k_2}G_{ik_1}(-t + v_{k_2} - v_j) & \text{für} \quad t < v_{k_2} - v_j \\
\frac{1}{2}P_{lk_1k_2}G_{ik_1}(0) & \text{für} \quad t = v_{k_2} - v_j \\
0 & \text{für} \quad t > v_{k_2} - v_j
\end{cases} \\
&\quad +O(\varepsilon^2)
\end{aligned}
\tag{3.62}
$$

$$
l = 0, 1; \quad j = 1, ..., r; \quad i = 1, ..., 2n.
$$

Setzt man diese Resultate in (3.55) ein, erhält man schließlich Approximationsformeln für die Kovarianzfunktionsmatrix

$$R_{\bar{z}\bar{z}}(t) = \left\langle \bar{w}(t_1)\bar{w}^T(t_2) \right\rangle , \qquad (3.63)$$

auf deren explizite Angabe hier verzichtet wird.

Um die Spektraldichtematrix des Vektorprozesses $\bar{z}(t,\omega)$ zu berechnen, sind zunächst die Fouriertransformierten von (3.56), (3.59), (3.61) und (3.62) zu ermitteln:

$$
\begin{aligned}
S_{f_k f_j}(\alpha) &= \frac{1}{2\pi} \int_{-\infty}^{\infty} e^{-i\alpha t} R_{f_\epsilon f_\epsilon}(t + v_j - v_k)\, dt \\[2mm]
&= \frac{1}{2\pi} \int_{-\infty}^{\infty} e^{-i\alpha(u + v_k - v_j)} R_{f_\epsilon f_\epsilon}(u)\, du \\[2mm]
&= e^{i\alpha(v_j - v_k)} S_{f_\epsilon f_\epsilon}(\alpha) \quad \text{für} \quad k, j = 1, \ldots, r, \\[2mm]
S_{f_k f_j}(\alpha) &= 0 \quad \text{sonst}, \\[2mm]
S_{\xi_{lk}\xi_{mj}}(\alpha) &= \frac{\varepsilon a}{2\pi} \sum_{p,q=1}^{r} \sum_{\mu,\nu=1}^{2n} P_{l\mu p} P_{m\nu q} \\[2mm]
&\qquad \left\{ \int_{-\infty}^{v_p - v_q} e^{-i\alpha t} \int_{0}^{\infty} G_{k\mu}(-t - v_q + v_p + s) G_{j\nu}(s)\, ds\, dt \right. \\[2mm]
&\qquad \left. + \int_{v_p - v_q}^{\infty} e^{-i\alpha t} \int_{0}^{\infty} G_{k\mu}(s) G_{j\nu}(t + v_q - v_p + s)\, ds\, dt \right\} \\[2mm]
&\quad + O(\varepsilon^2) \\[2mm]
&= \frac{\varepsilon a}{2\pi} \sum_{p,q=1}^{r} \sum_{\mu,\nu=1}^{2n} P_{l\mu p} P_{m\nu q} \\[2mm]
&\qquad \left\{ \int_{0}^{\infty}\int_{0}^{\infty} e^{i\alpha(u + v_q - v_p)} G_{k\mu}(u + s) G_{j\nu}(s)\, du\, ds \right. \\[2mm]
&\qquad \left. + \int_{0}^{\infty}\int_{0}^{\infty} e^{-i\alpha(u - v_q + v_p)} G_{k\mu}(s) G_{j\nu}(u + s)\, du\, ds \right\} \\[2mm]
&\quad + O(\varepsilon^2), \\[2mm]
S_{f_k \xi_{lj}}(\alpha) &= \frac{\varepsilon a}{2\pi} \sum_{k_1=1}^{2n} \sum_{k_2=1}^{r} \int_{v_k - v_{k_2}}^{\infty} e^{-i\alpha t} P_{lk_1 k_2} G_{jk_1}(t + v_{k_2} - v_k)\, dt \\[2mm]
&\quad + O(\varepsilon^2)
\end{aligned}
$$

$$
= \frac{\varepsilon a}{2\pi} \sum_{k_1=1}^{2n} \sum_{k_2=1}^{r} \int_0^\infty e^{-i\alpha(u-v_{k_2}+v_k)} P_{lk_1k_2} G_{jk_1}(u)\,du
$$
$$
+O(\varepsilon^2)\,,
$$

$$
S_{\xi_{lk}f_j}(\alpha) = \frac{\varepsilon a}{2\pi} \sum_{k_1=1}^{2n} \sum_{k_2=1}^{r} \int_{-\infty}^{v_{k_2}-v_j} e^{-i\alpha t} P_{lk_1k_2} G_{kk_1}(-t+v_{k_2}-v_j)\,dt
$$
$$
+O(\varepsilon^2)
$$

$$
= \frac{\varepsilon a}{2\pi} \sum_{k_1=1}^{2n} \sum_{k_2=1}^{r} \int_0^\infty e^{i\alpha(u-v_{k_2}+v_j)} P_{lk_1k_2} G_{kk_1}(u)\,du
$$
$$
+O(\varepsilon^2)\,.
$$

Verwendet man die durch (3.28) definierte Matrix $V(\alpha)$, kann man wieder zur Matrizenschreibweise zurückkehren. Definiert man noch die Matrizen

$$
\hat{Q}^{lm}(\alpha) = \int_0^\infty G(s) P_l V(\alpha) P_m^T G^T(s)\,ds\,, \quad l,m=0,1 \tag{3.64}
$$

und berücksichtigt (3.5) sowie (3.21), berechnet man die Spektraldichtematrizen

$$
S_{ff}(\alpha) = V(\alpha) S_{f_*f_*}(\alpha)\,,
$$

$$
S_{\xi_l\xi_m}(\alpha) = \frac{\varepsilon a}{2\pi} \left\{ \int_0^\infty \int_0^\infty e^{i\alpha u} G(u+s) P_l V(\alpha) P_m^T G^T(s)\,du\,ds \right.
$$
$$
\left. + \int_0^\infty \int_0^\infty e^{-i\alpha u} G(s) P_l V(\alpha) P_m^T G^T(u+s)\,du\,ds \right\}
$$
$$
+O(\varepsilon^2)
$$
$$
= \frac{\varepsilon a}{2\pi} \left\{ H(-i\alpha) M \hat{Q}^{lm}(\alpha) + \hat{Q}^{lm}(\alpha) M^T H^T(i\alpha) \right\} + O(\varepsilon^2)\,,
$$

$$
S_{f\xi_l}(\alpha) = \frac{\varepsilon a}{2\pi} \int_0^\infty e^{-i\alpha u} V(\alpha) P_l^T G^T(u)\,du + O(\varepsilon^2)
$$
$$
= \frac{\varepsilon a}{2\pi} V(\alpha) P_l^T H^T(i\alpha) + O(\varepsilon^2)\,,
$$

$$
S_{\xi_l f}(\alpha) = \frac{\varepsilon a}{2\pi} \int_0^\infty e^{i\alpha u} G(u) P_l V(\alpha)\,du + O(\varepsilon^2)
$$
$$
= \frac{\varepsilon a}{2\pi} H(-i\alpha) P_l V(\alpha) + O(\varepsilon^2)\,.
$$

Bildet man nun die Fouriertransformierte von (3.55) und setzt die eben berechneten Spektraldichten ein, dann ergibt sich für die Spektraldichtematrix des

Vektorprozesses $\bar{z}(t,\omega)$

$$
\begin{aligned}
S_{\bar{z}\bar{z}}(\alpha) = \ & U_1 V(\alpha) U_1^T S_{f_e f_e}(\alpha) \\
& + \frac{\varepsilon a}{2\pi} \left\{ H(-i\alpha)\left(M\hat{Q}^{00}(\alpha) + N\hat{Q}^{01}(\alpha)\right)\right. \\
& \quad + \left[H(i\alpha)\left(M\hat{Q}^{00}(-\alpha) + N\hat{Q}^{01}(-\alpha)\right)\right]^T \\
& \quad - UH(-i\alpha)\left(N\hat{Q}^{11}(\alpha) + M\hat{Q}^{10}(\alpha)\right) \\
& \quad \left. - \left[UH(i\alpha)\left(N\hat{Q}^{11}(-\alpha) + M\hat{Q}^{10}(-\alpha)\right)\right]^T \right\} \\
& + O(\varepsilon^2) .
\end{aligned}
\tag{3.65}
$$

Aus (3.28) und (3.64) erkennt man, daß die Matrix $\hat{Q}^{lm}(-\alpha)$ die zu $\hat{Q}^{lm}(\alpha)$ konjugiert komplexe Matrix ist.

Es sei bemerkt, daß man durch analoge Schlüsse wie im Abschnitt 3.1.3 zeigen kann, daß die durch (3.64) definierten Matrizen $\hat{Q}^{lm}(\alpha)$ die eindeutigen Lösungen der linearen Gleichungssysteme

$$
M\hat{Q}^{lm}(\alpha)N^T + N\hat{Q}^{lm}(\alpha)M^T = P_l V(\alpha) P_m^T
\tag{3.66}
$$

sind.

Ist insbesondere $P_1 = O$, dann erhält man aus (3.65) und (3.66)

$$
\begin{aligned}
S_{\bar{z}\bar{z}}(\alpha) \\
= \ & \frac{\varepsilon a}{2\pi}\left[H(-i\alpha)M\hat{Q}^{00}(\alpha) + \hat{Q}^{00}(\alpha)M^T H^T(i\alpha)\right] + O(\varepsilon^2) \\
= \ & \frac{\varepsilon a}{2\pi} H(-i\alpha)\left[M\hat{Q}^{00}(\alpha)(i\alpha M + N)^T + (-i\alpha M + N)\hat{Q}^{00}(\alpha)M^T\right] H^T(i\alpha) \\
& + O(\varepsilon^2) \\
= \ & \frac{\varepsilon a}{2\pi} H(-i\alpha)\left[N\hat{Q}^{00}(\alpha)M^T + M\hat{Q}^{00}(\alpha)N^T\right] H^T(i\alpha) + O(\varepsilon^2) \\
= \ & \frac{\varepsilon a}{2\pi} H(-i\alpha)P_0 V(\alpha)P_0^T H^T(i\alpha) + O(\varepsilon^2) .
\end{aligned}
\tag{3.67}
$$

In diesem speziellen Fall werden also die Matrizen $\hat{Q}^{00}(\alpha)$ zur Berechnung der Spektraldichtematrix nicht explizit benötigt.

Schließlich soll erwähnt werden, daß man auch in diesem Fall mit der im vorangehenden Abschnitt beschriebenen Vorgehensweise den Vektorprozeß $\dot{z}(t,\omega)$ analysieren kann, worauf jedoch an dieser Stelle verzichtet wird.

Beispiel 3.3 Es wird das in Bild 3.4 dargestellte Schwingungsmodell mit den beiden Erregungen $f_1(t,\omega)$ und $f_2(t,\omega)$ betrachtet.
Die Differentialgleichungen für die Relativbewegungen

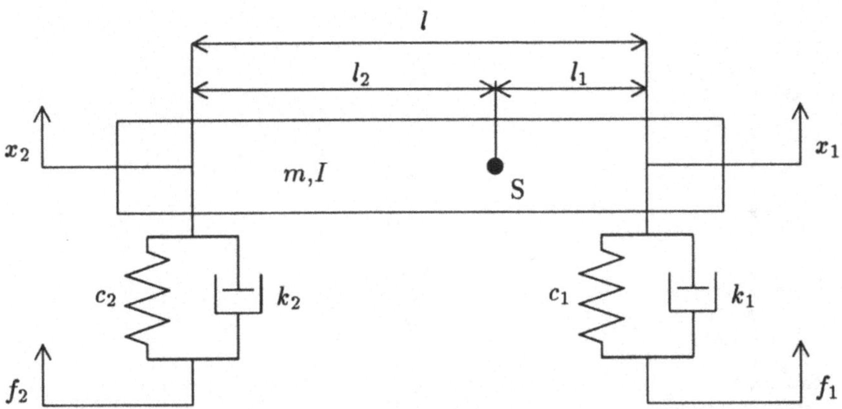

Bild 3.4: Schwingungsmodell mit zwei Erregungen

$y_1(t,\omega) = x_1(t,\omega) - f_1(t,\omega)$ und $y_2(t,\omega) = x_2(t,\omega) - f_2(t,\omega)$ lauten

$$m_1\ddot{y}_1 + m_3\ddot{y}_2 + k_1\dot{y}_1 + c_1 y_1 = -m_1\ddot{f}_1 - m_3\ddot{f}_2$$
$$m_3\ddot{y}_1 + m_2\ddot{y}_2 + k_2\dot{y}_2 + c_2 y_2 = -m_3\ddot{f}_1 - m_2\ddot{f}_2$$

mit

$$m_1 = \frac{ml_2^2 + I}{l^2}, \qquad m_2 = \frac{ml_1^2 + I}{l^2}, \qquad m_3 = \frac{ml_1 l_2 - I}{l^2}$$

(vgl. hierzu auch Bild 1.1 und Abschnitt 1.2, insbesondere (1.16)). Die Erregung des Modells erfolge zeitverschoben. Es wird angenommen, daß die zweite Ableitung der Erregung ein schwach stationärer, schwach korrelierter Prozeß ist. Es sei also

$$\ddot{f}_1(t,\omega) = f_\varepsilon(t,\omega), \qquad \ddot{f}_2(t,\omega) = f_\varepsilon(t + v_2,\omega).$$

Berechnet man die Übertragungsfunktionsmatrizen $H(t)$, dann lassen sich gemäß (3.67) auf algebraischem Weg erste Näherungen für die Spektraldichten der Relativbewegungen ermitteln. Es ist

$$\begin{aligned}
S_{\bar{y}_1\bar{y}_1}(\alpha) = \ &\frac{\varepsilon a}{2\pi h(\alpha)}\{\mu^2\alpha^4 + [k_2^2(m_1^2 + m_3^2) - 2\mu m_1 c_2]\alpha^2 + c_2^2(m_1^2 + m_3^2) \\
&+ 2m_3[(k_2^2 m_1 - \mu c_2)\alpha^2 + m_1 c_2^2]\cos(v_2\alpha) \\
&+ 2m_3\mu k_2\alpha^3 \sin(v_2\alpha)\}
\end{aligned}$$

$$\begin{aligned}
S_{\bar{y}_2\bar{y}_2}(\alpha) = \ &\frac{\varepsilon a}{2\pi h(\alpha)}\{\mu^2\alpha^4 + [k_1^2(m_2^2 + m_3^2) - 2\mu m_2 c_1]\alpha^2 + c_1^2(m_2^2 + m_3^2) \\
&+ 2m_3[(k_1^2 m_2 - \mu c_1)\alpha^2 + m_2 c_1^2]\cos(v_2\alpha) \\
&- 2m_3\mu k_1\alpha^3 \sin(v_2\alpha)\}
\end{aligned}$$

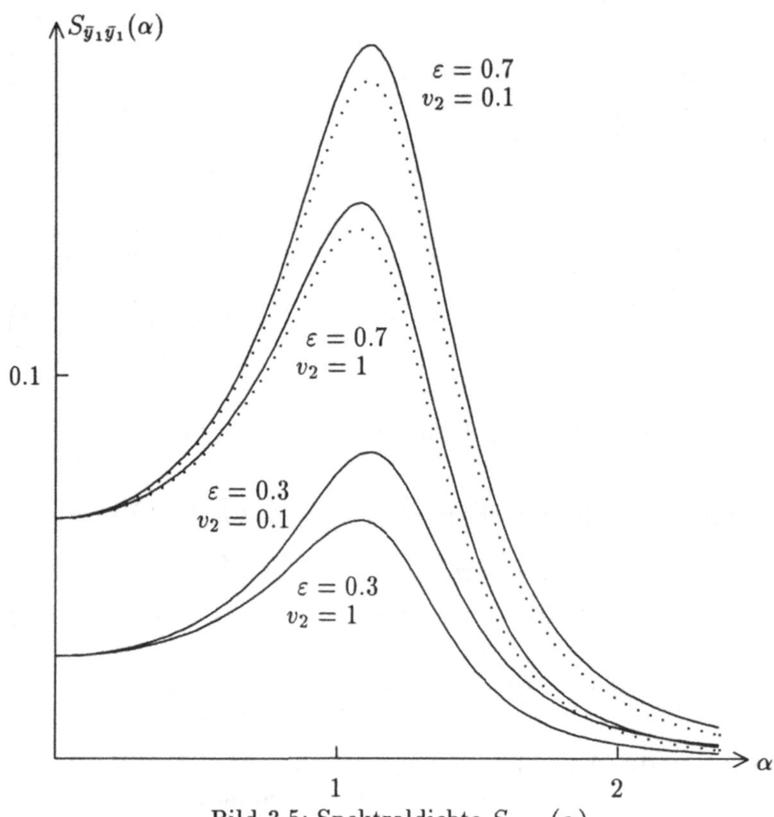

Bild 3.5: Spektraldichte $S_{\bar{y}_1\bar{y}_1}(\alpha)$

mit

$$\mu = m_1 m_2 - m_3^2,$$

$$h(\alpha) = [\mu\alpha^4 - (m_1 c_2 + m_2 c_1 + k_1 k_2)\alpha^2 + c_1 c_2]^2$$
$$+[(m_1 k_2 + m_2 k_1)\alpha^2 - (c_1 k_2 + c_2 k_1)]^2 \alpha^2 .$$

Die Bilder 3.5 und 3.6 zeigen einige numerische Resultate für diese ersten Näherungen für die Spektraldichten. Als Modellparameter wurden $m = 10$, $I = 0.1$, $k_1 = k_2 = 4$, $c_1 = c_2 = 8$, $l_1 = 0.2$, $l_2 = 0.3$ gewählt. $f_\varepsilon(t,\omega)$ wurde als schwach korrelierter Prozeß mit der Korrelationsfunktion $R_1(t)$ (vgl. (1.25)) angenommen, wobei $\sigma^2 = 1$ gesetzt wurde. Die Spektraldichten wurden für verschiedene ε und v_2 angegeben. Im Bild 3.5 wurden zum Vergleich Resultate der Spektralmethode gestrichelt gezeichnet, sofern Unterschiede darstellbar waren.

Die numerischen Ergebnisse untermauern das zu erwartende Verhalten die-

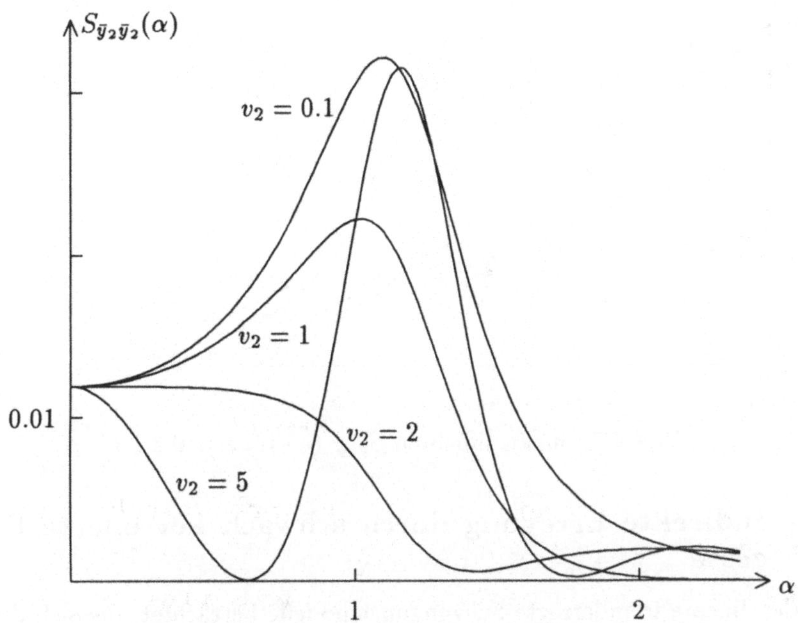

Bild 3.6: Spektraldichte $S_{\bar{y}_2\bar{y}_2}(\alpha)$ für $\varepsilon = 0.3$

ses Schwingungssystems. Wegen der Schwerpunktlage sind die Amplituden der Grundschwingungen von y_1 größer als die von y_2 (bei gleicher Kreisfrequenz). Aus den Bildern wird ersichtlich, daß $D^2 y_2 < D^2 y_1$ ist, d.h. y_1 weicht weiter von der Ruhelage ab als y_2. Die Lage der Extrema ist von v_2 abhängig. Interpretiert man dieses Modell als einfaches Fahrzeugmodell, dann ist $v_2 = l/v$, wobei v die Fahrgeschwindigkeit ist. Wachsende v_2 lassen sich also als Verringerung der Fahrgeschwindigkeit v oder als Vergrößerung des Achsabstandes l deuten. Andererseits wurden die Erregungen $f_1(t,\omega)$ und $f_2(t,\omega)$ als unabhängig angenommen. Setzt man für $\ddot{f}_1(t,\omega)$ und $\ddot{f}_2(t,\omega)$ schwach korrelierte Prozesse mit der gleichen Korrelationsfunktion ein, dann gilt für die Intensitäten

$$a_{11} = a_{22} = a, \qquad a_{12} = a_{21} = 0$$

und mit den Resultaten aus Abschnitt 3.1.3 folgen die Approximationen

$$S_{\bar{y}_1\bar{y}_1}(\alpha) = \frac{\varepsilon a}{2\pi h(\alpha)}\{\mu^2\alpha^4 + [k_2^2(m_1^2 + m_3^2) - 2\mu m_1 c_2]\alpha^2 + c_2^2(m_1^2 + m_3^2)\}$$

$$S_{\bar{y}_2\bar{y}_2}(\alpha) = \frac{\varepsilon a}{2\pi h(\alpha)}\{\mu^2\alpha^4 + [k_1^2(m_2^2 + m_3^2) - 2\mu m_2 c_1]\alpha^2 + c_1^2(m_2^2 + m_3^2)\},$$

wobei μ und $h(\alpha)$ wie oben definiert sind. Bild 3.7 zeigt einige numerische Ergebnisse mit den obigen Modellparametern.

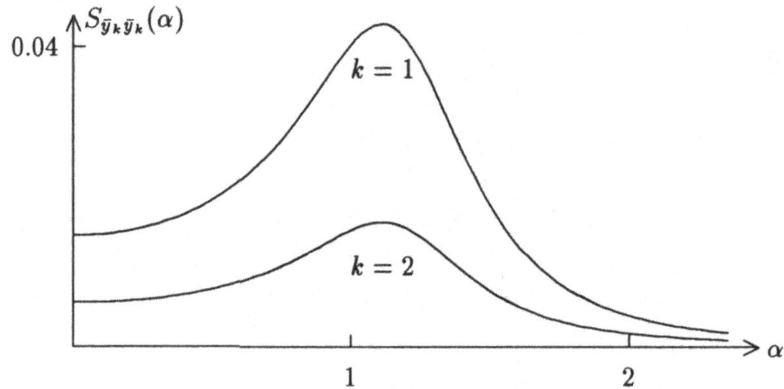

Bild 3.7: Spektraldichten $S_{\bar{y}_k \bar{y}_k}(\alpha)$ für $\varepsilon = 0.3$

3.1.5 Indirekte Erregung durch schwach korrelierte Prozesse

Es werden lineare fremderregte Schwingungsmodelle betrachtet, die sich durch ein Differentialgleichungssystem zweiter Ordnung beschreiben lassen. Das äquivalente Differentialgleichungssystem erster Ordnung sei wieder durch

$$
\begin{aligned}
M\dot{z} + Nz &= h(t) + F(t,\omega) \\
F(t,\omega) &= P_0 \bar{f}(t,\omega) + P_1 \dot{\bar{f}}(t,\omega) + P_2 \ddot{\bar{f}}(t,\omega) \\
z(0) &= z_0
\end{aligned}
\tag{3.68}
$$

gegeben. M und N seien $(2n, 2n)$-Matrizen, wobei M als regulär vorausgesetzt wird. $M^{-1}N$ möge wieder nur Eigenwerte mit positiven Realteilen besitzen. Die stochastische Erregung des Systems erfolge jetzt indirekt durch schwach korrelierte Prozesse, d.h. die Erregungsprozesse werden durch lineare Funktionale schwach korrelierter Prozesse dargestellt.

Diese Problemstellung und ihre Lösung soll in diesem Abschnitt exemplarisch für lineare Fahrzeugmodelle (3.68) mit zeitverschobenen Erregungen durch stochastische Fahrbahnunebenheiten erläutert werden. Ist $f(t,\omega)$ das zeitabhängige Straßenprofil, dann erfolgen die Erregungen an den Rädern mit gewissen Zeitverschiebungen v_k, d.h. die Koordinaten von $\bar{f}(t,\omega)$ können durch

$$
\begin{aligned}
\bar{f}_k(t,\omega) = f(t + v_k,\omega) \qquad &\text{für} \qquad k = 1,...,r \le n\,, \\
\bar{f}_k(t,\omega) = 0 \qquad &\text{für} \qquad k = r+1,...,2n
\end{aligned}
\tag{3.69}
$$

ausgedrückt werden.

Nun können die Ergebnisse von Abschnitt 2.1.2 für schwach stationäre Fahrbahnunebenheiten angewandt werden. Die zufälligen Straßenprofile werden also durch lineare Funktionale eines schwach stationären und schwach korrelierten Prozesses $f_\epsilon(t,\omega)$ mit der Intensität a dargestellt, d.h. es ist

$$f(t,\omega) = \int_{-\infty}^{t} Q(t-s) f_\epsilon(s,\omega)\, ds \tag{3.70}$$

(vgl. (2.3)). Für die Wahl der Funktion Q wurden in diesem Abschnitt mehrere Möglichkeiten angegeben, aus denen sich nun verschiedene Methoden zur stochastischen Analyse der Lösung $z(t,\omega)$ ergeben.

Zunächst sei

$$Q(t) = e^{-\gamma t}, \qquad \gamma > 0$$

(vgl. (2.5)). Dann genügt der Prozeß $f(t,\omega)$ gemäß (2.11) der Differentialgleichung

$$\dot{f} + \gamma f = f_\epsilon(t,\omega)\,.$$

Damit ergibt sich aus (3.69)

$$\dot{\bar{f}}_k(t,\omega) + \gamma \bar{f}_k(t,\omega) = f_\epsilon(t+v_k,\omega)$$

für $k = 1, 2, ..., r$. Nun werden in (3.68) die Prozesse $\bar{f}_k(t,\omega)$ und deren Ableitungen als gesuchte Funktionen aufgefaßt, die wiederum Lösungen von

$$\begin{aligned}
\dot{\bar{f}}_k + \gamma \bar{f}_k &= f_\epsilon(t+v_k,\omega)\,, \\
\ddot{\bar{f}}_k + \gamma \dot{\bar{f}}_k &= \dot{f}_\epsilon(t+v_k,\omega)\,, \qquad k = 1, 2, ..., r
\end{aligned} \tag{3.71}$$

sind. Ist insbesondere in (3.68) $P_2 = O$, dann können in (3.71) die zweiten Gleichungen weggelassen werden.

Das Problem wird somit durch die Differentialgleichungen für das Fahrzeugmodell (3.68) und die Differentialgleichungen für die Erregungen (3.71) beschrieben. Man erhält also ein System von $2n + 2r$ Differentialgleichungen

$$\begin{aligned}
M\dot{z} + Nz - P_0\bar{f} - P_1\dot{\bar{f}} - P_2\ddot{\bar{f}} &= h(t) \\
\dot{\bar{f}}_k + \gamma \bar{f}_k &= f_\epsilon(t+v_k,\omega)\,, \\
\ddot{\bar{f}}_k + \gamma \dot{\bar{f}}_k &= \dot{f}_\epsilon(t+v_k,\omega)\,, \\
& \qquad k = 1, 2, ..., r
\end{aligned} \tag{3.72}$$

für die $2n + 2r$ gesuchten Funktionen $z_1, ..., z_{2n}, \bar{f}_1, ..., \bar{f}_r, \dot{\bar{f}}_1, ..., \dot{\bar{f}}_r$. Die stochastische Erregung erfolgt jetzt zeitverschoben durch den schwach korrelierten Prozeß $f_\epsilon(t,\omega)$.

Definiert man die $(2n + 2r)$-dimensionalen Vektorprozesse

$$\begin{aligned}
\tilde{z}(t,\omega) &= (z_1(t,\omega)...z_{2n}(t,\omega)\, \dot{\bar{f}}_1(t,\omega)...\dot{\bar{f}}_r(t,\omega)\, \bar{f}_1(t,\omega)...\bar{f}_r(t,\omega))^T\,, \\
\tilde{f}(t,\omega) &= (f_\epsilon(t+v_1,\omega)...f_\epsilon(t+v_r,\omega)\, 0...0)^T\,, \\
\tilde{h}(t) &= (h_1(t)...h_r(t)\, 0...0)^T\,,
\end{aligned}$$

dann läßt sich (3.72) in der Matrizenschreibweise

$$\tilde{M}\dot{\tilde{z}} + \tilde{N}\tilde{z} = \tilde{h}(t) + \tilde{P}_0\tilde{f}(t,\omega) + \tilde{P}_1\dot{\tilde{f}}(t,\omega) \tag{3.73}$$

angeben, wobei die $(2n+2r, 2n+2r)$-Koeffizientenmatrizen durch die Blockmatrizen

$$\tilde{M} = \begin{pmatrix} M & -P_{2,r} & -P_{1,r} \\ O & E & O \\ O & O & E \end{pmatrix}, \quad \tilde{N} = \begin{pmatrix} N & O & -P_{0,r} \\ O & \gamma E & O \\ O & O & \gamma E \end{pmatrix},$$

$$\tilde{P}_0 = \begin{pmatrix} O & O & O \\ O & O & O \\ E & O & O \end{pmatrix}, \qquad \tilde{P}_1 = \begin{pmatrix} O & O & O \\ E & O & O \\ O & O & O \end{pmatrix} \tag{3.74}$$

mit entsprechenden Einheitsmatrizen E und Nullmatrizen O definiert sind. Die $(2n,r)$-Matrizen $P_{j,r}$ bestehen aus den ersten r Spalten der $(2n,2n)$-Matrizen P_j, $j = 1,2,3$. Aus diesen Darstellungen ist unmittelbar die Regularität von $\tilde{M}$ und $\tilde{N}$ ersichtlich. $\tilde{M}^{-1}\tilde{N}$ hat wieder nur Eigenwerte mit positiven Realteilen (siehe Übung 1).

Damit ist dieses Problem auf bereits behandelte Aufgabenstellungen zurückgeführt worden, denn die stochastische Analyse der Differentialgleichungssysteme (3.73) erfolgte bereits in den vorangehenden Abschnitten. Alle Ergebnisse, insbesondere die Resultate aus Abschnitt 3.1.4, können nun entsprechend auf (3.73) angewandt werden.

Beispiel 3.4 Es wird noch einmal der in Bild 1.2 dargestellte lineare Zweimassenschwinger betrachtet (vgl. auch die Beispiele 3.1 und 3.2), der sich als einfaches Fahrzeugmodell interpretieren läßt. Die Erregung erfolge durch zufällige Fahrbahnunebenheiten, die gemäß (3.71) mit $r = 1$ und $v_1 = 0$ dargestellt werden. Es ist möglich, sowohl die Absolutbewegungen als auch die Relativbewegungen durch Differentialgleichungssysteme (3.73) zu beschreiben. Die stochastische Analyse dieser Systeme kann nun mit den in Abschnitt 3.1.3 erläuterten Methoden erfolgen. Hat man die Gleichungssysteme (3.36) gelöst, können nach (3.35) und (3.45) die ersten Näherungen für die Varianzen berechnet werden. Die Approximationen für die Spektraldichten erhält man aus (3.37) bzw. (3.38) und (3.48).

Für die folgenden numerischen Beispiele wurden die Modellparameter

$$\begin{aligned} m_1 &= \quad 25kg & c_1 &= \quad 250000Nm^{-1} & & \\ m_2 &= \quad 300kg & c_2 &= \quad 45000Nm^{-1} & k_2 &= \quad 5000Nsm^{-1} \end{aligned}$$

gewählt, wenn keine anderen Angaben erfolgen. Zur Darstellung des Erregungsprozesses wurden ein schwach korrelierter Prozeß mit der Korrelationsfunktion $R_2(t)$ (vgl. (1.29)) und die Parameter

$$\gamma = 1.2s^{-1} \qquad \varepsilon = 0.021s \qquad a = 0.222m^2s^{-2} \qquad b = 1$$

gewählt (vgl. auch die Abschnitte 2.1.2 und 2.1.3 einschließlich der Beispiele). Diese Parameter ergeben für die erste Näherung der Korrelationsfunktion des Straßenprofils $f(t,\omega)$

$$R_{ff}(t) = \frac{\varepsilon a}{2\gamma} e^{-\gamma|t|} \quad \text{mit} \quad \frac{\varepsilon a}{2\gamma} = 0.00194 m^2 \, ,$$

was nach den Ansätzen von Braun ungefähr einer Asphaltstraße mittlerer Qualität (vgl. MITSCHKE[20]) entspricht, die mit einer Geschwindigkeit von $80km/h$ befahren wird.

Die Bilder 3.8 bis 3.11 zeigen einige Standardabweichungen (Wurzeln aus den Varianzen) in Abhängigkeit von der Aufbaumasse m_2 und der Aufbaudämpferkonstanten k_2. Diese Bilder belegen die Schwierigkeit einer optimalen Feder-Dämpfer-Auslegung an Fahrzeugen. Wichtige Beurteilungskenngrößen für das Schwingungsverhalten von Fahrzeugen sind unter anderem die Standardabweichungen von $\ddot{x}_1$ und $\ddot{x}_2$. Diese beiden Standardabweichungen sollten möglichst klein sein. Eine kleine Standardabweichung von $\ddot{x}_1$ bedeutet geringe Radlastschwankungen und wirkt sich damit günstig auf die Fahrsicherheit aus. Die Standardabweichung der Aufbaubeschleunigung $\ddot{x}_2$ ist hingegen ein Maß für den Fahrkomfort. Die Bilder 3.10 und 3.11 zeigen, daß eine Verbesserung des Fahrkomforts durch Änderung der Aufbaudämpfung eine Verschlechterung der Fahrsicherheit nach sich zieht. Die Standardabweichungen der Relativbewegungen stellen Anforderungen an die Luftreifen bzw. an die Schwingungsdämpfer dar oder sind wegen deren konstruktiven Eigenschaften unterhalb gewisser Schranken zu halten.

Die Bilder 3.12 bis 3.15 zeigen einige Spektraldichten. Hier gibt insbesondere die Spektraldichte der Aufbaubeschleunigung $\ddot{x}_2$ Auskunft über den Fahrkomfort. Der Mensch empfindet Beschleunigungen von Grundschwingungen mit Frequenzen zwischen 4 und $8Hz$ als besonders unangenehm. Deshalb sollten solche Grundschwingungen nur mit kleinen Beschleunigungsamplituden auftreten, d.h. im Kreisfrequenzintervall $(8\pi, 16\pi)$ sollten große Werte der Spektraldichte vermieden werden. Im betrachteten Beispiel ist also die größere Aufbaumasse

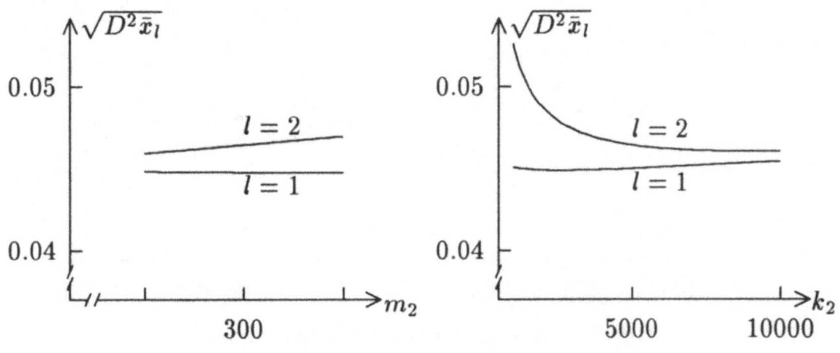

Bild 3.8: Standardabweichungen von $\bar{x}_l$

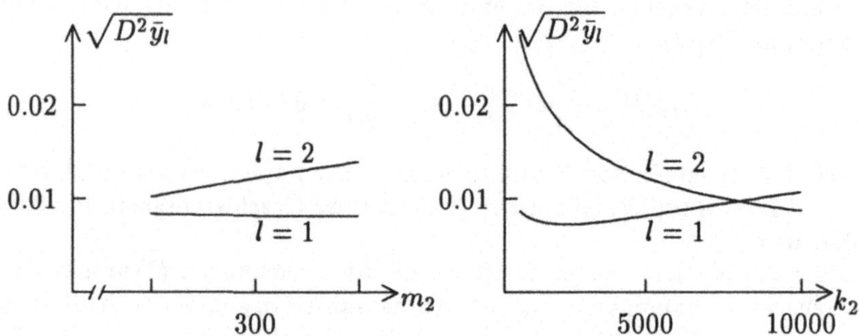

Bild 3.9: Standardabweichungen von $\bar{y}_l$

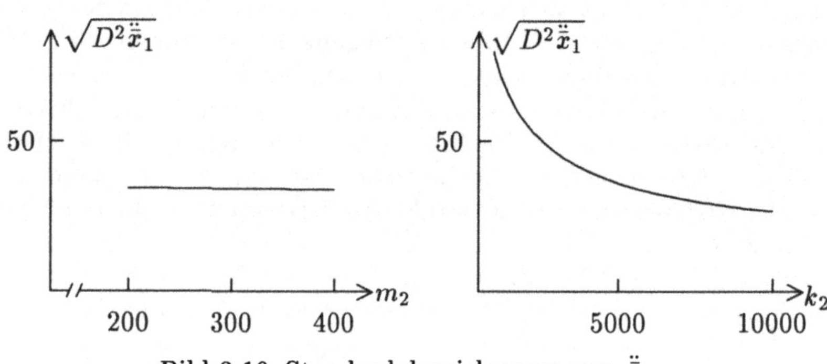

Bild 3.10: Standardabweichungen von $\ddot{\bar{x}}_1$

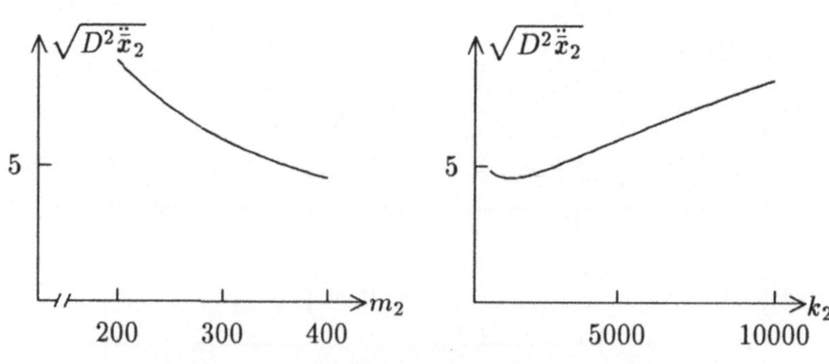

Bild 3.11: Standardabweichungen von $\ddot{\bar{x}}_2$

günstiger, wenn nur dieses Kriterium zur Beurteilung des Fahrkomforts herangezogen wird.

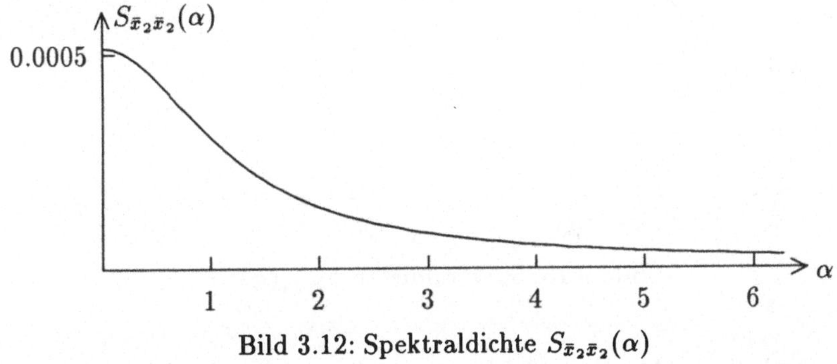

Bild 3.12: Spektraldichte $S_{\bar{x}_2\bar{x}_2}(\alpha)$

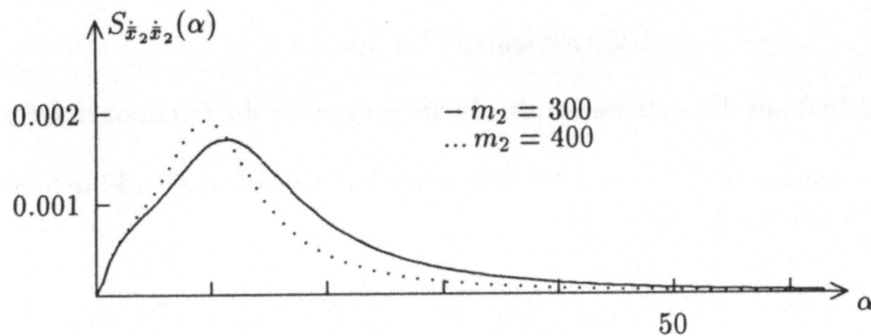

Bild 3.13: Spektraldichte $S_{\dot{\bar{x}}_2\dot{\bar{x}}_2}(\alpha)$

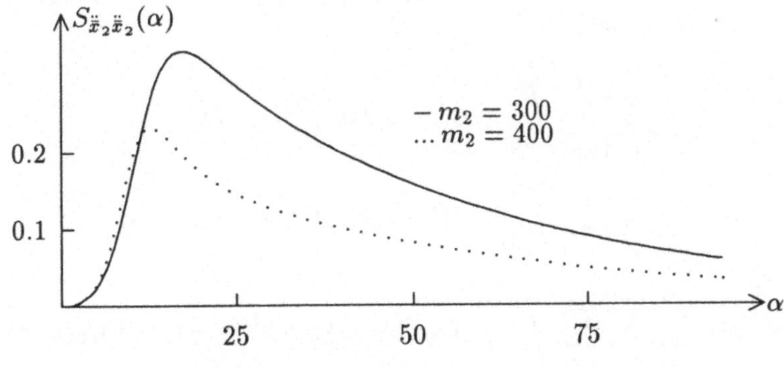

Bild 3.14: Spektraldichte $S_{\ddot{\bar{x}}_2\ddot{\bar{x}}_2}(\alpha)$

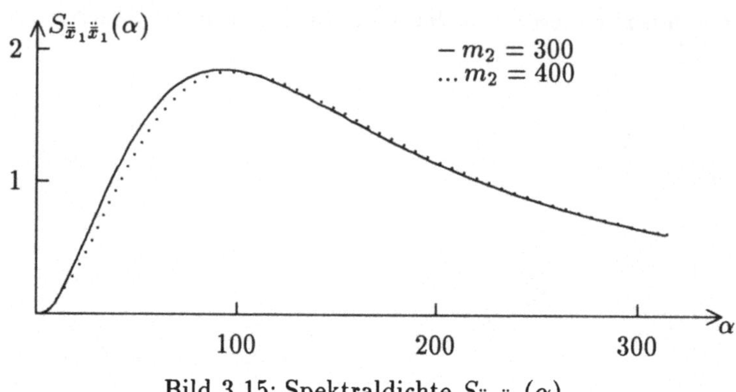

Bild 3.15: Spektraldichte $S_{\ddot{\bar{x}}_1\ddot{\bar{x}}_1}(\alpha)$

Nun wird die in Abschnitt 2.1.2 vorgestellte zweite Möglichkeit zur Wahl von $Q(t)$ eingehender betrachtet. In (3.70) sei also

$$Q(t) = Q_0(t)e^{-\gamma t}, \qquad \gamma > 0$$

(vgl. (2.16)) mit den entsprechenden Bedingungen für die Funktionen $Q(t)$ bzw. $Q_0(t)$.

Für die Lösung $\bar{z}(t,\omega)$ von (3.68) nach einer hinreichend großen Einschwingzeit erhält man zunächst aus (3.11)

$$
\begin{aligned}
\bar{w}(t,\omega) &= \bar{z}(t,\omega) - \langle \bar{z}(t,\omega)\rangle \\
&= \int_{-\infty}^{t} G(t-s) \sum_{l=0}^{2} P_l \bar{f}^{(l)}(s,\omega)\,ds\,.
\end{aligned}
$$

Berücksichtigt man die zeitverschobene Erregung (3.69), den Ansatz (3.70) für die Erregung und die Ableitungsformel (2.13), ergibt sich in der anzuwendenden Koordinatendarstellung

$$
\begin{aligned}
\bar{w}_i(t,\omega) &= \sum_{l=0}^{2}\sum_{k=1}^{2n}\sum_{j=1}^{r} \int_{-\infty}^{t} G_{ik}(t-s)P_{lkj}\bar{f}_j^{(l)}(s,\omega)\,ds \\
&= \sum_{l=0}^{2}\sum_{k=1}^{2n}\sum_{j=1}^{r} \int_{-\infty}^{t} G_{ik}(t-s)P_{lkj}f^{(l)}(s+v_j,\omega)\,ds \\
&= \sum_{l=0}^{2}\sum_{k=1}^{2n}\sum_{j=1}^{r} \int_{-\infty}^{t}\int_{-\infty}^{s+v_j} G_{ik}(t-s)P_{lkj}Q^{(l)}(s+v_j-u)f_\varepsilon(u,\omega)\,du\,ds\,.
\end{aligned}
$$

Die Vertauschung der Integrationsreihenfolge und eine lineare Integraltransformation führt auf

$$\bar{w}_i(t,\omega) = \sum_{l=0}^{2}\sum_{k=1}^{2n}\sum_{j=1}^{r}\int_{-\infty}^{t+v_j}\int_{u-v_j}^{t} G_{ik}(t-s)P_{lkj}Q^{(l)}(s+v_j-u)f_\epsilon(u,\omega)\,ds\,du$$

$$= \sum_{l=0}^{2}\sum_{k=1}^{2n}\sum_{j=1}^{r}\int_{-\infty}^{t+v_j}\int_{0}^{t-u+v_j} G_{ik}(t-u-v+v_j)P_{lkj}Q^{(l)}(v)f_\epsilon(u,\omega)\,dv\,du\,.$$

Definiert man die Matrix

$$\hat{G}(t) = \sum_{l=0}^{2}\int_{0}^{t} G(t-v)P_l Q^{(l)}(v)\,dv \tag{3.75}$$

mit den Elementen

$$\hat{G}_{ij}(t) = \sum_{l=0}^{2}\sum_{k=1}^{2n}\int_{0}^{t} G_{ik}(t-v)P_{lkj}Q^{(l)}(v)\,dv\,,$$

dann ergibt sich

$$\bar{w}_i(t,\omega) = \sum_{j=1}^{r}\int_{-\infty}^{t+v_j} \hat{G}_{ij}(t+v_j-u)f_\epsilon(u,\omega)\,du\,. \tag{3.76}$$

Aus den Eigenschaften von $G(t)$ folgt unmittelbar

$$\lim_{t\to\infty}\hat{G}(t) = O\,.$$

Damit sind die Fluktuationen für den Lösungsvektor, d.h. für die Schwingungsbewegungen und -geschwindigkeiten, wieder als lineare Funktionale des schwach korrelierten Prozesses $f_\epsilon(t,\omega)$ dargestellt. Sollen auch die Beschleunigungen einer stochastischen Analyse zugänglich gemacht werden, ist (3.76) nach der Zeit t zu differenzieren. Es ist

$$\dot{\bar{w}}_i(t,\omega) = \sum_{j=1}^{r}\int_{-\infty}^{t+v_j} \hat{G}'_{ij}(t+v_j-u)f_\epsilon(u,\omega)\,du + \sum_{j=1}^{r}\hat{G}_{ij}(0)f_\epsilon(t+v_j,\omega)$$

$$= \sum_{j=1}^{r}\int_{-\infty}^{t+v_j} \hat{G}'_{ij}(t+v_j-u)f_\epsilon(u,\omega)\,du\,. \tag{3.77}$$

Aus (3.76) und (3.77) wird nun der Vorteil dieser Methode für die stochastische Analyse der Lösungen und ihrer Ableitungen ersichtlich. Im Unterschied

zur eingangs beschriebenen Methode hat man jetzt eine einheitliche Integral-
darstellung für den Lösungsvektor und seine Ableitung, was die folgenden Berechnungen erleichtern wird. (3.76) und (3.77) lassen sich nämlich durch

$$\bar{w}_i^{(k)}(t,\omega) = \sum_{j=1}^{r} \int_{-\infty}^{t+v_j} \hat{G}_{ij}^{(k)}(t + v_j - s) f_\epsilon(s,\omega)\, ds\,, \quad k = 0,1 \tag{3.78}$$

ausdrücken.

Nun wird noch die benötigte Ableitung von $\hat{G}(t)$ berechnet. Die Differentiation von (3.75) liefert

$$\hat{G}'(t) = \sum_{l=0}^{2} \int_{0}^{t} G'(t - u) P_l Q^{(l)}(u)\, du + G(0) \sum_{l=0}^{2} P_l Q^{(l)}(t)\,, \tag{3.79}$$

woraus durch partielle Integration

$$\begin{aligned}
\hat{G}'(t) &= \left[-G(t - u) \sum_{l=0}^{2} P_l Q^{(l)}(u) \right]_0^t + \sum_{l=0}^{2} \int_{0}^{t} G(t - u) P_l Q^{(l+1)}(u)\, du \\[2mm]
&\quad + G(0) \sum_{l=0}^{2} P_l Q^{(l)}(t) \\[2mm]
&= G(t) \sum_{l=0}^{2} P_l Q^{(l)}(0) + \sum_{l=0}^{2} \int_{0}^{t} G(t - u) P_l Q^{(l+1)}(u)\, du
\end{aligned}$$

berechnet wird. Wählt man nun ein $Q(t)$, das den Bedingungen

$$Q(0) = 0\,, \qquad Q'(0) = 0\,, \qquad Q''(0) = 0$$

(vgl.(2.22)) genügt, erhält man für $\hat{G}(t)$ und $\hat{G}'(t)$ die geschlossene Darstellung

$$\hat{G}^{(k)}(t) = \sum_{l=0}^{2} \int_{0}^{t} G(t - u) P_l Q^{(l+k)}(u)\, du\,, \quad k = 0,1\,. \tag{3.80}$$

An dieser Stelle wird der Vorteil der zusätzlichen Bedingung $Q''(0) = 0$ gegenüber den Forderungen (2.12) deutlich, der im Abschnitt 2.1.2 noch nicht
erklärt werden konnte.

Für die folgenden Untersuchungen wird nun vereinbart, daß $Q(t)$ den Bedingungen (2.22) genügt, woraus sich für $Q_0(t)$ als Polynom fünften Grades die
Funktion (2.24) berechnet. Dann kann stets (3.80) angewandt werden.

Auf zwei Ausnahmen, bei denen auf die zusätzliche Forderung $Q''(0) = 0$ verzichtet werden kann, soll jedoch hingewiesen werden. Das ist der Fall, wenn

$P_2 = O$ ist oder keine Untersuchung von $\ddot{w}(t)$ vorgenommen werden soll. In diesen Fällen kann $Q_0(t)$ also auch gemäß (2.21) gewählt werden.

Schließlich sollen noch weitere Eigenschaften der Matrixfunktion $\hat{G}(t)$ verifiziert werden. Berücksichtigt man $G'(t) = -M^{-1}NG(t)$ und $G(0) = M^{-1}$, dann folgt aus (3.79)

$$\hat{G}'(t) = -M^{-1}N\hat{G}(t) + M^{-1}\sum_{l=0}^{2} P_l Q^{(l)}(t) \tag{3.81}$$

bzw.

$$M\hat{G}'(t) + N\hat{G}(t) = \sum_{l=0}^{2} P_l Q^{(l)}(t)\,.$$

Für $t > \delta$ erhält man aus (3.80) unter Beachtung von $G(s+t) = G(s)MG(t)$

$$\begin{aligned}
\hat{G}^{(k)}(t) &= G(t-\delta)M\int_0^\delta G(\delta-u)\sum_{l=0}^{2} P_l Q^{(l+k)}(u)\,du \\
&\quad + \int_\delta^t G(t-u)\sum_{l=0}^{2} P_l(-1)^{l+k}\gamma^{l+k} e^{-\gamma u}\,du \\
&= G(t-\delta)M\hat{G}^{(k)}(\delta) + \sum_{l=0}^{2}(-1)^{l+k}\gamma^{l+k}\int_\delta^t G(t-u)e^{-\gamma u}\,du\, P_l\,.
\end{aligned}$$

Partielle Integration führt auf

$$\begin{aligned}
\int_\delta^t G(t-u)e^{-\gamma u}\,du &= \left[-\frac{1}{\gamma}G(t-u)e^{-\gamma u}\right]_\delta^t - \frac{1}{\gamma}\int_\delta^t G'(t-u)e^{-\gamma u}\,du \\
&= \left[-\frac{1}{\gamma}G(t-u)e^{-\gamma u}\right]_\delta^t + \frac{1}{\gamma}M^{-1}N\int_\delta^t G(t-u)e^{-\gamma u}\,du\,,
\end{aligned}$$

woraus

$$\int_\delta^t G(t-u)e^{-\gamma u}\,du = H(-\gamma)\left[Ee^{-\gamma t} - MG(t-\delta)e^{-\gamma\delta}\right]$$

mit der durch (3.20) definierten Übertragungsmatrix $H(t)$ folgt.
Also ist für $t > \delta$

$$\begin{aligned}
\hat{G}^{(k)}(t) &= G(t-\delta)M\hat{G}^{(k)}(\delta) \\
&\quad + \sum_{l=0}^{2}(-1)^{l+k}\gamma^{l+k}H(-\gamma)\left[Ee^{-\gamma t} - MG(t-\delta)e^{-\gamma\delta}\right]P_l\,.
\end{aligned} \tag{3.82}$$

Diese Formel kann bei numerischen Berechnungen von Vorteil sein, um die Anzahl von numerischen Integrationen zu reduzieren.

Nun soll die stochastische Analyse der Lösungen (3.78) durchgeführt werden. Aus den Approximationsformeln für lineare Funktionale schwach korrelierter Prozesse erhält man die Kovarianzfunktionen

$$\left\langle \bar{w}_i^{(k)}(t_1)\bar{w}_j^{(m)}(t_2) \right\rangle \tag{3.83}$$

$$= \varepsilon a \sum_{p,q=1}^{r} \int_{-\infty}^{min(t_1+v_p,\,t_2+v_q)} \hat{G}_{ip}^{(k)}(t_1 + v_p - s)\hat{G}_{jq}^{(m)}(t_2 + v_q - s)\,ds + O(\varepsilon^2)\,.$$

Lineare Integraltransformationen ergeben

$$\int_{-\infty}^{t_1+v_p} \hat{G}_{ip}^{(k)}(t_1+v_p-s)\hat{G}_{jq}^{(m)}(t_2+v_q-s)\,ds = \int_{0}^{\infty} \hat{G}_{ip}^{(k)}(u)\hat{G}_{jq}^{(m)}(u+t_2-t_1+v_q-v_p)\,du$$

und

$$\int_{-\infty}^{t_2+v_q} \hat{G}_{ip}^{(k)}(t_1+v_p-s)\hat{G}_{jq}^{(m)}(t_2+v_q-s)\,ds = \int_{0}^{\infty} \hat{G}_{ip}^{(k)}(u+t_1-t_2+v_p-v_q)\hat{G}_{jq}^{(m)}(u)\,du\,.$$

Diese Momente hängen nur von der Zeitdifferenz $t = t_2 - t_1$ ab. Die Lösungsvektoren und ihre Ableitungen sind also schwach stationär, und aus (3.83) folgen die Kovarianzfunktionen

$$\begin{aligned}
R_{\bar{z}_i^{(k)}\bar{z}_j^{(m)}}(t) &= \left\langle \bar{w}_i^{(k)}(t_1)\bar{w}_j^{(m)}(t_2) \right\rangle \\
&= \varepsilon a \sum_{p,q=1}^{r} T_{ijpq}^{km}(t + v_q - v_p) + O(\varepsilon^2)\,, \tag{3.84}
\end{aligned}$$

wobei

$$T_{ijpq}^{km}(t) = \begin{cases} \displaystyle\int_{0}^{\infty} \hat{G}_{ip}^{(k)}(u-t)\hat{G}_{jq}^{(m)}(u)\,du & \text{für} \quad t \leq 0 \\[2ex] \displaystyle\int_{0}^{\infty} \hat{G}_{ip}^{(k)}(u)\hat{G}_{jq}^{(m)}(u+t)\,du & \text{für} \quad t \geq 0 \end{cases} \tag{3.85}$$

gesetzt wurde.

In analoger Weise ermittelt man

$$\begin{aligned}
R_{\bar{z}_i^{(k)}\bar{f}_j^{(m)}}(t) &= \left\langle \bar{w}_i^{(k)}(t_1)\bar{f}_j^{(m)}(t_2) \right\rangle \\
&= \varepsilon a \sum_{p=1}^{r} \tilde{T}_{ip}^{km}(t + v_j - v_p) + O(\varepsilon^2) \tag{3.86}
\end{aligned}$$

mit

$$\tilde{T}_{ip}^{km}(t) = \begin{cases} \int\limits_0^\infty \hat{G}_{ip}^{(k)}(u-t)Q^{(m)}(u)\,du & \text{für} \quad t \le 0 \\[2ex] \int\limits_0^\infty \hat{G}_{ip}^{(k)}(u)Q^{(m)}(u+t)\,du & \text{für} \quad t \ge 0\,. \end{cases} \tag{3.87}$$

Nun werden die Spektraldichten berechnet. Aus (3.84) und (3.85) berechnet man

$$
\begin{aligned}
S_{\bar{z}_i^{(k)}\bar{z}_j^{(m)}}(\alpha) \\
&= \frac{1}{2\pi}\int_{-\infty}^{\infty} e^{-i\alpha t} R_{\bar{z}_i^{(k)}\bar{z}_j^{(m)}}(t)\,dt \\
&= \frac{\varepsilon a}{2\pi}\sum_{p,q=1}^{r}\int_{-\infty}^{\infty} e^{-i\alpha t}T_{ijpq}^{km}(t+v_q-v_p)\,dt + O(\varepsilon^2) \\
&= \frac{\varepsilon a}{2\pi}\sum_{p,q=1}^{r}\int_{-\infty}^{\infty} e^{-i\alpha(s+v_p-v_q)}T_{ijpq}^{km}(s)\,ds + O(\varepsilon^2) \\
&= \frac{\varepsilon a}{2\pi}\sum_{p,q=1}^{r}\left\{ \int_{-\infty}^{0} e^{-i\alpha s}e^{i\alpha(v_q-v_p)}\int_0^\infty \hat{G}_{ip}^{(k)}(u-s)\hat{G}_{jq}^{(m)}(u)\,du\,ds \right. \\
&\qquad\qquad \left. + \int_0^\infty e^{-i\alpha s}e^{i\alpha(v_q-v_p)}\int_0^\infty \hat{G}_{ip}^{(k)}(u)\hat{G}_{jq}^{(m)}(u+s)\,du\,ds \right\} + O(\varepsilon^2)\,.
\end{aligned}
$$

Verwendet man wieder die durch (3.28) definierte Matrix $V(\alpha)$, kann man zur Matrizenschreibweise zurückkehren und erhält

$$
\begin{aligned}
S_{\bar{z}^{(k)}\bar{z}^{(m)}}(\alpha) &= \frac{\varepsilon a}{2\pi}\left\{ \int_{-\infty}^{0} e^{-i\alpha s}\int_0^\infty \hat{G}^{(k)}(u-s)V(\alpha)\hat{G}^{(m)T}(u)\,du\,ds \right. \\
&\qquad \left. + \int_0^\infty e^{-i\alpha s}\int_0^\infty \hat{G}^{(k)}(u)V(\alpha)\hat{G}^{(m)T}(u+s)\,du\,ds \right\} + O(\varepsilon^2) \\
&= \frac{\varepsilon a}{2\pi}\left\{ \int_0^\infty\int_0^\infty e^{i\alpha s}\hat{G}^{(k)}(u+s)\,ds\,V(\alpha)\hat{G}^{(m)T}(u)\,du \right. \\
&\qquad \left. + \int_0^\infty \hat{G}^{(k)}(u)V(\alpha)\int_0^\infty e^{-i\alpha s}\hat{G}^{(m)T}(u+s)\,ds\,du \right\} + O(\varepsilon^2)\,.
\end{aligned}
\tag{3.88}
$$

Mit Hilfe von (3.81) und partieller Integration berechnet man

$$
\begin{aligned}
N\int_0^\infty e^{i\alpha s}\hat{G}(u+s)\,ds \\
&= \int_0^\infty e^{i\alpha s}\left\{ -M\hat{G}'(u+s) + \sum_{l=0}^{2} P_l Q^{(l)}(u+s) \right\}\,ds
\end{aligned}
$$

$$= -M\left\{\left[e^{i\alpha s}\hat{G}(u+s)\right]_0^\infty - i\alpha \int_0^\infty e^{i\alpha s}\hat{G}(u+s)\,ds\right\}$$

$$+ \sum_{l=0}^2 \int_0^\infty e^{i\alpha s}P_l Q^{(l)}(u+s)\,ds,$$

woraus sich

$$\int_0^\infty e^{i\alpha s}\hat{G}(u+s)\,ds = H(-i\alpha)\left[M\hat{G}(u)+U(\alpha,u)\right]$$

mit

$$U(\alpha,u) = \sum_{l=0}^2 P_l \int_0^\infty e^{i\alpha s}Q^{(l)}(u+s)\,ds \qquad (3.89)$$

und der Übertragungsmatrix H ergibt. Die oben angewendete partielle Integration hat die Beziehung

$$\int_0^\infty e^{i\alpha s}\hat{G}'(u+s)\,ds = -\hat{G}(u) - i\alpha \int_0^\infty e^{i\alpha s}\hat{G}(u+s)\,ds$$

zur Folge. Diese beiden Resultate lassen sich nun geschlossen als

$$\int_0^\infty e^{i\alpha s}\hat{G}^{(k)}(u+s)\,ds = (-i\alpha)^k H(-i\alpha)\left[M\hat{G}(u)+U(\alpha,u)\right] - k\hat{G}(u) \quad (3.90)$$

$$k = 0,1$$

schreiben. Setzt man diese Formel in (3.88) ein, erhält man schließlich

$$\begin{aligned}
S_{\bar{z}^{(k)}\bar{z}^{(m)}}(\alpha) &= \frac{\varepsilon a}{2\pi}\left\{\left[(-i\alpha)^k H(-i\alpha)M - kE\right]\int_0^\infty \hat{G}(u)V(\alpha)\hat{G}^{(m)T}(u)\,du\right.\\
&\quad + \int_0^\infty \hat{G}^{(k)}(u)V(\alpha)\hat{G}^T(u)\,du\,\left[(i\alpha)^m M^T H^T(i\alpha) - mE\right]\\
&\quad + (-i\alpha)^k H(-i\alpha)\int_0^\infty U(\alpha,u)V(\alpha)\hat{G}^{(m)T}(u)\,du\\
&\quad \left. + (i\alpha)^m \int_0^\infty \hat{G}^{(k)}(u)V(\alpha)U^T(-\alpha,u)\,du\,H^T(i\alpha)\right\}\\
&\quad + O(\varepsilon^2), \qquad\qquad\qquad\qquad k,m = 0,1. \qquad (3.91)
\end{aligned}$$

In analoger Weise kann man

$$\begin{aligned}
S_{\bar{z}^{(k)}\bar{f}^{(m)}}(\alpha) &= \frac{\varepsilon a}{2\pi}\left\{\int_0^\infty\int_0^\infty e^{i\alpha s}\hat{G}^{(k)}(u+s)\,ds\,V(\alpha)Q^{(m)}(u)\,du\right.\\
&\quad \left. + \int_0^\infty \hat{G}^{(k)}(u)V(\alpha)\int_0^\infty e^{-i\alpha s}Q^{(m)}(u+s)\,ds\,du\right\}\\
&\quad + O(\varepsilon^2), \qquad\qquad\qquad\qquad k,m = 0,1 \qquad (3.92)
\end{aligned}$$

berechnen.

Bemerkungen zur numerischen Realisierung

Bei numerischen Berechnungen sind Integrationen über die unbeschränkten Intervalle $(0, \infty)$ durchzuführen. Das erfordert eine große Anzahl von Stützstellen und eine geeignete Abbruchbedingung. Deshalb wird es wieder von Vorteil sein, die Integrationen über die Intervalle $(0, \infty)$ in Integrationen über $(0, \delta)$ und (δ, ∞) zu zerlegen, da die Integrale über (δ, ∞) i.a. wegen der Struktur der Integranden mit geringem Aufwand geschlossen integrierbar sind (vgl. dazu die Herleitung von (3.82)). Dann können die numerischen Integrationen über unbeschränkte Intervalle auf Integrationen über die beschränkten Intervalle $(0, \delta)$ reduziert werden, die wegen der Kleinheit von δ relativ wenige Stützstellen erfordern. So ist zum Beispiel

$$U(\alpha, u) = \sum_{l=0}^{2} P_l \left\{ \int_0^{\delta} e^{i\alpha t} Q^{(l)}(u+t) \, dt + (-\gamma)^l e^{-\gamma u} \frac{i\alpha + \gamma}{\gamma^2 + \alpha^2} e^{\delta(i\alpha - \gamma)} \right\}.$$

$$(3.93)$$

Beispiel 3.5 Es wird das in Bild 1.1 dargestellte lineare Fahrzeugersatzmodell mit zeitverschobener Fahrbahnerregung betrachtet, das durch die Differentialgleichungssysteme (1.13), (1.14) bzw. (1.16) beschrieben wird. Das stochastische Fahrbahnprofil wird gemäß (3.70) mit $Q(t) = Q_0(t)e^{-\gamma t}$ ausgedrückt. Als schwach korrelierter Prozeß wird wieder ein Prozeß mit der Korrelationsfunktion $R_2(t)$ (vgl.(1.29)) angenommen.
Für einige numerische Beispiele wurden die folgenden realitätsnahen Modellparameter gewählt:

$m_1 =$	550 kg	$c_1 =$	2000000 Nm^{-1}	$k_1 =$		0	
$m_2 =$	1000 kg	$c_2 =$	3000000 Nm^{-1}	$k_2 =$		0	
$m =$	3000 kg	$c_3 =$	250000 Nm^{-1}	$k_3 =$		11000 Nsm^{-1}	
$I =$	6000 kgm^2	$c_4 =$	700000 Nm^{-1}	$k_4 =$		11000 Nsm^{-1}	
$l_1 =$	1.4 m						
$l_2 =$	1.8 m.						

Als Fahrbahnparameter wurden

$$\varepsilon a = 0.0052 \, m^2 s^{-1} \qquad \gamma = 1.3 \, s^{-1} \qquad \delta = 0.02 \, s$$

gesetzt (vgl. auch Beispiel 2.4), was nach der Braunschen Klassifikation einer Asphaltstraße mittlerer Qualität entspricht, die mit einer Fahrgeschwindigkeit $v = 80 \, km/h = 22.222 \, m/s$ befahren wird. Die Bilder 3.16 bis 3.19 zeigen einige numerische Resultate für Spektraldichten ausgewählter Schwingungsbewegungen und -beschleunigungen. Für eine Vergleichsrechnung wurde die Aufbaumasse m auf 4000 kg erhöht.

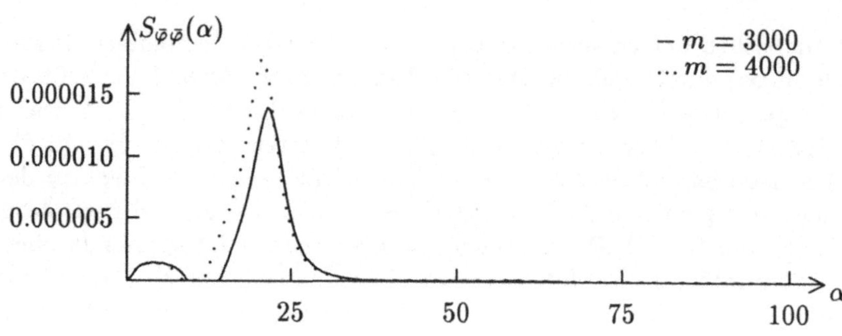

Bild 3.16: Spektraldichte $S_{\ddot{\varphi}\ddot{\varphi}}(\alpha)$

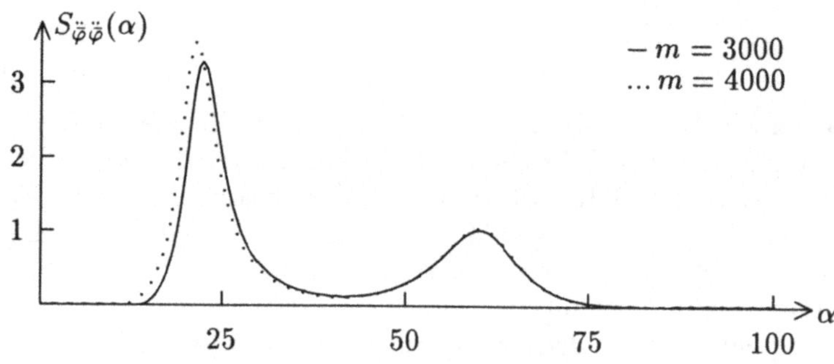

Bild 3.17: Spektraldichte $S_{\ddot{\varphi}\ddot{\varphi}}(\alpha)$

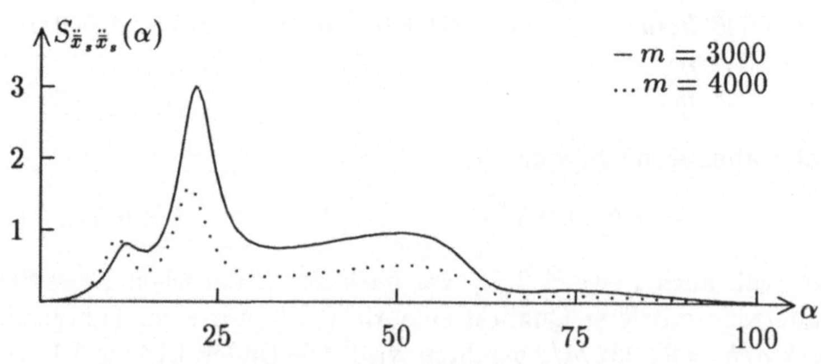

Bild 3.18: Spektraldichte $S_{\ddot{x}_s\ddot{x}_s}(\alpha)$

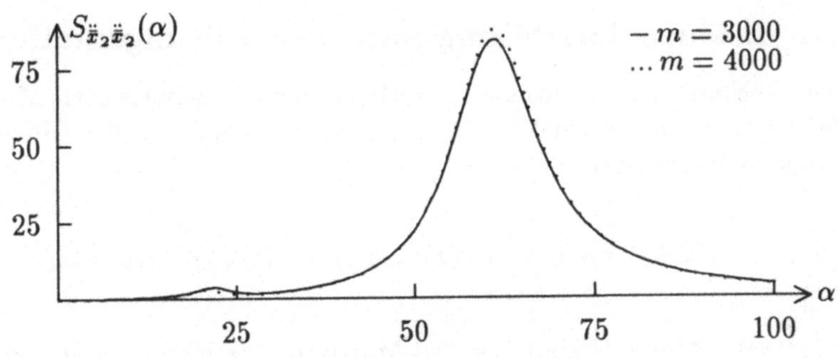

Bild 3.19: Spektraldichte $S_{\ddot{\tilde{x}}_2 \ddot{\tilde{x}}_2}(\alpha)$

Übungen

1. (a) Geben Sie den Typ aller Matrizen in (3.74) an !

   (b) Ermitteln Sie $\tilde{M}^{-1}$ und $\tilde{M}^{-1}\tilde{N}$ in Blockstruktur !

   (c) Zeigen Sie, daß $\tilde{M}^{-1}\tilde{N}$ wieder nur Eigenwerte mit positiven Realteilen besitzt !

2. Führen Sie die Herleitung von (3.86) durch !

3. Zeigen Sie die Formel (3.93) !

4. Berechnen Sie (3.92) aus (3.86) !

5. Zeigen Sie

$$
\int_0^\infty \hat{G}(u)Q^{(k)}(u)\,du \;=\; \int_0^\delta \hat{G}(u)Q^{(k)}(u)\,du
$$
$$
+(-\gamma)^k H(\gamma)\left[e^{-\gamma\delta}M\hat{G}(\delta)+\frac{1}{2\gamma}e^{-2\gamma\delta}\sum_{l=0}^{2}(-\gamma)^l P_l\right]!
$$

3.2 Nichtlineare Modelle

3.2.1 Lösungsdarstellung nach der Störungsmethode

Die in Abschnitt 1.2 beschriebene Methode zur mathematischen Modellierung nichtlinearer mechanischer Schwingungssysteme führte auf die Differentialgleichungssysteme der Form

$$M\dot{z} + Nz + \eta \sum_{k=2}^{m} B_k(z) = h(t) + F(t,\omega)\,, \quad z(0) = z_0 \tag{3.94}$$

(vgl. (1.18)). M und N sind $(2n, 2n)$-Matrizen. Die Koordinaten der Vektoren $B_k(z)$ seien homogene Polynome k-ten Grades bezüglich der Koordinaten von z, d.h.

$$B_{k,p}(z) = \sum_{i_1,i_2,\ldots,i_k=1}^{2n} b_{pi_1 i_2 \ldots i_k} z_{i_1} z_{i_2} \cdots z_{i_k}\,, \tag{3.95}$$

wobei $b_{pi_1 i_2 \ldots i_k} = 0$ für $n < p \le 2n$ ist. Ohne Beschränkung der Allgemeinheit kann vorausgesetzt werden, daß die Koeffizienten $b_{pi_1 \ldots i_k}$ bezüglich der Indizes $i_1, \ldots, i_k$ symmetrisch sind, d.h. bei verschiedener Reihenfolge gleicher Indizes sind die Koeffizienten gleich. Es gilt zum Beispiel

$$b_{pi_1 i_2} = b_{pi_2 i_1}\,,$$
$$b_{pi_1 i_2 i_3} = b_{pi_1 i_3 i_2} = b_{pi_2 i_1 i_3} = b_{pi_2 i_3 i_1} = b_{pi_3 i_1 i_2} = b_{pi_3 i_2 i_1}\,.$$

Diese Symmetrie läßt sich bei der mathematischen Modellierung stets erreichen. Die Matrix M sei wiederum regulär, $h(t)$ sei eine stetige, nicht zufällige Vektorfunktion, und $F(t,\omega)$ sei ein zentrierter stochastischer Vektorprozeß mit stetigen Realisierungen.

Für die Lösung von (3.94) wird der Störungsansatz

$$z(t,\omega) = \sum_{l=0}^{\infty} {}^l z(t,\omega) \eta^l \tag{3.96}$$

gewählt. Zur Existenz der Lösungen und Darstellung gemäß (3.96) sei hier lediglich auf die Literatur über Differentialgleichungen verwiesen. Die gleichmäßige und absolute Konvergenz der Störungsreihe (3.96) gegen die Lösung von (3.94) ist gesichert, wenn die nichtlinearen Terme durch hinreichend kleine Schranken abgeschätzt werden können.

Setzt man die Störungsreihe (3.96) in (3.95) ein, ergibt sich durch Umordnen nach Potenzen von η

$$B_{k,p}(z) = \sum_{l=0}^{\infty} {}^l B_{k,p}(z) \eta^l\,, \tag{3.97}$$

wobei die Koordinaten ${}^l B_{k,p}(z)$ der Vektoren ${}^l B_k(z)$ durch

$$
{}^l B_{k,p}(z) = \sum_{i_1, i_2, \ldots, i_k = 1}^{2n} b_{p i_1 i_2 \ldots i_k} \sum_{l_1 + l_2 + \cdots + l_k = l} {}^{l_1} z_{i_1} \, {}^{l_2} z_{i_2} \cdots {}^{l_k} z_{i_k} \tag{3.98}
$$

definiert sind. Mit der Störungsreihe (3.96) erhält man nun unter Berücksichtigung von (3.97) aus (3.94)

$$
M \sum_{l=0}^{\infty} {}^l \dot{z} \eta^l + N \sum_{l=0}^{\infty} {}^l z \eta^l + \sum_{k=2}^{m} \sum_{l=0}^{\infty} {}^l B_k(z) \eta^{l+1} = h(t) + F(t, \omega) \,,
$$

woraus durch einen Koeffizientenvergleich bezüglich η die Differentialgleichungssysteme

$$
\begin{aligned}
M \, {}^0 \dot{z} + N \, {}^0 z &= h(t) + F(t, \omega) \\
M \, {}^l \dot{z} + N \, {}^l z &= -\sum_{k=2}^{m} {}^{l-1} B_k(z), \quad l = 1, 2, 3, \ldots
\end{aligned} \tag{3.99}
$$

folgen. Als Anfangsbedingungen sind ${}^0 z(0) = z_0$ und ${}^l z(0) = O$ für $l \geq 1$ zu wählen. Aus (3.98) erkennt man, daß das Differentialgleichungssystem für die Näherung ${}^l z$ ($l \geq 1$) auf der rechten Seite nur die Näherungen ${}^0 z, {}^1 z, \ldots, {}^{l-1} z$ enthält. Folglich lassen sich die Systeme (3.99) rekursiv lösen.

${}^0 z(t, \omega)$ ist die Lösung des zugehörigen linearen Differentialgleichungssystems ((3.94) mit $\eta = 0$), dessen Lösung im Abschnitt 3.1 bereits ausführlich untersucht wurde.

Im folgenden wird wieder stets vorausgesetzt, daß die Matrix $M^{-1} N$ nur Eigenwerte mit positiven Realteilen besitzt. Dann sind

$$
\begin{aligned}
{}^0 \bar{z}(t, \omega) &= \int_{-\infty}^{t} G(t - s)[h(s) + F(s, \omega)] \, ds \\
{}^l \bar{z}(t, \omega) &= -\sum_{k=2}^{m} \int_{-\infty}^{t} G(t - s) \, {}^{l-1} B_k(\bar{z}(s, \omega)) \, ds, \quad l \geq 1
\end{aligned} \tag{3.100}
$$

die Lösungen von (3.99) nach einer hinreichend großen Einschwingzeit, wobei $G(t)$ wieder durch

$$
G(t) = \exp(-M^{-1} N t) M^{-1}
$$

definiert ist (vgl. hierzu auch Abschnitt 3.1.1).

Für das zu (3.94) gehörende gemittelte Problem

$$
M \dot{z}_m + N z_m + \eta \sum_{k=2}^{m} B_k(z_m) = h(t) \tag{3.101}
$$

erhält man in analoger Weise

$$\bar{z}_m(t) = \sum_{l=0}^{\infty} {}^l\bar{z}_m(t)\eta^l \quad \text{mit}$$

$$ {}^0\bar{z}_m(t) = \int_{-\infty}^{t} G(t-s)h(s)\,ds\,, \tag{3.102}$$

$$ {}^l\bar{z}_m(t) = -\sum_{k=2}^{m} \int_{-\infty}^{t} G(t-s)^{l-1}B_k(\bar{z}_m(s))\,ds\,, \quad l \geq 1\,.$$

Für die Abweichung der Lösung des stochastischen Problems von der Lösung des gemittelten Problems nach einer Einschwingzeit

$$\bar{w}(t,\omega) = \bar{z}(t,\omega) - \bar{z}_m(t)$$

ergibt sich

$$\bar{w}(t,\omega) = \sum_{l=0}^{\infty} {}^l\bar{w}(t,\omega)\eta^l \quad \text{mit} \quad {}^l\bar{w}(t,\omega) = {}^l\bar{z}(t,\omega) - {}^l\bar{z}_m(t)\,. \tag{3.103}$$

Durch rekursives Einsetzen kann man nun ${}^l\bar{z}(t,\omega)$ bzw. ${}^l\bar{z}_m(t)$ in Abhängigkeit von ${}^0\bar{z}(t,\omega)$ bzw. ${}^0\bar{z}_m(t)$ ausdrücken. Man erhält insbesondere für $l=1$ und $l=2$ in Koordinatenschreibweise:

$${}^1\bar{z}_i(t,\omega)$$

$$= -\sum_{k=2}^{m}\sum_{p=1}^{2n} \int_{-\infty}^{t} G_{ip}(t-s)\,{}^0B_{k,p}(\bar{z}(s,\omega))\,ds$$

$$= -\sum_{k=2}^{m}\sum_{p=1}^{n}\sum_{i_1,i_2,\ldots,i_k=1}^{2n} b_{pi_1i_2\ldots i_k}$$

$$\int_{-\infty}^{t} G_{ip}(t-s)\,{}^0\bar{z}_{i_1}(s,\omega)\,{}^0\bar{z}_{i_2}(s,\omega)\cdots{}^0\bar{z}_{i_k}(s,\omega)\,ds$$

$$= -\sum_{k=2}^{m}\sum_{p=1}^{n}\sum_{i_1,i_2,\ldots,i_k=1}^{2n} b_{pi_1i_2\ldots i_k} \int_{-\infty}^{t} G_{ip}(t-s)\prod_{\mu=1}^{k} {}^0\bar{z}_{i_\mu}(s,\omega)\,ds\,, \tag{3.104}$$

$${}^2\bar{z}_i(t,\omega)$$

$$= -\sum_{k=2}^{m}\sum_{p=1}^{2n} \int_{-\infty}^{t} G_{ip}(t-s)\,{}^1B_{k,p}(\bar{z}(s,\omega))\,ds$$

$$= -\sum_{k=2}^{m}\sum_{p=1}^{n}\sum_{i_1,i_2,\ldots,i_k=1}^{2n} b_{pi_1i_2\ldots i_k}$$

$$\sum_{l_1+l_2+\cdots+l_k=1}\int_{-\infty}^{t} G_{ip}(t-s)\,^{l_1}\bar{z}_{i_1}(s,\omega)\,^{l_2}\bar{z}_{i_2}(s,\omega)\cdots^{l_k}\bar{z}_{i_k}(s,\omega)\,ds$$

$$= -\sum_{k=2}^{m}\sum_{p=1}^{n}\sum_{i_1,i_2,\ldots,i_k=1}^{2n}\sum_{\kappa=1}^{k} b_{pi_1i_2\ldots i_k}$$

$$\int_{-\infty}^{t} G_{ip}(t-s)\,^{1}\bar{z}_{i_\kappa}(s,\omega)\prod_{\substack{\nu=1\\\nu\neq\kappa}}^{k}\,^{0}\bar{z}_{i_\nu}(s,\omega)\,ds$$

$$= \sum_{k,l=2}^{m}\sum_{p,q=1}^{n}\sum_{i_1,i_2,\ldots,i_k=1}^{2n}\sum_{j_1,j_2,\ldots,j_l=1}^{2n}\sum_{\kappa=1}^{k} b_{pi_1i_2\ldots i_k}b_{qj_1j_2\ldots j_l}$$

$$\int_{-\infty}^{t}\int_{-\infty}^{s} G_{ip}(t-s)G_{i_\kappa q}(s-u)\prod_{\mu=1}^{l}\,^{0}\bar{z}_{j_\mu}(u,\omega)\prod_{\substack{\nu=1\\\nu\neq\kappa}}^{k}\,^{0}\bar{z}_{i_\nu}(s,\omega)\,du\,ds\,,$$

$$(3.105)$$

$$^{1}\bar{z}_{mi}(t)$$

$$= -\sum_{k=2}^{m}\sum_{p=1}^{n}\sum_{i_1,i_2,\ldots,i_k=1}^{2n} b_{pi_1i_2\ldots i_k}\int_{-\infty}^{t} G_{ip}(t-s)\prod_{\mu=1}^{k}\,^{0}\bar{z}_{mi_\mu}(s)\,ds\,,\qquad(3.106)$$

$$^{2}\bar{z}_{mi}(t)$$

$$= \sum_{k,l=2}^{m}\sum_{p,q=1}^{n}\sum_{i_1,i_2,\ldots,i_k=1}^{2n}\sum_{j_1,j_2,\ldots,j_l=1}^{2n}\sum_{\kappa=1}^{k} b_{pi_1i_2\ldots i_k}b_{qj_1j_2\ldots j_l}$$

$$\int_{-\infty}^{t}\int_{-\infty}^{s} G_{ip}(t-s)G_{i_\kappa q}(s-u)\prod_{\mu=1}^{l}\,^{0}\bar{z}_{mj_\mu}(u)\prod_{\substack{\nu=1\\\nu\neq\kappa}}^{k}\,^{0}\bar{z}_{mi_\nu}(s)\,du\,ds\,.$$

$$(3.107)$$

Man erkennt, daß der Integrand von $^{1}\bar{z}_i(t,\omega)$ ein Produkt von mindestens zwei Faktoren der Koordinaten von $^{0}\bar{z}(t,\omega)$ enthält. Der Integrand von $^{2}\bar{z}_i(t,\omega)$ enthält mindestens drei Faktoren der Koordinaten von $^{0}\bar{z}(t,\omega)$. Durch induktive Schlüsse kann man sich leicht überlegen, daß im Integranden von $^{l}\bar{z}_i(t,\omega)$ ($l \geq 1$) mindestens $l+1$ Faktoren der Koordinaten von $^0\bar z(t,\omega)$ vorkommen. Analoge Aussagen gelten natürlich auch für die Koordinaten von $^l\bar z_m(t)$.

In den folgenden Abschnitten werden Approximationen für die ersten beiden Momente der Lösungen von (3.94) berechnet. Die dazu benötigten mathematischen Methoden werden exemplarisch für spezielle Modelle vorgestellt.

3.2.2　Schwach korreliert verbundene Erregung

In diesem Abschnitt werden nichtlineare Differentialgleichungssysteme (3.94) mit schwach korreliert verbundener Erregung untersucht. Die Methode wird für den speziellen Fall $F(t,\omega) = P_0 f_\epsilon(t,\omega)$ mit einem schwach korreliert und schwach stationär verbundenen Vektorprozeß $f_\epsilon(t,\omega)$ mit der Intensitätsmatrix a erläutert. Das Differentialgleichungssystem (3.94) hat also die Form

$$M\dot z + Nz + \eta \sum_{k=2}^{m} B_k(z) = h(t) + P_0 f_\epsilon(t,\omega). \tag{3.108}$$

Die Momente der Lösungen nach einer hinreichend großen Einschwingzeit sollen bis zu Gliedern der Ordnung 1 bezüglich η approximiert werden. Man erhält aus (3.96) für die ersten beiden Momente

$$
\begin{aligned}
\langle \bar z(t)\rangle &= \langle {}^0\bar z(t)\rangle + \langle {}^1\bar z(t)\rangle\,\eta + O(\eta^2)\\
\langle \bar z(t_1)\bar z^T(t_2)\rangle &= \langle {}^0\bar z(t_1){}^0\bar z^T(t_2)\rangle + [\langle {}^0\bar z(t_1){}^1\bar z^T(t_2)\rangle + \langle {}^1\bar z(t_1){}^0\bar z^T(t_2)\rangle]\eta\\
&\quad + O(\eta^2).
\end{aligned}
\tag{3.109}
$$

Nun werden alle in (3.109) vorkommenden Momente bezüglich der Korrelationslänge ε approximiert. Zunächst folgt aus (3.100) und (3.102)

$$
\begin{aligned}
{}^0\bar z(t,\omega) &= \int_{-\infty}^{t} G(t-s)h(s)\,ds + \int_{-\infty}^{t} G(t-s)P_0 f_\epsilon(s,\omega)\,ds\\
&= {}^0\bar z_m(t) + {}^0\bar w(t,\omega) \quad \text{mit}\\
{}^0\bar w(t,\omega) &= {}^0\bar z(t,\omega) - {}^0\bar z_m(t) = \int_{-\infty}^{t} G(t-s)P_0 f_\epsilon(s,\omega)\,ds
\end{aligned}
\tag{3.110}
$$

(vgl. auch (3.103)).

Die linearen Funktionale $^0\bar w(t,\omega)$ wurden im Abschnitt 3.1.3 bereits ausführlich untersucht. Mit diesen Resultaten ergibt sich nun

$$
\begin{aligned}
\langle {}^0\bar z(t)\rangle &= {}^0\bar z_m(t),\\
\langle {}^0\bar z(t_1){}^0\bar z^T(t_2)\rangle &= \langle ({}^0\bar z_m(t_1) + {}^0\bar w(t_1))({}^0\bar z_m(t_2) + {}^0\bar w(t_2))^T\rangle\\
&= {}^0\bar z_m(t_1){}^0\bar z_m^T(t_2) + {}^0\bar z_m(t_1)\langle {}^0\bar w^T(t_2)\rangle\\
&\quad + \langle {}^0\bar w(t_1)\rangle {}^0\bar z_m^T(t_2) + \langle {}^0\bar w(t_1){}^0\bar w^T(t_2)\rangle\\
&= {}^0\bar z_m(t_1){}^0\bar z_m^T(t_2) + R_{{}^0\bar w\,{}^0\bar w}(t_2 - t_1)\\
&= {}^0\bar z_m(t_1){}^0\bar z_m^T(t_2) + \varepsilon R^0(t_2 - t_1) + O(\varepsilon^2).
\end{aligned}
\tag{3.111}
$$

Für die Kovarianzfunktionsmatrix von $^0\bar{w}(t,\omega)$ wurde die Approximation

$$R_{^0\bar{w}^0\bar{w}}(t) = \varepsilon R^0(t) + O(\varepsilon^2) \tag{3.112}$$

mit der Matrixfunktion

$$R^0(t) = \begin{cases} G(-t)MQ^{00} & \text{für} \quad t \le 0 \\ Q^{00} & \text{für} \quad t = 0 \\ Q^{00}M^T G^T(t) & \text{für} \quad t \ge 0 \end{cases} \tag{3.113}$$

und

$$Q^{00} = \int_0^\infty G(u)P_0 a P_0^T G^T(u)\, du$$

eingesetzt (vgl. (3.34) und (3.35)).

Die restlichen Momente in (3.109) werden ebenfalls auf Momente von $^0\bar{w}(t,\omega)$ zurückgeführt, um die Approximationsformeln für Momente linearer Funktionale schwach korreliert verbundener Vektorprozesse anwenden zu können. Aus (3.104) folgt

$$\left\langle ^1\bar{z}_i(t) \right\rangle = -\sum_{k=2}^m \sum_{p=1}^n \sum_{i_1,\ldots,i_k=1}^{2n} b_{pi_1\ldots i_k}$$
$$\int\limits_{-\infty}^t G_{ip}(t-s) \left\langle \prod_{\mu=1}^k \left(^0\bar{z}_{mi_\mu}(s) + {}^0\bar{w}_{i_\mu}(s) \right) \right\rangle ds\,.$$

Nun werden die im Integranden vorkommenden Momente

$$\left\langle \prod_{\mu=1}^k \left(^0\bar{z}_{mi_\mu}(s) + {}^0\bar{w}_{i_\mu}(s) \right) \right\rangle$$

untersucht. Es entsteht eine Summe, deren Summanden die Form

$$\left\langle ^0\bar{w}_{i_1}(s)\cdots {}^0\bar{w}_{i_l}(s) \right\rangle {}^0\bar{z}_{mi_{l+1}}(s)\cdots {}^0\bar{z}_{mi_k}(s)$$

haben. Es ist

$$\left\langle ^0\bar{w}_i(s) \right\rangle = 0$$

und

$$\left\langle ^0\bar{w}_{i_1}(s_1)\, ^0\bar{w}_{i_2}(s_2)\cdots {}^0\bar{w}_{i_l}(s_l) \right\rangle = \begin{cases} O(\varepsilon^{l/2}) & \text{für } l \text{ gerade} \\ O(\varepsilon^{(l+1)/2}) & \text{für } l \text{ ungerade}, l \ge 3 \end{cases} \tag{3.114}$$

(vgl. (1.28)). Die obigen Summanden sind also von der Ordnung $O(1)$ für $l = 0$ und verschwinden für $l = 1$. Für $l = 2$ ergeben sich Ausdrücke der Ordnung

$O(\varepsilon)$, für $l \geq 3$ folgt mindestens die Ordnung $O(\varepsilon^2)$. Berücksichtigt man bei der Approximation nur Terme bis zur Ordnung $O(\varepsilon)$, so ergibt sich

$$\left\langle \prod_{\mu=1}^{k} \left({}^0\bar{z}_{mi_\mu}(s) + {}^0\bar{w}_{i_\mu}(s) \right) \right\rangle$$

$$= \prod_{\mu=1}^{k} {}^0\bar{z}_{mi_\mu}(s) + \sum_{1 \leq q < r \leq k} \left\langle {}^0\bar{w}_{i_q}(s){}^0\bar{w}_{i_r}(s) \right\rangle \prod_{\substack{\mu=1 \\ \mu \neq q,r}}^{k} {}^0\bar{z}_{mi_\mu}(s) + O(\varepsilon^2) \,,$$

und mit (3.112) erhält man

$$\left\langle {}^1\bar{z}_i(t) \right\rangle$$

$$= -\sum_{k=2}^{m} \sum_{p=1}^{n} \sum_{i_1,\ldots,i_k=1}^{2n} b_{pi_1\ldots i_k} \int_{-\infty}^{t} G_{ip}(t-s) \prod_{\mu=1}^{k} {}^0\bar{z}_{mi_\mu}(s)\, ds$$

$$- \varepsilon \sum_{k=2}^{m} \sum_{p=1}^{n} \sum_{i_1,\ldots,i_k=1}^{2n} \sum_{1 \leq q < r \leq k} b_{pi_1\ldots i_k} R^0_{i_q i_r}(0) \int_{-\infty}^{t} G_{ip}(t-s) \prod_{\substack{\mu=1 \\ \mu \neq q,r}}^{k} {}^0\bar{z}_{mi_\mu}(s)\, ds$$

$$+ O(\varepsilon^2) \,.$$

Setzt man

$$E_i^1(t) \tag{3.115}$$

$$= -\sum_{k=2}^{m} \sum_{p=1}^{n} \sum_{i_1,\ldots,i_k=1}^{2n} \sum_{1 \leq q < r \leq k} b_{pi_1\ldots i_k} R^0_{i_q i_r}(0) \int_{-\infty}^{t} G_{ip}(t-s) \prod_{\substack{\mu=1 \\ \mu \neq q,r}}^{k} {}^0\bar{z}_{mi_\mu}(s)\, ds \,,$$

ergibt sich schließlich unter Berücksichtigung von (3.106)

$$\left\langle {}^1\bar{z}_i(t) \right\rangle = {}^1\bar{z}_{mi}(t) + \varepsilon E_i^1(t) + O(\varepsilon^2) \,. \tag{3.116}$$

An dieser Stelle sei bereits auf einen Vorteil dieser Approximationsmethode hingewiesen, der auch in den nachfolgenden Berechnungen auftreten wird. Gegenüber einer exakten Berechnung von $\left\langle {}^1\bar{z}(t) \right\rangle$ werden für die Approximationen bezüglich der Korrelationslänge ε nur wenige Summanden benötigt, die sich nach (3.114) in einfacher Weise auffinden lassen. Außerdem treten in (3.116) nur noch zweite Momente von ${}^0\bar{w}(t,\omega)$ auf, die sich gemäß (3.112) berechnen lassen, während in der ursprünglichen Formel k-te Momente ($2 \leq k \leq m$) von ${}^0\bar{w}(t,\omega)$ enthalten sind. Dieser Vorteil der Approximation bezüglich der Korrelationslänge ε wird sich natürlich auch auf numerische Berechnungen auswirken.

Mit (3.104) erhält man

$$\left\langle {}^1\bar{z}_i(t_1){}^0\bar{z}_j(t_2)\right\rangle$$
$$= \left\langle {}^1\bar{z}_i(t_1)({}^0\bar{z}_{mj}(t_2) + {}^0\bar{w}_j(t_2))\right\rangle = \left\langle {}^1\bar{z}_i(t_1)\right\rangle{}^0\bar{z}_{mj}(t_2) + \left\langle {}^1\bar{z}_i(t_1){}^0\bar{w}_j(t_2)\right\rangle$$
$$= \left\langle {}^1\bar{z}_i(t_1)\right\rangle{}^0\bar{z}_{mj}(t_2)$$
$$- \sum_{k=2}^{m}\sum_{p=1}^{n}\sum_{i_1,\dots,i_k=1}^{2n} b_{pi_1\dots i_k}\int_{-\infty}^{t_1} G_{ip}(t_1-s)\left\langle {}^0\bar{w}_j(t_2)\prod_{\mu=1}^{k}{}^0\bar{z}_{i_\mu}(s)\right\rangle ds\,.$$

Aus (3.114) folgt durch analoge Schlüsse zu den obigen Betrachtungen

$$\left\langle {}^0\bar{w}_j(t_2)\prod_{\mu=1}^{k}{}^0\bar{z}_{i_\mu}(s)\right\rangle = \left\langle {}^0\bar{w}_j(t_2)\prod_{\mu=1}^{k}({}^0\bar{z}_{mi_\mu}(s) + {}^0\bar{w}_{i_\mu}(s))\right\rangle$$
$$= \sum_{q=1}^{k}\left\langle {}^0\bar{w}_{i_q}(s){}^0\bar{w}_j(t_2)\right\rangle\prod_{\substack{\mu=1\\\mu\neq q}}^{k}{}^0\bar{z}_{mi_\mu}(s) + O(\varepsilon^2)$$
$$= \varepsilon\sum_{q=1}^{k} R_{i_q j}^0(t_2-s)\prod_{\substack{\mu=1\\\mu\neq q}}^{k}{}^0\bar{z}_{mi_\mu}(s) + O(\varepsilon^2)\,.$$

Definiert man

$$R_{ij}^1(t_1,t_2) \tag{3.117}$$
$$= -\sum_{k=2}^{m}\sum_{p=1}^{n}\sum_{i_1,\dots,i_k=1}^{2n}\sum_{q=1}^{k} b_{pi_1\dots i_k}\int_{-\infty}^{t_1} G_{ip}(t_1-s)R_{i_q j}^0(t_2-s)\prod_{\substack{\mu=1\\\mu\neq q}}^{k}{}^0\bar{z}_{mi_\mu}(s)\,ds\,,$$

ergibt sich damit

$$\left\langle {}^1\bar{z}_i(t_1){}^0\bar{z}_j(t_2)\right\rangle$$
$$= \left[{}^1\bar{z}_{mi}(t_1) + \varepsilon E_i^1(t_1)\right]{}^0\bar{z}_{mj}(t_2) + \varepsilon R_{ij}^1(t_1,t_2) + O(\varepsilon^2) \tag{3.118}$$
$$= {}^1\bar{z}_{mi}(t_1){}^0\bar{z}_{mj}(t_2) + \varepsilon\left[E_i^1(t_1){}^0\bar{z}_{mj}(t_2) + R_{ij}^1(t_1,t_2)\right] + O(\varepsilon^2)$$

und durch entsprechende Vertauschung der Indizes und Argumente

$$\left\langle {}^0\bar{z}_i(t_1){}^1\bar{z}_j(t_2)\right\rangle \tag{3.119}$$
$$= {}^0\bar{z}_{mi}(t_1){}^1\bar{z}_{mj}(t_2) + \varepsilon\left[E_j^1(t_2){}^0\bar{z}_{mi}(t_1) + R_{ji}^1(t_2,t_1)\right] + O(\varepsilon^2)\,.$$

Setzt man diese Approximationen (3.111), (3.116), (3.118), (3.119) erster Ordnung bezüglich der Korrelationslänge ε in die Approximationsformeln (3.109) bezüglich η ein, erhält man schließlich Näherungen für die ersten beiden Momente der Lösungen von (3.108) nach einer Einschwingzeit. Vernachlässigt man alle Restglieder bezüglich η und ε, ergibt sich

$$\langle \bar{z}_i(t)\rangle \approx {}^0\bar{z}_{mi}(t) + \eta \left[{}^1\bar{z}_{mi}(t) + \varepsilon E_i^1(t)\right] \,, \tag{3.120}$$

$$
\begin{aligned}
&\langle \bar{z}_i(t_1)\bar{z}_j(t_2)\rangle \\
&\approx {}^0\bar{z}_{mi}(t_1){}^0\bar{z}_{mj}(t_2) + \varepsilon R_{ij}^0(t_2 - t_1) \\
&\quad + \eta \left\{ {}^1\bar{z}_{mi}(t_1){}^0\bar{z}_{mj}(t_2) + {}^0\bar{z}_{mi}(t_1){}^1\bar{z}_{mj}(t_2) \right. \\
&\quad \left. + \varepsilon \left[E_i^1(t_1){}^0\bar{z}_{mj}(t_2) + E_j^1(t_2){}^0\bar{z}_{mi}(t_1) + R_{ij}^1(t_1,t_2) + R_{ji}^1(t_2,t_1)\right]\right\} \,.
\end{aligned}
\tag{3.121}
$$

An dieser Stelle sei auf einen Unterschied zu linearen Systemen hingewiesen. Bei diesen stimmte der Erwartungswert der Lösung des stochastischen Problems mit der Lösung des gemittelten Problems überein. Wie (3.120) zeigt, ist das bei nichtlinearen Systemen im allgemeinen nicht der Fall.

Mit Hilfe von (3.120) und (3.121) ermittelt man nun die Kovarianzfunktionen für die Lösungen von (3.108). Bei Vernachlässigung aller Restglieder ist

$$
\begin{aligned}
R_{\bar{z}_i\bar{z}_j}(t_1,t_2) &= \langle (\bar{z}_i(t_1) - \langle \bar{z}_i(t_1)\rangle)(\bar{z}_j(t_2) - \langle \bar{z}_j(t_2)\rangle)\rangle \\
&= \langle \bar{z}_i(t_1)\bar{z}_j(t_2)\rangle - \langle \bar{z}_i(t_1)\rangle \langle \bar{z}_j(t_2)\rangle \\
&\approx \varepsilon R_{ij}^0(t_2 - t_1) + \varepsilon\eta \left[R_{ij}^1(t_1,t_2) + R_{ji}^1(t_2,t_1)\right] \,.
\end{aligned}
\tag{3.122}
$$

Hier ist erneut ein Unterschied zu linearen Systemen festzustellen. Die Kovarianzfunktionen sind nicht nur von der Zeitdifferenz abhängig. Außerdem ist der Erwartungswert (3.120) zeitabhängig. Die Lösungen des stochastischen Problems sind also bei schwach stationär verbundener Erregung im allgemeinen nicht schwach stationär verbunden.

Für viele Anwendungen ist besonders die Abweichung der Lösung des stochastischen Problems von der Lösung des gemittelten Problems von Interesse. Für diese Abweichung $\bar{w}(t,\omega)$ (vgl. (3.103)) erhält man nun mit (3.120) und (3.121) bei Vernachlässigung aller Restglieder die Approximationen

$$\langle \bar{w}_i(t)\rangle = \langle \bar{z}_i(t)\rangle - \bar{z}_{mi}(t) \approx \varepsilon\eta E_i^1(t) \tag{3.123}$$

für die Erwartungswerte,

$$
\begin{aligned}
&\langle \bar{w}_i(t_1)\bar{w}_j(t_2)\rangle \\
&= \langle (\bar{z}_i(t_1) - \bar{z}_{mi}(t_1))(\bar{z}_j(t_2) - \bar{z}_{mj}(t_2))\rangle \\
&= \langle \bar{z}_i(t_1)\bar{z}_j(t_2)\rangle - \langle \bar{z}_i(t_1)\rangle \bar{z}_{mj}(t_2) - \bar{z}_{mi}(t_1)\langle \bar{z}_j(t_2)\rangle + \bar{z}_{mi}(t_1)\bar{z}_{mj}(t_2) \\
&\approx \varepsilon R_{ij}^0(t_2 - t_1) + \varepsilon\eta \left[R_{ij}^1(t_1,t_2) + R_{ji}^1(t_2,t_1)\right]
\end{aligned}
\tag{3.124}
$$

für die zweiten Momente und

$$
\begin{aligned}
R_{\bar{w}_i\bar{w}_j}(t_1,t_2) &= \langle (\bar{w}_i(t_1) - \langle \bar{w}_i(t_1)\rangle)(\bar{w}_j(t_2) - \langle \bar{w}_j(t_2)\rangle)\rangle \\
&= \langle \bar{w}_i(t_1)\bar{w}_j(t_2)\rangle - \langle \bar{w}_i(t_1)\rangle \langle \bar{w}_j(t_2)\rangle \\
&\approx \varepsilon R_{ij}^0(t_2 - t_1) + \varepsilon\eta \left[R_{ij}^1(t_1,t_2) + R_{ji}^1(t_2,t_1)\right] \,.
\end{aligned}
\tag{3.125}
$$

für die Kovarianzfunktionen.

Es ist festzustellen, daß die Kovarianzfunktionen von $\bar{z}(t,\omega)$ und $\bar{w}(t,\omega)$ in dieser Approximationsordnung übereinstimmen. Verfolgt man die Herleitung dieser Formeln, erkennt man, daß diese Eigenschaft darin begründet ist, daß die Erwartungswerte $\langle \bar{w}_i(t) \rangle$ von der Ordnung $O(\eta)$ sind. Diese Eigenschaft wird also nicht gelten, wenn man höhere Näherungen bezüglich der Entwicklung nach dem Parameter η ermittelt. Solche höheren Näherungen lassen sich mit der gleichen Methode auf zweite Momente von ${}^0\bar{z}(t,\omega)$ zurückführen, wenn alle zu berücksichtigende Terme bezüglich der Korrelationslänge ε in erster Näherung berechnet werden. Schließlich sei bemerkt, daß diese Methode in ähnlicher Weise angewendet werden kann, wenn die rechten Seiten des Differentialgleichungssystems auch Ableitungen der Erregungsprozesse (vgl. Abschnitt 3.1.3) enthalten.

Im folgenden sollen nun noch die speziellen Fälle, bei denen die deterministischen Anteile der Erregungen konstant sind bzw. verschwinden, ausführlicher untersucht werden.

Fall $h(t) = h = const.$

Wegen

$$\int_{-\infty}^{t} G(t-s)\,ds \;=\; \left[(M^{-1}N)^{-1} \exp\left(-M^{-1}N(t-s)\right)M^{-1}\right]_{-\infty}^{t}$$
$$= \; (M^{-1}N)^{-1}M^{-1} = N^{-1}$$

erhält man aus (3.102) für den konstanten Vektor h

$$^0\bar{z}_m(t) = \int_{-\infty}^{t} G(t-s)\,ds\, h = N^{-1}h = {}^0\bar{z}_m\,.$$

Dann folgt aus dem Rekursionssystem für das gemittelte Problem, daß ${}^l\bar{z}_m(t)$ für alle $l \geq 0$ und damit auch $\bar{z}_m(t)$ konstante Vektoren sind. Die durch (3.115) definierten Funktionen $E_i^1(t)$ sind in diesem Fall ebenfalls konstant. Es ist

$$E_i^1 = -\sum_{k=2}^{m}\sum_{p=1}^{n}\sum_{i_1,\ldots,i_k=1}^{2n}\sum_{1\leq q<r\leq k} b_{p i_1 \ldots i_k} R_{i_q i_r}^0(0) N_{ip}^{-1} \prod_{\substack{\mu=1 \\ \mu\neq q,r}}^{k} {}^0\bar{z}_{m i_\mu}\,. \tag{3.126}$$

Aus (3.120) und (3.123) ergeben sich damit die konstanten Erwartungswerte

$$\langle \bar{z}_i \rangle \;\approx\; {}^0\bar{z}_{mi} + \eta\,{}^1\bar{z}_{mi} + \eta\,\varepsilon\,E_i^1\,,$$
$$\langle \bar{w}_i \rangle \;\approx\; \eta\,\varepsilon\,E_i^1 \tag{3.127}$$

in der gewählten Approximationsordnung bezüglich η und ε.

Die durch (3.117) definierten Funktionen $R_{ij}^1(t_1,t_2)$ lassen sich in diesem Fall ebenfalls vereinfachen. Eine lineare Integraltransformation ergibt

$$R^1_{ij}(t_1, t_2)$$

$$= -\sum_{k=2}^{m}\sum_{p=1}^{n}\sum_{i_1,\dots,i_k=1}^{2n}\sum_{q=1}^{k} b_{pi_1\dots i_k}\int_{-\infty}^{t_1} G_{ip}(t_1 - s)R^0_{i_q j}(t_2 - s)\,ds \prod_{\substack{\mu=1 \\ \mu \neq q}}^{k} {}^0\bar{z}_{mi_\mu}$$

$$= -\sum_{k=2}^{m}\sum_{p=1}^{n}\sum_{i_1,\dots,i_k=1}^{2n}\sum_{q=1}^{k} b_{pi_1\dots i_k}\int_{0}^{\infty} G_{ip}(s)R^0_{i_q j}(t_2 - t_1 + s)\,ds \prod_{\substack{\mu=1 \\ \mu \neq q}}^{k} {}^0\bar{z}_{mi_\mu}$$

$$= R^1_{ij}(t_2 - t_1)\,. \tag{3.128}$$

Setzt man dieses Resultat in die approximierten Kovarianzfunktionen (3.122) und (3.125) ein, erhält man mit der Zeitdifferenz $t = t_2 - t_1$

$$R_{\bar{z}_i \bar{z}_j}(t) = R_{\bar{w}_i \bar{w}_j}(t) \approx \varepsilon R^0_{ij}(t) + \varepsilon\,\eta\left[R^1_{ij}(t) + R^1_{ji}(-t)\right]\,. \tag{3.129}$$

In diesem Fall sind also die Vektorprozesse $\bar{z}(t,\omega)$ und $\bar{w}(t,\omega)$ bei der gewählten Approximationsordnung schwach stationär verbunden.

Nun sollen die Spektraldichten dieser Vektorprozesse ermittelt werden. Gemäß (3.129) sind dazu die Fouriertransformierten der Funktionen $R^0_{ij}(t)$, $R^1_{ij}(t)$ und $R^1_{ji}(-t)$ zu berechnen.

Zunächst erhält man mit den Resultaten aus Abschnitt 3.1.3 (insbesondere (3.37))

$$\begin{aligned}
S^0_{ij}(\alpha) &= \frac{1}{2\pi}\int_{-\infty}^{\infty} e^{-i\alpha t} R^0_{ij}(t)\,dt \\
&= \frac{1}{2\pi}\left[H(-i\alpha)MQ^{00} + Q^{00}M^T H^T(i\alpha)\right]\,,
\end{aligned}$$

wobei $H(t)$ wieder die durch

$$H(t) = (tM + N)^{-1}$$

definierte Übertragungsmatrix ist. Verwendet man (3.21), berechnet man die Fouriertransformierten

$$\begin{aligned}
\frac{1}{2\pi}\int_{-\infty}^{\infty} e^{-i\alpha t}\int_{0}^{\infty} G_{ip}(s)R^0_{i_q j}(t + s)\,ds\,dt \\
= \frac{1}{2\pi}\int_{0}^{\infty}\int_{-\infty}^{\infty} e^{-i\alpha t}G_{ip}(s)R^0_{i_q j}(t + s)\,dt\,ds \\
= \frac{1}{2\pi}\int_{0}^{\infty}\int_{-\infty}^{\infty} e^{-i\alpha(t-s)}G_{ip}(s)R^0_{i_q j}(t)\,dt\,ds \\
= \int_{0}^{\infty} e^{i\alpha s}G_{ip}(s)S^0_{i_q j}(\alpha)\,ds \\
= H_{ip}(-i\alpha)S^0_{i_q j}(\alpha)
\end{aligned}$$

und damit

$$S_{ij}^1(\alpha) = \frac{1}{2\pi}\int_{-\infty}^{\infty} e^{-i\alpha t}R_{ij}^1(t)\,dt$$

$$= -\sum_{k=2}^m \sum_{p=1}^n \sum_{i_1,\dots,i_k=1}^{2n} \sum_{q=1}^k b_{pi_1\dots i_k} H_{ip}(-i\alpha) S_{i_q j}^0(\alpha) \prod_{\substack{\mu=1 \\ \mu\neq q}}^k {}^0\bar{z}_{mi_\mu}\,.$$

Weiterhin gilt

$$\frac{1}{2\pi}\int_{-\infty}^{\infty} e^{-i\alpha t}R_{ji}^1(-t)\,dt = \frac{1}{2\pi}\int_{-\infty}^{\infty} e^{i\alpha t}R_{ji}^1(t)\,dt = S_{ji}^1(-\alpha)\,,$$

und die Beziehung (3.129) führt auf die Näherungen für die Spektraldichten

$$S_{\bar{z}_i\bar{z}_j}(\alpha) = S_{\bar{w}_i\bar{w}_j}(\alpha) \approx \varepsilon S_{ij}^0(\alpha) + \varepsilon\,\eta\left[S_{ij}^1(\alpha) + S_{ji}^1(-\alpha)\right]\,.$$

Fall $h(t) = O$

Nun wird der für viele Anwendungen wichtige Fall, bei dem die deterministischen Anteile der Erregung verschwinden, untersucht.

Zunächst kann dieser Fall natürlich als Spezialfall des vorangehenden Falles $h(t) = h = const$ behandelt werden. Wegen $h = O$ ist ${}^0\bar{z}_m(t) = O$, was nach (3.126) und (3.128)

$$E_i^1 = -\sum_{p=1}^n \sum_{i_1,i_2=1}^{2n} b_{pi_1 i_2} R_{i_1 i_2}^0 N_{ip}^{-1}\,,$$

$$R_{ij}^1(t) = 0 \quad \text{und} \quad S_{ij}^1(\alpha) = 0\,, \qquad i,j = 1,2,\dots,2n$$

zur Konsequenz hat. Demzufolge unterscheiden sich die Approximationen für die Kovarianzfunktionen und Spektraldichten von $\bar{z}(t,\omega)$ und $\bar{w}(t,\omega)$ in dieser Approximationsordnung nicht von den entsprechenden Kovarianzfunktionen und Spektraldichten der Lösungen des zugehörigen linearen Systems ((3.108) mit $\eta = 0$). Lediglich bei den Erwartungswerten (3.127) treten Korrekturterme der Ordnung η auf. Aus diesem Grund ist die bisher verwendete Approximationsmethode in diesem Fall ungeeignet. Deshalb werden im folgenden für diesen Fall andere Approximationsüberlegungen herangezogen.

Zunächst wird festgestellt, daß mit $h = O$ aus dem Rekursionssystem (3.102)

$$ {}^l\bar{z}_m(t) = O\,, \qquad l \geq 0$$

und damit

$$\bar{z}_m(t) = O$$

folgt. Dann ist

$$\bar{w}(t,\omega) = \bar{z}(t,\omega) \qquad \text{und} \qquad {}^l\bar{w}(t,\omega) = {}^l\bar{z}(t,\omega)\,, \qquad l \geq 0\,.$$

Für die ersten beiden Momente gilt nach (3.96)

$$\langle \bar{z}_i(t) \rangle = \sum_{l=0}^{\infty} \langle {}^l\bar{z}_i(t) \rangle \, \eta^l\,,$$

$$\langle \bar{z}_i(t_1)\bar{z}_j(t_2) \rangle = \sum_{l=0}^{\infty} \sum_{\mu+\nu=l} \langle {}^\mu\bar{z}_i(t_1){}^\nu\bar{z}_j(t_2) \rangle \, \eta^l\,. \tag{3.130}$$

Im Abschnitt 3.2.1 wurde festgestellt, daß sich ${}^l\bar{z}(t,\omega)$ rekursiv auf ${}^0\bar{z}(t,\omega)$ zurückführen läßt. In der Darstellung von ${}^l\bar{z}_i(t,\omega)$ treten dann Produkte von mindestens $l+1$ Faktoren der Koordinaten von ${}^0\bar{z}(t,\omega)$ auf. Wegen (3.114) gilt also

$$\langle {}^l\bar{z}_i(t) \rangle = \begin{cases} O(\varepsilon^{(l+1)/2}) & \text{für } l \text{ ungerade} \\ O(\varepsilon^{(l+2)/2}) & \text{für } l \text{ gerade} \end{cases}$$

und für $l = \mu + \nu$

$$\langle {}^\mu\bar{z}_i(t_1){}^\nu\bar{z}_j(t_2) \rangle = \begin{cases} O(\varepsilon^{(l+2)/2}) & \text{für } l \text{ gerade} \\ O(\varepsilon^{(l+3)/2}) & \text{für } l \text{ ungerade} \end{cases}$$

Demzufolge können nur folgende Momente von der Ordnung $O(\varepsilon)$ sein:

$$\langle {}^0\bar{z}_i(t) \rangle\,, \qquad \langle {}^1\bar{z}_i(t) \rangle \text{ und} \qquad \langle {}^0\bar{z}_i(t_1){}^0\bar{z}_j(t_2) \rangle\,.$$

Alle weiteren Momente sind mindestens von der Ordnung $O(\varepsilon^2)$. Daraus ist ersichtlich, daß man auch bei Approximationen höherer Ordnung bezüglich η die eingangs angeführten Resultate erhält. Um Unterschiede zwischen dem linearen und dem nichtlinearen Modell zu erhalten, sind in diesem speziellen Fall also Approximationen höherer Ordnung bezüglich der Korrelationslänge ε vorzunehmen.

Im folgenden sei nun die Aufgabe gestellt, die Momente (3.130) bezüglich ε so zu entwickeln, daß alle mit ε und ε^2 behafteten Terme berücksichtigt werden. Dann sind nach den vorangehenden Betrachtungen bei den Erwartungswerten nur die Summanden mit $l = 0, 1, 2, 3$ und bei den zweiten Momenten nur die Summanden mit $l = 0, 1, 2$ in die Approximationsformeln aufzunehmen, d.h.

$$\langle \bar{z}_i(t) \rangle = \langle {}^0\bar{z}_i(t) \rangle + \langle {}^1\bar{z}_i(t) \rangle \eta + \langle {}^2\bar{z}_i(t) \rangle \eta^2 + \langle {}^3\bar{z}_i(t) \rangle \eta^3 + O(\varepsilon^3)\,,$$

$$\langle \bar{z}_i(t_1)\bar{z}_j(t_2) \rangle = \langle {}^0\bar{z}_i(t_1){}^0\bar{z}_j(t_2) \rangle + \left[\langle {}^1\bar{z}_i(t_1){}^0\bar{z}_j(t_2) \rangle + \langle {}^0\bar{z}_i(t_1){}^1\bar{z}_j(t_2) \rangle \right] \eta$$

$$+ \left[\langle {}^2\bar{z}_i(t_1){}^0\bar{z}_j(t_2) \rangle + \langle {}^0\bar{z}_i(t_1){}^2\bar{z}_j(t_2) \rangle + \langle {}^1\bar{z}_i(t_1){}^1\bar{z}_j(t_2) \rangle \right] \eta^2$$

$$+ O(\varepsilon^3)\,. \tag{3.131}$$

Die Berechnung aller vorkommenden Momente wird nun auf Momente von

$$^0\bar{z}(t,\omega) = \int_{-\infty}^{t} G(t-s)P_0 f_\epsilon(s,\omega)\,ds \qquad (3.132)$$

zurückgeführt, um die Approximationsformeln für lineare Funktionale schwach korreliert verbundener Prozesse anwenden zu können.

Zunächst ist

$$\langle{}^0\bar{z}_i(t)\rangle = 0\,. \qquad (3.133)$$

Das zweite Moment $\langle{}^0\bar{z}_i(t_1){}^0\bar{z}_j(t_2)\rangle$ wurde in diesem Abschnitt bereits entwickelt, allerdings nur bis zu Termen der Ordnung ε. Jetzt sind aber auch die mit ε^2 behafteten Terme zu berücksichtigen. Auf theoretische Grundlagen für Entwicklungen höherer Ordnung von Momenten linearer Funktionale schwach korreliert verbundener Prozesse soll im Rahmen dieses Buches verzichtet werden. Es sei lediglich auf weiterführende Literatur (VOM SCHEIDT[32], VOM SCHEIDT; WÖHRL[36], WÖHRL[42]) verwiesen und das Ergebnis für die speziellen Funktionale (3.132) angegeben:

$$\langle{}^0\bar{z}_i(t_1){}^0\bar{z}_j(t_2)\rangle = \varepsilon D_{ij}^{00}(t_2 - t_1) + \varepsilon^2 \tilde{D}_{ij}^{00}(t_2 - t_1) + O(\varepsilon^3) \qquad (3.134)$$

mit den Matrixfunktionen

$$D^{00}(t) = \begin{cases} G(-t)MQ^{00}(a) & \text{für} \quad t \leq 0 \\ Q^{00}(a) & \text{für} \quad t = 0 \\ Q^{00}(a)M^T G^T(t) & \text{für} \quad t \geq 0 \end{cases}$$

(vgl. (3.113)),

$$\tilde{D}^{00}(t) = \begin{cases} G(-t)MQ^{00}(b) - M^{-1}NG(-t)MQ^{00}(\hat{a}) & \text{für} \quad t < 0 \\ Q^{00}(b) + Q^{00}(\hat{a})(M^{-1}N)^T \\ \quad + M^{-1}P_0\left[\int_{-1}^0 \bar{a}(s)ds - a\right]P_0^T M^{-T} & \text{für} \quad t = 0 \\ Q^{00}(b)M^T G^T(t) + Q^{00}(\hat{a})M^T G^T(t)(M^{-1}N)^T & \text{für} \quad t > 0 \end{cases}$$

und den Matrizen

$$Q^{00}(a) = \int_0^{\infty} G(u)P_0 a P_0^T G^T(u)\,du\,.$$

In diesen Formeln treten neben der Intensitätsmatrix a weitere Matrizen als Charakteristiken des schwach korreliert verbundenen Vektorprozesses $f_\epsilon(t,\omega)$ auf. Sie sind definiert durch die Entwicklungen

$$\int_{-\varepsilon}^{\varepsilon} R_{f_\epsilon f_\epsilon}(t)\,dt \;=\; \varepsilon a + \varepsilon^2 b + O(\varepsilon^3)\,,$$

$$\int_{-\varepsilon}^{\varepsilon} t R_{f_\epsilon f_\epsilon}(t)\,dt \;=\; \varepsilon^2 \hat{a} + O(\varepsilon^3)\,, \qquad\qquad (3.135)$$

$$\int_{u-1}^{0} R_{f_\epsilon f_\epsilon}(\varepsilon(t-u))\,dt \;=\; \bar{a}(u) + O(\varepsilon)\,,$$

und besitzen folgende Eigenschaften:

- Die Matrix a in (3.135) ist die Intensitätsmatrix,

- $a = a^T$, $b = b^T$,

- für die Korrelationsfunktionen $R_1(t)$ (vgl.(1.25)) und $R_2(t)$ (vgl.(1.29)) gilt $b = 0$,

- $\hat{a} = -\hat{a}^T$ und damit $\hat{a}_{ii} = 0$.

Nun werden alle weiteren Momente in (3.131) auf Momente der Koordinaten von $^0\bar{z}(t,\omega)$ zurückgeführt. Dabei finden nur solche Summanden Berücksichtigung, die von der Ordnung ε oder ε^2 sind. Die Auswahl dieser Summanden erfolgt nach (3.114). Es können also alle Terme vernachlässigt werden, die fünfte oder höhere Momente von $^0\bar{z}(t,\omega)$ enthalten. Es ergibt sich im einzelnen aus (3.100), (3.104), (3.105) und der Symmetrie der Koeffizienten der Nichtlinearitäten

$$\left\langle {}^1\bar{z}_i(t) \right\rangle$$

$$= \; -\sum_{k=2}^{4}\sum_{p=1}^{n}\sum_{i_1,\ldots,i_k=1}^{2n} b_{p i_1 \ldots i_k} \int_{-\infty}^{t} G_{ip}(t-s) \left\langle \prod_{\mu=1}^{k} {}^0\bar{z}_{i_\mu}(s) \right\rangle ds$$

$$+ O(\varepsilon^3)\,, \qquad\qquad (3.136)$$

$$\left\langle {}^2\bar{z}_i(t) \right\rangle$$

$$= \; \sum_{\substack{k,l=2 \\ k+l\leq 5}}^{3}\sum_{p,q=1}^{n}\sum_{i_1,\ldots,i_k=1}^{2n}\sum_{j_1,\ldots,j_l=1}^{2n}\sum_{\kappa=1}^{k} b_{p i_1 \ldots i_k} b_{q j_1 \ldots j_l}$$

$$\int_{-\infty}^{t}\int_{-\infty}^{s} G_{ip}(t-s) G_{i_\kappa q}(s-u) \left\langle \prod_{\mu=1}^{l} {}^0\bar{z}_{j_\mu}(u) \prod_{\substack{\nu=1 \\ \nu\neq\kappa}}^{k} {}^0\bar{z}_{i_\nu}(s) \right\rangle du\,ds$$

$$+ O(\varepsilon^3)$$

$$
\begin{aligned}
= \sum_{p,q=1}^{n} \sum_{i_1,i_2=1}^{2n} \sum_{j_1,j_2=1}^{2n} & b_{pi_1i_2} b_{qj_1j_2} \\
& \int_{-\infty}^{t} \int_{-\infty}^{s} G_{ip}(t-s) \left\{ G_{i_1q}(s-u) \left\langle {}^0\bar{z}_{j_1}(u){}^0\bar{z}_{j_2}(u){}^0\bar{z}_{i_2}(s) \right\rangle \right. \\
& \left. + G_{i_2q}(s-u) \left\langle {}^0\bar{z}_{j_1}(u){}^0\bar{z}_{j_2}(u){}^0\bar{z}_{i_1}(s) \right\rangle \right\} du\,ds
\end{aligned}
$$

$$
\begin{aligned}
+ \sum_{p,q=1}^{n} \sum_{i_1,i_2=1}^{2n} \sum_{j_1,j_2,j_3=1}^{2n} & b_{pi_1i_2} b_{qj_1j_2j_3} \\
& \int_{-\infty}^{t} \int_{-\infty}^{s} G_{ip}(t-s) \left\{ G_{i_1q}(s-u) \left\langle {}^0\bar{z}_{j_1}(u){}^0\bar{z}_{j_2}(u){}^0\bar{z}_{j_3}(u){}^0\bar{z}_{i_2}(s) \right\rangle \right. \\
& \left. + G_{i_2q}(s-u) \left\langle {}^0\bar{z}_{j_1}(u){}^0\bar{z}_{j_2}(u){}^0\bar{z}_{j_3}(u){}^0\bar{z}_{i_1}(s) \right\rangle \right\} du\,ds
\end{aligned}
$$

$$
\begin{aligned}
+ \sum_{p,q=1}^{n} \sum_{i_1,i_2,i_3=1}^{2n} \sum_{j_1,j_2=1}^{2n} & b_{pi_1i_2i_3} b_{qj_1j_2} \\
& \int_{-\infty}^{t} \int_{-\infty}^{s} G_{ip}(t-s) \left\{ G_{i_1q}(s-u) \left\langle {}^0\bar{z}_{j_1}(u){}^0\bar{z}_{j_2}(u){}^0\bar{z}_{i_2}(s){}^0\bar{z}_{i_3}(s) \right\rangle \right. \\
& + G_{i_2q}(s-u) \left\langle {}^0\bar{z}_{j_1}(u){}^0\bar{z}_{j_2}(u){}^0\bar{z}_{i_1}(s){}^0\bar{z}_{i_3}(s) \right\rangle \\
& \left. + G_{i_3q}(s-u) \left\langle {}^0\bar{z}_{j_1}(u){}^0\bar{z}_{j_2}(u){}^0\bar{z}_{i_1}(s){}^0\bar{z}_{i_2}(s) \right\rangle \right\} du\,ds
\end{aligned}
$$

$$
+ O(\varepsilon^3)
$$

$$
\begin{aligned}
= \; 2 \sum_{p,q=1}^{n} \sum_{i_1,\dots,i_4=1}^{2n} & b_{pi_1i_2} b_{qi_3i_4} \\
& \int_{-\infty}^{t} \int_{-\infty}^{s} G_{ip}(t-s) G_{i_1q}(s-u) \left\langle {}^0\bar{z}_{i_2}(s){}^0\bar{z}_{i_3}(u){}^0\bar{z}_{i_4}(u) \right\rangle du\,ds
\end{aligned}
$$

$$
\begin{aligned}
+ 2 \sum_{p,q=1}^{n} \sum_{i_1,\dots,i_5=1}^{2n} & b_{pi_1i_2} b_{qi_3i_4i_5} \\
& \int_{-\infty}^{t} \int_{-\infty}^{s} G_{ip}(t-s) G_{i_1q}(s-u) \left\langle {}^0\bar{z}_{i_2}(s){}^0\bar{z}_{i_3}(u){}^0\bar{z}_{i_4}(u){}^0\bar{z}_{i_5}(u) \right\rangle du\,ds
\end{aligned}
$$

$$
\begin{aligned}
+ 3 \sum_{p,q=1}^{n} \sum_{i_1,\dots,i_5=1}^{2n} & b_{pi_1i_2i_3} b_{qi_4i_5} \\
& \int_{-\infty}^{t} \int_{-\infty}^{s} G_{ip}(t-s) G_{i_1q}(s-u) \left\langle {}^0\bar{z}_{i_2}(s){}^0\bar{z}_{i_3}(s){}^0\bar{z}_{i_4}(u){}^0\bar{z}_{i_5}(u) \right\rangle du\,ds
\end{aligned}
$$

$$
+ O(\varepsilon^3) , \tag{3.137}
$$

$$\left\langle {}^{3}\bar{z}_i(t)\right\rangle$$

$$= -\sum_{k=2}^{m}\sum_{p=1}^{2n}\int_{-\infty}^{t} G_{ip}(t-s)\left\langle {}^{2}B_{k,p}(\bar{z}(s))\right\rangle ds$$

$$= -\sum_{k=2}^{m}\sum_{p=1}^{n}\sum_{i_1,\dots,i_k=1}^{2n} b_{pi_1\dots i_k}\sum_{l_1+\cdots+l_k=2}\int_{-\infty}^{t} G_{ip}(t-s)\left\langle {}^{l_1}\bar{z}_{i_1}(s)\cdots{}^{l_k}\bar{z}_{i_k}(s)\right\rangle ds$$

$$= -\sum_{p=1}^{n}\sum_{i_1,i_2=1}^{2n} b_{pi_1 i_2}\int_{-\infty}^{t} G_{ip}(t-s)\left[\left\langle {}^{2}\bar{z}_{i_1}(s){}^{0}\bar{z}_{i_2}(s)\right\rangle + \left\langle {}^{0}\bar{z}_{i_1}(s){}^{2}\bar{z}_{i_2}(s)\right\rangle\right] ds$$

$$-\sum_{p=1}^{n}\sum_{i_1,i_2=1}^{2n} b_{pi_1 i_2}\int_{-\infty}^{t} G_{ip}(t-s)\left\langle {}^{1}\bar{z}_{i_1}(s){}^{1}\bar{z}_{i_2}(s)\right\rangle ds + O(\varepsilon^3)$$

$$= -2\sum_{p=1}^{n}\sum_{i_1,i_2=1}^{2n} b_{pi_1 i_2}\int_{-\infty}^{t} G_{ip}(t-s)\left\langle {}^{2}\bar{z}_{i_1}(s){}^{0}\bar{z}_{i_2}(s)\right\rangle ds$$

$$-\sum_{p=1}^{n}\sum_{i_1,i_2=1}^{2n} b_{pi_1 i_2}\int_{-\infty}^{t} G_{ip}(t-s)\left\langle {}^{1}\bar{z}_{i_1}(s){}^{1}\bar{z}_{i_2}(s)\right\rangle ds + O(\varepsilon^3)$$

$$= -4\sum_{p_1,p_2,p_3=1}^{n}\sum_{i_1,\dots,i_6=1}^{2n} b_{p_1 i_1 i_2} b_{p_2 i_3 i_4} b_{p_3 i_5 i_6}$$

$$\int_{-\infty}^{t}\int_{-\infty}^{s}\int_{-\infty}^{u} G_{ip_1}(t-s)G_{i_1 p_2}(s-u)G_{i_3 p_3}(u-v)$$

$$\left\langle {}^{0}\bar{z}_{i_2}(s){}^{0}\bar{z}_{i_4}(u){}^{0}\bar{z}_{i_5}(v){}^{0}\bar{z}_{i_6}(v)\right\rangle dv\,du\,ds$$

$$-\sum_{p_1,p_2,p_3=1}^{n}\sum_{i_1,\dots,i_6=1}^{2n} b_{p_1 i_1 i_2} b_{p_2 i_3 i_4} b_{p_3 i_5 i_6}$$

$$\int_{-\infty}^{t}\int_{-\infty}^{s}\int_{-\infty}^{s} G_{ip_1}(t-s)G_{i_1 p_2}(s-u)G_{i_2 p_3}(s-v)$$

$$\left\langle {}^{0}\bar{z}_{i_3}(u){}^{0}\bar{z}_{i_4}(u){}^{0}\bar{z}_{i_5}(v){}^{0}\bar{z}_{i_6}(v)\right\rangle dv\,du\,ds$$

$$+O(\varepsilon^3), \tag{3.138}$$

$$\left\langle {}^1\bar{z}_i(t_1)\,{}^0\bar{z}_j(t_2)\right\rangle$$

$$= -\sum_{k=2}^{3}\sum_{p=1}^{n}\sum_{i_1,\dots,i_k=1}^{2n} b_{pi_1\dots i_k}\int_{-\infty}^{t_1} G_{ip}(t_1-s)\left\langle \prod_{\mu=1}^{k}{}^0\bar{z}_{i_\mu}(s)\,{}^0\bar{z}_j(t_2)\right\rangle ds + O(\varepsilon^3)$$

$$= -\sum_{p=1}^{n}\sum_{i_1,i_2=1}^{2n} b_{pi_1i_2}\int_{-\infty}^{t_1} G_{ip}(t_1-s)\left\langle {}^0\bar{z}_{i_1}(s)\,{}^0\bar{z}_{i_2}(s)\,{}^0\bar{z}_j(t_2)\right\rangle ds$$

$$-\sum_{p=1}^{n}\sum_{i_1,i_2,i_3=1}^{2n} b_{pi_1i_2i_3}\int_{-\infty}^{t_1} G_{ip}(t_1-s)\left\langle {}^0\bar{z}_{i_1}(s)\,{}^0\bar{z}_{i_2}(s)\,{}^0\bar{z}_{i_3}(s)\,{}^0\bar{z}_j(t_2)\right\rangle ds$$

$$+O(\varepsilon^3)\,, \tag{3.139}$$

$$\left\langle {}^1\bar{z}_i(t_1)\,{}^1\bar{z}_j(t_2)\right\rangle$$

$$= \sum_{p_1,p_2=1}^{n}\sum_{i_1,\dots,i_4=1}^{2n} b_{p_1i_1i_2}b_{p_2i_3i_4}$$

$$\int_{-\infty}^{t_1}\int_{-\infty}^{t_2} G_{ip_1}(t_1-u)G_{jp_2}(t_2-v)\left\langle {}^0\bar{z}_{i_1}(u)\,{}^0\bar{z}_{i_2}(u)\,{}^0\bar{z}_{i_3}(v)\,{}^0\bar{z}_{i_4}(v)\right\rangle dvdu$$

$$+O(\varepsilon^3)\,, \tag{3.140}$$

$$\left\langle {}^2\bar{z}_i(t_1)\,{}^0\bar{z}_j(t_2)\right\rangle$$

$$= \sum_{p_1,p_2=1}^{n}\sum_{i_1,\dots,i_4=1}^{2n} b_{p_1i_1i_2}b_{p_2i_3i_4}$$

$$\int_{-\infty}^{t_1}\int_{-\infty}^{s} G_{ip_1}(t_1-s)\Big\{ G_{i_1p_2}(s-u)\left\langle {}^0\bar{z}_{i_3}(u)\,{}^0\bar{z}_{i_4}(u)\,{}^0\bar{z}_{i_2}(s)\,{}^0\bar{z}_j(t_2)\right\rangle$$

$$+G_{i_2p_2}(s-u)\left\langle {}^0\bar{z}_{i_3}(u)\,{}^0\bar{z}_{i_4}(u)\,{}^0\bar{z}_{i_1}(s)\,{}^0\bar{z}_j(t_2)\right\rangle\Big\} duds$$

$$+O(\varepsilon^3)$$

$$= 2\sum_{p_1,p_2=1}^{n}\sum_{i_1,\dots,i_4=1}^{2n} b_{p_1i_1i_2}b_{p_2i_3i_4}$$

$$\int_{-\infty}^{t_1}\int_{-\infty}^{s} G_{ip_1}(t_1-s)G_{i_1p_2}(s-u)\left\langle {}^0\bar{z}_{i_2}(s)\,{}^0\bar{z}_{i_3}(u)\,{}^0\bar{z}_{i_4}(u)\,{}^0\bar{z}_j(t_2)\right\rangle duds$$

$$+O(\varepsilon^3)\,. \tag{3.141}$$

Aus (3.131) und (3.136) bis (3.141) ist ersichtlich, daß die Erwartungswerte nur die Polynomkoeffizienten $b_{pi_1\ldots i_k}$ mit $k = 2, 3, 4$ und die zweiten Momente nur die Koeffizienten $b_{pi_1\ldots i_k}$ mit $k = 2, 3$ der Nichtlinearitäten enthalten. Die Erwartungswerte bzw. zweiten Momente sind also nur von den homogenen Polynomen bis zum vierten bzw. dritten Grad der Nichtlinearitäten abhängig. Die Glieder höheren Grades der Polynome haben keinen Einfluß auf diese Approximationen zweiter Ordnung bezüglich der Korrelationslänge ε. Die Konsequenz dieser Eigenschaft ist, daß man nichtlineare Feder- bzw. Dämpferkennlinien durch Polynome mit beliebig hohem Grad hinreichend genau approximieren kann (z.B. mit der Methode der kleinsten Quadrate). Für die Ermittlung der ersten beiden Momente der Lösungen werden jedoch nur deren Glieder bis zum vierten Grad benötigt.

In den Approximationsformeln (3.136) bis (3.141) treten zweite, dritte und vierte Momente der Lösung $^0\bar{z}(t, \omega)$ des zugehörigen linearen Problems auf. Die zweiten Momente wurden gemäß (3.134) in zweiter Ordnung bezüglich der Korrelationslänge ε approximiert. Die dritten und vierten Momente sind nach (3.114) von der Ordnung ε^2. Für diese Momente kann man ähnliche Approximationsformeln wie für zweite Momente angeben, wobei die Entwicklungskoeffizienten von den bisher angegebenen und weiteren charakteristischen Funktionen des schwach korrelierten Vektorprozesses $f_\varepsilon(t, \omega)$ abhängen. Im Rahmen dieses Buches soll auf diese Approximation höherer Momente von linearen Funktionalen schwach korrelierter Prozesse verzichtet werden. Es sei dazu lediglich auf weiterführende Literatur (VOM SCHEIDT[32], VOM SCHEIDT; WÖHRL[36], WÖHRL[42]) verwiesen.

Im folgenden wird ein anderer Weg zur Berechnung der höheren Momente gewählt. Dazu wird zusätzlich vorausgestzt, daß $f_\varepsilon(t, \omega)$ ein Gaußscher Vektorprozeß ist. Dann verschwinden alle ungeraden Momente, und die geraden Momente zerfallen in Summen von Produkten zweiter Momente. Insbesondere gilt

$$
\begin{aligned}
\langle f_{i\varepsilon}(t_1) f_{j\varepsilon}(t_2) f_{k\varepsilon}(t_3) \rangle \; &= \; 0\,, \\
\langle f_{i\varepsilon}(t_1) f_{j\varepsilon}(t_2) f_{k\varepsilon}(t_3) f_{l\varepsilon}(t_4) \rangle \; &= \; \langle f_{i\varepsilon}(t_1) f_{j\varepsilon}(t_2) \rangle \, \langle f_{k\varepsilon}(t_3) f_{l\varepsilon}(t_4) \rangle \\
&\quad + \langle f_{i\varepsilon}(t_1) f_{k\varepsilon}(t_3) \rangle \, \langle f_{j\varepsilon}(t_2) f_{l\varepsilon}(t_4) \rangle \\
&\quad + \langle f_{i\varepsilon}(t_1) f_{l\varepsilon}(t_4) \rangle \, \langle f_{j\varepsilon}(t_2) f_{k\varepsilon}(t_3) \rangle
\end{aligned}
$$

(vgl. GICHMAN; SKOROCHOD[15]). Die Funktionale

$$
^0\bar{z}_i(t, \omega) = \sum_{p=1}^{2n} \int_{-\infty}^{t} \tilde{G}_{ip}(t - s) f_{p\varepsilon}(s, \omega)\, ds
$$

mit $\tilde{G}(t) = G(t)P_0$ (vgl. (3.132)) sind dann wiederum Gaußsche Prozesse. Es gilt insbesondere

$$\langle {}^0\bar{z}_i(t_1)\,{}^0\bar{z}_j(t_2)\,{}^0\bar{z}_k(t_3)\rangle$$

$$= \sum_{p_1,p_2,p_3=1}^{2n} \int_{-\infty}^{t_1}\int_{-\infty}^{t_2}\int_{-\infty}^{t_3} \tilde{G}_{ip_1}(t_1-s_1)\tilde{G}_{jp_2}(t_2-s_2)\tilde{G}_{kp_3}(t_3-s_3)$$

$$\langle f_{p_1\varepsilon}(s_1)f_{p_2\varepsilon}(s_2)f_{p_3\varepsilon}(s_3)\rangle\, ds_3 ds_2 ds_1$$

$$= 0 \,,$$

$$\langle {}^0\bar{z}_i(t_1)\,{}^0\bar{z}_j(t_2)\,{}^0\bar{z}_k(t_3)\,{}^0\bar{z}_l(t_4)\rangle$$

$$= \sum_{p_1,p_2,p_3,p_4=1}^{2n} \int_{-\infty}^{t_1}\int_{-\infty}^{t_2}\int_{-\infty}^{t_3}\int_{-\infty}^{t_4} \tilde{G}_{ip_1}(t_1-s_1)\tilde{G}_{jp_2}(t_2-s_2)\tilde{G}_{kp_3}(t_3-s_3)$$

$$\tilde{G}_{lp_4}(t_4-s_4)\,\langle f_{p_1\varepsilon}(s_1)f_{p_2\varepsilon}(s_2)f_{p_3\varepsilon}(s_3)f_{p_4\varepsilon}(s_4)\rangle\, ds_4 ds_3 ds_2 ds_1$$

$$= \langle {}^0\bar{z}_i(t_1)\,{}^0\bar{z}_j(t_2)\rangle\,\langle {}^0\bar{z}_k(t_3)\,{}^0\bar{z}_l(t_4)\rangle + \langle {}^0\bar{z}_i(t_1)\,{}^0\bar{z}_k(t_3)\rangle\,\langle {}^0\bar{z}_j(t_2)\,{}^0\bar{z}_l(t_4)\rangle$$

$$+ \langle {}^0\bar{z}_i(t_1)\,{}^0\bar{z}_l(t_4)\rangle\,\langle {}^0\bar{z}_j(t_2)\,{}^0\bar{z}_k(t_3)\rangle \,.$$

Setzt man die Approximationsformeln (3.134) ein, ergibt sich

$$\langle {}^0\bar{z}_i(t_1)\,{}^0\bar{z}_j(t_2)\,{}^0\bar{z}_k(t_3)\,{}^0\bar{z}_l(t_4)\rangle$$
$$= \varepsilon^2\left[D_{ij}^{00}(t_2-t_1)D_{kl}^{00}(t_4-t_3) + D_{ik}^{00}(t_3-t_1)D_{jl}^{00}(t_4-t_2)\right.$$
$$\left.+D_{il}^{00}(t_4-t_1)D_{jk}^{00}(t_3-t_2)\right]$$
$$+O(\varepsilon^3)\,.$$

Mit diesen Resultaten und linearen Integraltransformationen erhält man aus (3.136), (3.137) und (3.138) Approximationen für die ersten Momente in Abhängigkeit von den Matrixfunktionen $D^{00}(t)$ und $\tilde{D}^{00}(t)$:

$$\langle {}^1\bar{z}_i(t)\rangle$$

$$= -\varepsilon \sum_{p=1}^{n}\sum_{i_1,i_2=1}^{2n} b_{pi_1i_2}\int_{-\infty}^{t} G_{ip}(t-s)\,ds\, D_{i_1i_2}^{00}(0)$$

$$-\varepsilon^2\Big\{\sum_{p=1}^{n}\sum_{i_1,i_2=1}^{2n} b_{pi_1i_2}\int_{-\infty}^{t} G_{ip}(t-s)\,ds\, \tilde{D}_{i_1i_2}^{00}(0)$$

$$
+\sum_{p=1}^{n}\sum_{i_1,\dots,i_4=1}^{2n} b_{pi_1i_2i_3i_4}\int_{-\infty}^{t} G_{ip}(t-s)\,ds
$$

$$
\big[D_{i_1i_2}^{00}(0)D_{i_3i_4}^{00}(0)+D_{i_1i_3}^{00}(0)D_{i_2i_4}^{00}(0)+D_{i_1i_4}^{00}(0)D_{i_2i_3}^{00}(0)\big]\Big\}
$$

$$
+O(\varepsilon^3)
$$

$$
=\ -\sum_{p=1}^{n}N_{ip}^{-1}\Big\{\varepsilon\sum_{i_1,i_2=1}^{2n}b_{pi_1i_2}D_{i_1i_2}^{00}(0)
$$

$$
+\varepsilon^2\Big[\sum_{i_1,i_2=1}^{2n}b_{pi_1i_2}\tilde{D}_{i_1i_2}^{00}(0)
$$

$$
+3\sum_{i_1,\dots,i_4=1}^{2n}b_{pi_1i_2i_3i_4}D_{i_1i_2}^{00}(0)D_{i_3i_4}^{00}(0)\Big]\Big\}
$$

$$
+O(\varepsilon^3)\,, \tag{3.142}
$$

$$
\langle {}^2\bar{z}_i(t)\rangle
$$

$$
=\ \varepsilon^2\Big\{2\sum_{p,q=1}^{n}\sum_{i_1,\dots,i_5=1}^{2n}b_{pi_1i_2}b_{qi_3i_4i_5}\int_{-\infty}^{t}\int_{-\infty}^{s}G_{ip}(t-s)G_{i_1q}(s-u)
$$

$$
\big[D_{i_2i_3}^{00}(u-s)D_{i_4i_5}^{00}(0)+D_{i_2i_4}^{00}(u-s)D_{i_3i_5}^{00}(0)
$$

$$
+D_{i_2i_5}^{00}(u-s)D_{i_3i_4}^{00}(0)\big]\,du\,ds
$$

$$
+3\sum_{p,q=1}^{n}\sum_{i_1,\dots,i_5=1}^{2n}b_{pi_1i_2i_3}b_{qi_4i_5}\int_{-\infty}^{t}\int_{-\infty}^{s}G_{ip}(t-s)G_{i_1q}(s-u)
$$

$$
\big[D_{i_2i_3}^{00}(0)D_{i_4i_5}^{00}(0)+D_{i_2i_4}^{00}(u-s)D_{i_3i_5}^{00}(u-s)
$$

$$
+D_{i_2i_5}^{00}(u-s)D_{i_3i_4}^{00}(u-s)\big]\,du\,ds\Big\}
$$

$$
+O(\varepsilon^3)
$$

$$
=\ \varepsilon^2\Big\{6\sum_{p,q=1}^{n}\sum_{i_1,\dots,i_5=1}^{2n}b_{pi_1i_2}b_{qi_3i_4i_5}\int_{-\infty}^{t}\int_{-\infty}^{s}G_{ip}(t-s)G_{i_1q}(s-u)
$$

$$
D_{i_2i_3}^{00}(u-s)D_{i_4i_5}^{00}(0)\,du\,ds
$$

$$
+3\sum_{p,q=1}^{n}\sum_{i_1,\dots,i_5=1}^{2n}b_{pi_1i_2i_3}b_{qi_4i_5}\int_{-\infty}^{t}\int_{-\infty}^{s}G_{ip}(t-s)G_{i_1q}(s-u)
$$

$$
D_{i_2i_3}^{00}(0)D_{i_4i_5}^{00}(0)\,du\,ds
$$

$$+6 \sum_{p,q=1}^{n} \sum_{i_1,\ldots,i_5=1}^{2n} b_{pi_1i_2i_3} b_{qi_4i_5} \int_{-\infty}^{t} \int_{-\infty}^{s} G_{ip}(t-s) G_{i_1q}(s-u)$$

$$D_{i_2i_4}^{00}(u-s) D_{i_3i_5}^{00}(u-s)\,duds \Big\}$$

$$+O(\varepsilon^3)$$

$$= \varepsilon^2 \Big\{ 6 \sum_{p,q=1}^{n} \sum_{i_1,\ldots,i_5=1}^{2n} N_{ip}^{-1} b_{pi_1i_2} b_{qi_3i_4i_5} D_{i_4i_5}^{00}(0) \int_{0}^{\infty} G_{i_1q}(u) D_{i_3i_2}^{00}(u)\,du$$

$$+3 \sum_{p,q=1}^{n} \sum_{i_1,\ldots,i_5=1}^{2n} N_{ip}^{-1} N_{i_1q}^{-1} b_{pi_1i_2i_3} b_{qi_4i_5} D_{i_2i_3}^{00}(0) D_{i_4i_5}^{00}(0)$$

$$+6 \sum_{p,q=1}^{n} \sum_{i_1,\ldots,i_5=1}^{2n} N_{ip}^{-1} b_{pi_1i_2i_3} b_{qi_4i_5} \int_{0}^{\infty} G_{i_1q}(u) D_{i_4i_2}^{00}(u) D_{i_5i_3}^{00}(u)\,du \Big\}$$

$$+O(\varepsilon^3), \tag{3.143}$$

$$\langle {}^3\bar{z}_i(t) \rangle$$

$$= \varepsilon^2 \Big\{ -4 \sum_{p_1,p_2,p_3=1}^{n} \sum_{i_1,\ldots,i_6=1}^{2n} b_{p_1i_1i_2} b_{p_2i_3i_4} b_{p_3i_5i_6}$$

$$\int_{-\infty}^{t} \int_{-\infty}^{s} \int_{-\infty}^{u} G_{ip_1}(t-s) G_{i_1p_2}(s-u) G_{i_3p_3}(u-v)$$

$$[D_{i_2i_4}^{00}(u-s) D_{i_5i_6}^{00}(0) + D_{i_2i_5}^{00}(v-s) D_{i_4i_6}^{00}(v-u)$$

$$+ D_{i_2i_6}^{00}(v-s) D_{i_4i_5}^{00}(v-u)]\,dvduds$$

$$- \sum_{p_1,p_2,p_3=1}^{n} \sum_{i_1,\ldots,i_6=1}^{2n} b_{p_1i_1i_2} b_{p_2i_3i_4} b_{p_3i_5i_6}$$

$$\int_{-\infty}^{t} \int_{-\infty}^{s} \int_{-\infty}^{s} G_{ip_1}(t-s) G_{i_1p_2}(s-u) G_{i_2p_3}(s-v)$$

$$[D_{i_3i_4}^{00}(0) D_{i_5i_6}^{00}(0) + D_{i_3i_5}^{00}(v-u) D_{i_4i_6}^{00}(v-u)$$

$$+ D_{i_3i_6}^{00}(v-u) D_{i_4i_5}^{00}(v-u)]\,dvduds \Big\}$$

$$+O(\varepsilon^3)$$

$$
= \quad \varepsilon^2 \Bigg\{ -4 \sum_{p_1,p_2,p_3=1}^{n} \sum_{i_1,\dots,i_6=1}^{2n} N_{ip_1}^{-1} N_{i_3 p_3}^{-1} b_{p_1 i_1 i_2} b_{p_2 i_3 i_4} b_{p_3 i_5 i_6} D_{i_5 i_6}^{00}(0)
$$

$$
\int_0^{\infty} G_{i_1 p_2}(u) D_{i_4 i_2}^{00}(u)\, du
$$

$$
-8 \sum_{p_1,p_2,p_3=1}^{n} \sum_{i_1,\dots,i_6=1}^{2n} N_{ip_1}^{-1} b_{p_1 i_1 i_2} b_{p_2 i_3 i_4} b_{p_3 i_5 i_6}
$$

$$
\int_0^{\infty}\!\!\int_0^{\infty} G_{i_1 p_2}(s) G_{i_3 p_3}(u) D_{i_5 i_2}^{00}(s+u) D_{i_6 i_4}^{00}(u)\, du\, ds
$$

$$
- \sum_{p_1,p_2,p_3=1}^{n} \sum_{i_1,\dots,i_6=1}^{2n} N_{ip_1}^{-1} N_{i_1 p_2}^{-1} N_{i_2 p_3}^{-1} b_{p_1 i_1 i_2} b_{p_2 i_3 i_4} b_{p_3 i_5 i_6} D_{i_3 i_4}^{00}(0) D_{i_5 i_6}^{00}(0)
$$

$$
-2 \sum_{p_1,p_2,p_3=1}^{n} \sum_{i_1,\dots,i_6=1}^{2n} N_{ip_1}^{-1} b_{p_1 i_1 i_2} b_{p_2 i_3 i_4} b_{p_3 i_5 i_6}
$$

$$
\int_0^{\infty}\!\!\int_0^{\infty} G_{i_1 p_2}(s) G_{i_2 p_3}(u) D_{i_3 i_5}^{00}(s-u) D_{i_4 i_6}^{00}(s-u)\, du\, ds \Bigg\}
$$

$$
+ O(\varepsilon^3). \tag{3.144}
$$

Die ersten Momente (3.142), (3.143) und (3.144) sind zeitunabhängig in dieser Approximationsordnung. Setzt man diese Formeln und (3.133) in (3.131) ein, erhält man die konstanten Erwartungswerte $\langle \bar{z}_i \rangle$, die alle mit ε und ε^2 behafteten Terme enthalten. Wie bereits bemerkt wurde, wirken sich die Nichtlinearitäten nur durch die homogenen Polynome zweiten, dritten und vierten Grades auf diese Approximationen aus.

In analoger Weise können die zweiten Momente (3.139), (3.140) und (3.141) in Abhängigkeit von den Matrixfunktionen $D^{00}(t)$ und $\tilde{D}^{00}(t)$ dargestellt werden:

$$
\langle {}^1\bar{z}_i(t_1)\, {}^0\bar{z}_j(t_2) \rangle
$$

$$
= \quad -\varepsilon^2 \sum_{p=1}^{n} \sum_{i_1,i_2,i_3=1}^{2n} b_{p i_1 i_2 i_3} \int_{-\infty}^{t_1} G_{ip}(t_1 - s)
$$

$$
\big[D_{i_1 i_2}^{00}(0) D_{i_3 j}^{00}(t_2 - s) + D_{i_1 i_3}^{00}(0) D_{i_2 j}^{00}(t_2 - s) + D_{i_1 j}^{00}(t_2 - s) D_{i_2 i_3}^{00}(0) \big]\, ds
$$

$$
+ O(\varepsilon^3)
$$

$$
= \quad -3\varepsilon^2 \sum_{p=1}^{n} \sum_{i_1,i_2,i_3=1}^{2n} b_{p i_1 i_2 i_3} D_{i_1 i_2}^{00}(0) \int_0^{\infty} G_{ip}(s) D_{i_3 j}^{00}(t_2 - t_1 + s)\, ds + O(\varepsilon^3),
$$

$$
\tag{3.145}
$$

$$\langle {}^1\bar{z}_i(t_1)\,{}^1\bar{z}_j(t_2)\rangle$$

$$= \varepsilon^2 \sum_{p_1,p_2=1}^{n} \sum_{i_1,\dots,i_4=1}^{2n} b_{p_1 i_1 i_2} b_{p_2 i_3 i_4} \int_{-\infty}^{t_1}\int_{-\infty}^{t_2} G_{i p_1}(t_1-u) G_{j p_2}(t_2-v)$$

$$[D^{00}_{i_1 i_2}(0) D^{00}_{i_3 i_4}(0) + D^{00}_{i_1 i_3}(v-u) D^{00}_{i_2 i_4}(v-u)$$
$$+ D^{00}_{i_1 i_4}(v-u) D^{00}_{i_2 i_3}(v-u)]\,dv\,du$$

$$+ O(\varepsilon^3)$$

$$= \varepsilon^2 \Big\{ \sum_{p_1,p_2=1}^{n} \sum_{i_1,\dots,i_4=1}^{2n} N^{-1}_{i p_1} N^{-1}_{j p_2} b_{p_1 i_1 i_2} b_{p_2 i_3 i_4} D^{00}_{i_1 i_2}(0) D^{00}_{i_3 i_4}(0)$$

$$+2 \sum_{p_1,p_2=1}^{n} \sum_{i_1,\dots,i_4=1}^{2n} b_{p_1 i_1 i_2} b_{p_2 i_3 i_4} \int_{0}^{\infty}\int_{0}^{\infty} G_{i p_1}(u) G_{j p_2}(v)$$

$$D^{00}_{i_1 i_3}(t_2-t_1+u-v) D^{00}_{i_2 i_4}(t_2-t_1+u-v)\,dv\,du \Big\}$$

$$+ O(\varepsilon^3), \tag{3.146}$$

$$\langle {}^2\bar{z}_i(t_1)\,{}^0\bar{z}_j(t_2)\rangle$$

$$= 2\varepsilon^2 \sum_{p_1,p_2=1}^{n} \sum_{i_1,\dots,i_4=1}^{2n} b_{p_1 i_1 i_2} b_{p_2 i_3 i_4} \int_{-\infty}^{t_1}\int_{-\infty}^{s} G_{i p_1}(t_1-s) G_{i_1 p_2}(s-u)$$

$$[D^{00}_{i_2 i_3}(u-s) D^{00}_{i_4 j}(t_2-u) + D^{00}_{i_2 i_4}(u-s) D^{00}_{i_3 j}(t_2-u)$$
$$+ D^{00}_{i_2 j}(t_2-s) D^{00}_{i_3 i_4}(0)]\,du\,ds$$

$$+ O(\varepsilon^3)$$

$$= \varepsilon^2 \Big\{ 2 \sum_{p_1,p_2=1}^{n} \sum_{i_1,\dots,i_4=1}^{2n} N^{-1}_{i_1 p_2} b_{p_1 i_1 i_2} b_{p_2 i_3 i_4} D^{00}_{i_3 i_4}(0) \int_{0}^{\infty} G_{i p_1}(s) D^{00}_{i_2 j}(t_2-t_1+s)\,ds$$

$$+4 \sum_{p_1,p_2=1}^{n} \sum_{i_1,\dots,i_4=1}^{2n} b_{p_1 i_1 i_2} b_{p_2 i_3 i_4}$$

$$\int_{0}^{\infty}\int_{0}^{\infty} G_{i p_1}(s) G_{i_1 p_2}(u) D^{00}_{i_3 i_2}(u) D^{00}_{i_4 j}(t_2-t_1+u+s)\,du\,ds \Big\}$$

$$+ O(\varepsilon^3). \tag{3.147}$$

Die Momente $\langle {}^0\bar{z}_i(t_1)\,{}^1\bar{z}_j(t_2)\rangle$ und $\langle {}^0\bar{z}_i(t_1)\,{}^2\bar{z}_j(t_2)\rangle$ erhält man schließlich durch Vertauschen der Indizes und Argumente. Setzt man diese zweiten Momente in (3.131) ein, ergibt sich eine Approximation für das zweite Moment $\langle \bar{z}_i(t_1)\bar{z}_j(t_2)\rangle$, die bezüglich der mit ε und ε^2 behafteten Terme exakt ist. Aus den Herleitungen dieser Formeln geht außerdem hervor, daß die im Restglied zusammengefaßten Terme mindestens mit dem Faktor η^3 versehen sind, was auch für die ersten Momente gilt. Deshalb kann man in (3.131) anstelle der Restglieder $O(\varepsilon^3)$ auch die Restglieder $O(\varepsilon^3\eta^3)$ schreiben. Die zweiten Momente enthalten nur die Koeffizienten der homogenen Polynome zweiten und dritten Grades der Nichtlinearitäten.

Da die Approximationen (3.145) bis (3.147) nur von der Zeitdifferenz $t_2 - t_1$ abhängen, ist auch das zweite Moment in (3.131) nur von $t_2 - t_1$ abhängig. Wie bereits festgestellt wurde, sind die Erwartungswerte konstant. Demzufolge sind die Lösungen $\bar{z}_i(t,\omega)$ in dieser Approximationsordnung schwach stationär verbundene Prozesse.

Nun können die Korrelationsfunktionen berechnet werden. Zunächst ist

$$
\begin{aligned}
R_{\bar{z}_i\bar{z}_j}(t_1,t_2) &= \langle(\bar{z}_i(t_1) - \langle\bar{z}_i(t_1)\rangle)(\bar{z}_j(t_2) - \langle\bar{z}_j(t_2)\rangle)\rangle \\
&= \langle\bar{z}_i(t_1)\bar{z}_j(t_2)\rangle - \langle\bar{z}_i(t_1)\rangle\langle\bar{z}_j(t_2)\rangle .
\end{aligned}
$$

Aus (3.131) folgt mit (3.142), (3.143) und (3.144)

$$
\begin{aligned}
\langle\bar{z}_i(t_1)\rangle\langle\bar{z}_j(t_2)\rangle &= \varepsilon^2\eta^2 \sum_{p_1,p_2=1}^{n} N_{ip_1}^{-1}N_{jp_2}^{-1} \sum_{i_1,\ldots,i_4=1}^{2n} b_{p_1i_1i_2}b_{p_2i_3i_4}D_{i_1i_2}^{00}(0)D_{i_3i_4}^{00}(0) \\
&\quad +O(\varepsilon^3).
\end{aligned}
$$

Dann erhält man mit (3.131), (3.134), (3.145), (3.146) und (3.147) mit $t = t_2-t_1$

$$
\begin{aligned}
&R_{\bar{z}_i\bar{z}_j}(t) \\
&= \varepsilon D_{ij}^{00}(t) \\
&\quad +\varepsilon^2\Big\{\tilde{D}_{ij}^{00}(t) - 3\eta\sum_{p=1}^{n}\sum_{i_1,i_2,i_3=1}^{2n} b_{pi_1i_2i_3}D_{i_1i_2}^{00}(0) \\
&\qquad\qquad \Big[\int_0^\infty G_{ip}(s)D_{i_3j}^{00}(t+s)\,ds + \int_0^\infty G_{jp}(s)D_{i_3i}^{00}(-t+s)\,ds\Big] \\
&\quad +2\eta^2\sum_{p_1,p_2=1}^{n}\sum_{i_1,\ldots,i_4=1}^{2n} b_{p_1i_1i_2}b_{p_2i_3i_4} \\
&\qquad\qquad \Big\{\int_0^\infty\int_0^\infty G_{ip_1}(s)G_{jp_2}(u)D_{i_1i_3}^{00}(t+s-u)D_{i_2i_4}^{00}(t+s-u)\,du\,ds \\
&\qquad\qquad +N_{i_1p_2}^{-1}D_{i_3i_4}^{00}(0) \\
&\qquad\qquad\quad \Big[\int_0^\infty G_{ip_1}(s)D_{i_2j}^{00}(t+s)\,ds + \int_0^\infty G_{jp_1}(s)D_{i_2i}^{00}(-t+s)\,ds\Big]
\end{aligned}
$$

$$+2 \int\limits_0^\infty \int\limits_0^\infty G_{ip_1}(s)G_{i_1p_2}(u)D^{00}_{i_3i_2}(u)D^{00}_{i_4j}(t+u+s)\,du\,ds$$

$$+2 \int\limits_0^\infty \int\limits_0^\infty G_{jp_1}(s)G_{i_1p_2}(u)D^{00}_{i_3i_2}(u)D^{00}_{i_4i}(-t+u+s)\,du\,ds\bigg\}\bigg\}$$

$$+O(\varepsilon^3\eta^3)\,. \tag{3.148}$$

Die Fouriertransformierte von (3.148) liefert eine Approximation für die Spektraldichte $S_{\bar{z}_i\bar{z}_j}(\alpha)$.

Abschließend soll noch eine Bemerkung zum Parameter η gemacht werden. Bei der mathematischen Modellierung von nichtlinearen Schwingungssystemen sind die Nichtlinearitäten als Polynome bekannt oder werden durch Polynome approximiert. Der Parameter η in (3.94) entsteht dadurch, daß jeder Polynomkoeffizient als Produkt $\eta b_{pi_1\ldots i_k}$ dargestellt wird, um die Lösung mit Hilfe der Störungsmethode nach dem Parameter η zu entwickeln. Dieser Parameter kann also als mathematische Hilfsgröße aufgefaßt werden. Betrachtet man die Approximationsformeln für die Erwartungswerte $\langle\bar{z}_i\rangle$ und die Korrelationsfunktionen $R_{\bar{z}_i\bar{z}_j}(t)$, stellt man fest, daß in ihnen die Polynomkoeffizienten ebenfalls nur als Produkte $\eta b_{pi_1\ldots i_k}$ auftreten. Deshalb kann nachträglich $\eta = 1$ gesetzt werden.

Beispiel 3.6 Es wird nochmals der im Anwendungsbeispiel in Abschnitt 1.4 vorgestellte Einmassenschwinger betrachtet. Die Beschleunigung der Erregung wird als schwach korrelierter Gaußprozeß $f_\varepsilon(t,\omega)$ angenommen. Die nichtlineare Federkennlinie soll durch das kubische Polynom $F_F(y) = cy + \hat{c}y^3$ beschrieben werden, die Dämpferkennlinie sei linear. Dann erhält man für die Relativbewegung $y(t,\omega)$ die nichtlineare Differentialgleichung

$$m\ddot{y} + k\dot{y} + cy + \hat{c}y^3 = -mf_\varepsilon(t,\omega)$$

und mit $z_1 = \dot{y}$, $z_2 = y$ das Differentialgleichungssystem erster Ordnung

$$\begin{pmatrix} m & 0 \\ 0 & 1 \end{pmatrix}\begin{pmatrix} \dot{z}_1 \\ \dot{z}_2 \end{pmatrix} + \begin{pmatrix} k & c \\ -1 & 0 \end{pmatrix}\begin{pmatrix} z_1 \\ z_2 \end{pmatrix} + \begin{pmatrix} \hat{c}z_2^3 \\ 0 \end{pmatrix} = \begin{pmatrix} -m & 0 \\ 0 & 0 \end{pmatrix}\begin{pmatrix} f_\varepsilon(t,\omega) \\ 0 \end{pmatrix}\,.$$

In der vorangehend verwendeten Bezeichnung ist also $b_{1222} = \hat{c}$ der einzige von Null verschiedene Polynomkoeffizient. Dann folgen aus (3.131) mit (3.133), (3.142), (3.143) und (3.144) die Erwartungswerte

$$\langle\bar{z}_i\rangle = O(\varepsilon^3)\,, \qquad i = 1,2\,.$$

Die Approximationsformeln (3.148) liefern die Korrelationsfunktionen

$$R_{\bar{z}_i \bar{z}_j}(t)$$

$$= \; \varepsilon D_{ij}^{00}(t)$$

$$+\varepsilon^2 \left\{ \tilde{D}_{ij}^{00}(t) - 3\hat{c} D_{22}^{00}(0) \left[\int_0^\infty G_{i1}(s) D_{2j}^{00}(t+s)\,ds + \int_0^\infty G_{j1}(s) D_{2i}^{00}(-t+s)\,ds \right] \right\}$$

$$+ O(\varepsilon^3), \qquad i,j = 1,2.$$

Unter der Voraussetzung $4mc > k^2$ (Schwingungsfall) hat die Matrix $-M^{-1}N$ die konjugiert komplexen Eigenwerte

$$\lambda_{1,2} = -q \pm ip \qquad \text{mit} \qquad q = \frac{k}{2m}, \quad p = \frac{1}{2m}\sqrt{4mc - k^2}$$

und die Eigenvektoren $(q \mp ip, -1)^T$. Dann berechnet man

$$G(t) = \frac{1}{m} e^{-qt} \left\{ \begin{pmatrix} 1 & 0 \\ 0 & m \end{pmatrix} \cos pt + \frac{1}{p} \begin{pmatrix} -q & -c \\ 1 & mq \end{pmatrix} \sin pt \right\} .$$

Sind

$$\begin{pmatrix} a & 0 \\ 0 & 0 \end{pmatrix}, \qquad \begin{pmatrix} b & 0 \\ 0 & 0 \end{pmatrix}, \qquad \begin{pmatrix} \bar{a}(s) & 0 \\ 0 & 0 \end{pmatrix}$$

die gemäß (3.135) definierten charakteristischen Matrizen für den Vektorprozeß $(f_\varepsilon(t,\omega), 0)^T$ bzw. $a, b, \bar{a}(s)$ die Charakteristiken des Prozesses $f_\varepsilon(t,\omega)$ ($\hat{a}$ ist in diesem Fall Null), dann erhält man als Lösung von (3.36)

$$Q^{00}(a) = a\frac{m}{2ck} \begin{pmatrix} c & 0 \\ 0 & m \end{pmatrix},$$

womit man

$$D^{00}(t) \;=\; a\frac{m}{2ck} e^{-qt} \left\{ \begin{pmatrix} c & 0 \\ 0 & m \end{pmatrix} \cos pt + \frac{1}{p} \begin{pmatrix} -cq & c \\ -c & mq \end{pmatrix} \sin pt \right\} \text{ für } t \geq 0,$$

$$\tilde{D}^{00}(0) \;=\; b\frac{m}{2ck} \begin{pmatrix} c & 0 \\ 0 & m \end{pmatrix} + \begin{pmatrix} 1 & 0 \\ 0 & 0 \end{pmatrix} \left[\int_{-1}^0 \bar{a}(s)\,ds - a \right]$$

berechnet. $\tilde{D}^{00}(t)$ für $t > 0$ ergibt sich aus $D^{00}(t)$, wenn der Faktor a durch b ersetzt wird. Damit können nun die Korrelationsfunktionen ermittelt werden. Insbesondere erhält man die Varianzen

$$D^2 \bar{z}_1 = R_{\bar{z}_1 \bar{z}_1}(0) = \varepsilon \frac{am}{2k} + \varepsilon^2 \left[\frac{bm}{2k} + \int_{-1}^0 \bar{a}(s)\,ds - a \right] + O(\varepsilon^3),$$

$$D^2 \bar{z}_2 = R_{\bar{z}_2 \bar{z}_2}(0) = \varepsilon \frac{am^2}{2ck} + \varepsilon^2 \left[\frac{bm^2}{2ck} - \frac{3a^2 m^4 \hat{c}}{4c^3 k^2} \right] + O(\varepsilon^3).$$

Die Spektraldichten sind die Fouriertransformierten der Korrelationsfunktionen, d.h.

$$S_{\bar{z}_i \bar{z}_j}(\alpha) = \frac{1}{2\pi} \int\limits_{-\infty}^{\infty} e^{-i\alpha t} R_{\bar{z}_i \bar{z}_j}(t)\,dt\,.$$

Zunächst folgt aus (3.134) und (3.21)

$$\int\limits_{-\infty}^{\infty} e^{-i\alpha t} D^{00}(t)\,dt$$

$$= \int\limits_{-\infty}^{0} e^{-i\alpha t} G(-t) M Q^{00}(a)\,dt + \int\limits_{0}^{\infty} e^{-i\alpha t} Q^{00}(a) M^T G^T(t)\,dt$$

$$= H(-i\alpha) M Q^{00}(a) + Q^{00}(a) M^T H^T(i\alpha)$$

mit der Übertragungsmatrix

$$H(t) = (tM + N)^{-1} = \frac{1}{mt^2 + kt + c} \begin{pmatrix} t & -c \\ 1 & mt + k \end{pmatrix}\,.$$

Weiter sind

$$\int\limits_{-\infty}^{\infty} e^{-i\alpha t} \int\limits_{0}^{\infty} G_{i1}(s) D_{2j}^{00}(t+s)\,ds\,dt = \int\limits_{0}^{\infty} \int\limits_{-\infty}^{\infty} e^{-i\alpha t} G_{i1}(s) D_{2j}^{00}(t+s)\,dt\,ds$$

$$= \int\limits_{0}^{\infty} \int\limits_{-\infty}^{\infty} e^{-i\alpha(t-s)} G_{i1}(s) D_{2j}^{00}(t)\,dt\,ds = \int\limits_{0}^{\infty} e^{i\alpha s} G_{i1}(s)\,ds \int\limits_{-\infty}^{\infty} e^{-i\alpha t} D_{2j}^{00}(t)\,dt$$

$$= H_{i1}(-i\alpha) \int\limits_{-\infty}^{\infty} e^{-i\alpha t} D_{2j}^{00}(t)\,dt$$

und

$$\int\limits_{-\infty}^{\infty} e^{-i\alpha t} \int\limits_{0}^{\infty} G_{j1}(s) D_{2i}^{00}(-t+s)\,ds\,dt = \int\limits_{0}^{\infty} \int\limits_{-\infty}^{\infty} e^{-i\alpha t} G_{j1}(s) D_{2i}^{00}(-t+s)\,dt\,ds$$

$$= \int\limits_{0}^{\infty} \int\limits_{-\infty}^{\infty} e^{-i\alpha(-t+s)} G_{j1}(s) D_{2i}^{00}(t)\,dt\,ds = \int\limits_{0}^{\infty} e^{-i\alpha s} G_{j1}(s)\,ds \int\limits_{-\infty}^{\infty} e^{i\alpha t} D_{2i}^{00}(t)\,dt$$

$$= H_{j1}(i\alpha) \int\limits_{-\infty}^{\infty} e^{i\alpha t} D_{2i}^{00}(t)\,dt = H_{j1}(i\alpha) \int\limits_{-\infty}^{\infty} e^{-i\alpha t} D_{i2}^{00}(t)\,dt\,.$$

Setzt man

$$\tilde{S}(a,\alpha) = \frac{1}{2\pi} \Big\{ H(-i\alpha) M Q^{00}(a) + Q^{00}(a) M^T H^T(i\alpha) \Big\},$$

dann folgt

$$S_{\bar{z}_i \bar{z}_j}(\alpha) = \varepsilon \tilde{S}_{ij}(a, \alpha)$$
$$+\varepsilon^2 \left\{ \tilde{S}_{ij}(b, \alpha) - 3\hat{c} D_{22}^{00}(0) \left[H_{i1}(-i\alpha) \tilde{S}_{2j}(a, \alpha) + H_{j1}(i\alpha) \tilde{S}_{i2}(a, \alpha) \right] \right\}$$
$$+O(\varepsilon^3),$$

wobei $\varepsilon \tilde{S}_{ij}(a, \alpha)$ die ersten Approximationen der Spektraldichten der Lösungen des zugehörigen linearen Problems bezüglich der Korrelationslänge ε sind (vgl.(3.37)). Es ist

$$\tilde{S}(a, \alpha) = \frac{1}{2\pi} \frac{am^2}{h(\alpha)} \begin{pmatrix} \alpha^2 & -i\alpha \\ i\alpha & 1 \end{pmatrix} \quad \text{mit} \quad h(\alpha) = (m\alpha^2 - c)^2 + k^2 \alpha^2,$$

womit man schließlich die Spektraldichten

$$S_{\bar{z}_1 \bar{z}_1}(\alpha) = (\varepsilon a + \varepsilon^2 b) \frac{m^2 \alpha^2}{2\pi h(\alpha)} + \varepsilon^2 \frac{3\hat{c} a^2 m^4 \alpha^2 (m\alpha^2 - c)}{2\pi c k h^2(\alpha)} + O(\varepsilon^3),$$

$$S_{\bar{z}_2 \bar{z}_2}(\alpha) = (\varepsilon a + \varepsilon^2 b) \frac{m^2}{2\pi h(\alpha)} + \varepsilon^2 \frac{3\hat{c} a^2 m^4 (m\alpha^2 - c)}{2\pi c k h^2(\alpha)} + O(\varepsilon^3)$$

berechnet. Abschließend sollen für einen schwach korrelierten Prozeß $f_\varepsilon(t, \omega)$ mit der Korrelationsfunktion

$$R_1(t) = \sigma^2 \begin{cases} 1 - \frac{|t|}{\varepsilon} & \text{für} \quad |t| \leq \varepsilon \\ 0 & \text{sonst} \end{cases}$$

(vgl.(1.25)) die gemäß (3.135) definierten Charakteristiken ermittelt werden. Wegen

$$\int\limits_{-\varepsilon}^{\varepsilon} R_1(t)\, dt = 2\sigma^2 \int\limits_0^\varepsilon \left(1 - \frac{t}{\varepsilon}\right) dt = \sigma^2 \varepsilon$$

sind $a = \sigma^2$ und $b = 0$. Für $-1 \leq s \leq 0$ ist

$$\int\limits_{s-1}^0 R_1(\varepsilon(t - s))\, dt = \int\limits_{-1}^{-s} R_1(\varepsilon t)\, dt = \sigma^2 \int\limits_{-1}^0 (1 + t)\, dt + \sigma^2 \int\limits_0^{-s} (1 - t)\, dt$$
$$= \frac{\sigma^2}{2}(1 - 2s - s^2) = \bar{a}(s)$$

und folglich

$$\int\limits_{-1}^0 \bar{a}(s)\, ds = \frac{5}{6}\sigma^2, \qquad \int\limits_{-1}^0 \bar{a}(s)\, ds - a = -\frac{1}{6}\sigma^2.$$

Für diesen Erregungsprozeß werden einige numerische Ergebnisse im Abschnitt 4.2.2 gegeben und mit den dort ermittelten Simulationsresultaten verglichen.

3.2.3 Indirekte Erregung durch schwach korrelierte Prozesse

Die folgenden Untersuchungen knüpfen an die Abschnitte 3.1.5 und 3.2.2 an. Es werden nichtlineare Schwingungsmodelle betrachtet, deren Fremderregung indirekt durch schwach korrelierte Prozesse erfolgt. Die Approximationsmethode für die Momente der Schwingungsbewegungen wird exemplarisch für den Fall zeitverschobener Erregungen vorgestellt. Dabei sollen in diesem Abschnitt auch wieder die Schwingungsbeschleunigungen in die stochastische Analyse der Lösungen einbezogen werden.

Das Schwingungsmodell werde durch das nichtlineare Differentialgleichungssystem

$$M\dot{z} + Nz + \sum_{k=2}^{m} B_k(z) = F(t,\omega) \tag{3.149}$$

$$F(t,\omega) = P_0 \bar{f}(t,\omega) + P_1 \dot{\bar{f}}(t,\omega) + P_2 \ddot{\bar{f}}(t,\omega)$$
$$z(0) = z_0$$
$$\bar{f}_k(t,\omega) = f(t + v_k,\omega) \quad \text{für} \quad k = 1,\ldots,r \leq n$$
$$\bar{f}_k(t,\omega) = 0 \quad \text{für} \quad k = r+1,\ldots,2n$$

beschrieben. M und N seien reguläre $(2n, 2n)$-Matrizen und $M^{-1}N$ besitze nur Eigenwerte mit positiven Realteilen. Die Vektoren $B_k(z)$ sind durch (3.95) definiert, wobei die Koeffizienten der homogenen Polynome wieder symmetrisch seien. Im Vergleich zu (3.94) wurde hier $\eta = 1$ gesetzt.

Die stochastische Erregung des Modells erfolgt an r Stellen zeitverschoben durch den stochastischen Prozeß $f(t,\omega)$. Die Zeitverschiebungen sind durch v_k gegeben. Der Prozeß $f(t,\omega)$ wird durch ein lineares Funktional eines schwach korrelierten Prozesses $f_\varepsilon(t,\omega)$ dargestellt, d.h. es ist

$$f(t,\omega) = \int\limits_{-\infty}^{t} Q(t - s) f_\varepsilon(s,\omega)\, ds$$

(vgl. Abschnitt 2.1.2). Die Funktion $Q(t)$ wird gemäß (2.16) als

$$Q(t) = Q(t;\gamma,\delta) = Q_0(t;\delta)e^{-\gamma t}, \qquad \gamma,\delta > 0$$

gewählt. $Q_0(t;\delta)$ sei durch (2.24) definiert, so daß

$$Q(0) = 0, \qquad Q'(0) = 0, \qquad Q''(0) = 0$$

gilt (vgl. (2.22)).
$f_\varepsilon(t,\omega)$ sei ein zentrierter, schwach stationärer, schwach korrelierter, stetig differenzierbarer Gaußprozeß mit der Korrelationslänge ε, der Intensität a und der

Korrelationsfunktion $R_2(t)$ (vgl. (1.29)). Für die weiteren nach (3.135) definierten Charakteristiken ist in diesem Fall $b = \hat{a} = 0$.

Der Störungsansatz (3.96) führt jetzt auf das Rekursionssystem entsprechend zu (3.99)

$$
\begin{aligned}
M\,{}^0\dot{z} + N\,{}^0z &= P_0\bar{f}(t,\omega) + P_1\dot{\bar{f}}(t,\omega) + P_2\ddot{\bar{f}}(t,\omega) \\
M\,{}^l\dot{z} + N\,{}^lz &= -\sum_{k=2}^{m}{}^{l-1}B_k(z), \quad l = 1,2,3,\ldots,
\end{aligned}
\tag{3.150}
$$

dessen stochastische Analyse wie im Fall $h(t) = O$ in Abschnitt 3.2.2 durchgeführt werden kann. Es werden also alle mit ε und ε^2 behafteten Terme der ersten und zweiten Momente der Lösung ermittelt.

Zunächst wenden wir uns dem Differentialgleichungssystem für ${}^0z(t,\omega)$ zu, das bereits im Abschnitt 3.1.5 ausführlich diskutiert wurde. Für die stationäre Lösung nach einer hinreichend großen Einschwingzeit und ihre Ableitung wurde

$$
\bar{z}_i^{(k)}(t,\omega) = \sum_{p=1}^{r} \int_{-\infty}^{t+v_p} \hat{G}_{ip}^{(k)}(t + v_p - s) f_\varepsilon(s,\omega)\,ds, \quad k = 0,1
\tag{3.151}
$$

mit

$$
\begin{aligned}
\hat{G}^{(k)}(t) &= \sum_{l=0}^{2} \int_0^t G(t - u)P_l Q^{(l+k)}(u)\,du, \\
G(t) &= \exp\left(-M^{-1}Nt\right)M^{-1}
\end{aligned}
$$

erhalten (vgl. (3.78), (3.80)). Dabei wurde berücksichtigt, daß wegen der zentrierten Erregung und $h(t) = O$

$$
\left\langle {}^0\bar{z}_i(t) \right\rangle = \left\langle {}^0\dot{\bar{z}}_i(t) \right\rangle = 0, \quad i = 1,2,\ldots,2n
$$

gilt.

Die zweiten Momente, die nur von der Zeitdifferenz abhängig sind, werden nach der Korrelationslänge entwickelt, d.h.

$$
\left\langle {}^0\bar{z}_i^{(k)}(t_1)\,{}^0\bar{z}_j^{(l)}(t_2) \right\rangle = \varepsilon D_{ij}^{kl}(t_2 - t_1) + \varepsilon^2 \tilde{D}_{ij}^{kl}(t_2 - t_1) + O(\varepsilon^3)
\tag{3.152}
$$

$$
k,l = 0,1
$$

(vgl. (3.134)). Für die Funktionen $D_{ij}^{kl}(t)$ übernimmt man aus Abschnitt 3.1.5

$$
D_{ij}^{kl}(t) = a \sum_{p,q=1}^{r} T_{ijpq}^{kl}(t + v_q - v_p)
\tag{3.153}
$$

mit

$$
T_{ijpq}^{kl}(t) = \begin{cases} \displaystyle\int_0^\infty \hat{G}_{ip}^{(k)}(u-t)\hat{G}_{jq}^{(l)}(u)\,du & \text{für} \quad t \le 0 \\[2em] \displaystyle\int_0^\infty \hat{G}_{ip}^{(k)}(u)\hat{G}_{jq}^{(l)}(u+t)\,du & \text{für} \quad t \ge 0 \end{cases}
$$

(vgl. (3.84), (3.85)). Da auf die Approximationstheorie höherer Ordnung in diesem Buch verzichtet wird, sei für die Funktionen $\tilde{D}_{ij}^{kl}(t)$ nur das Resultat

$$
\tilde{D}_{ij}^{kl}(t) = 0\,, \quad i,j = 1,2,\ldots,2n\,, \quad k,l = 0,1 \tag{3.154}
$$

angegeben. Vergleicht man dieses Ergebnis mit (3.134), verschwinden die Terme mit b und $\hat{a}$ wegen $b = \hat{a} = 0$. Der von $\bar{a}(s)$ abhängige Term verschwindet wegen der speziellen Struktur der Matrix $\hat{G}(t)$, genauer wegen $\hat{G}(0) = \hat{G}'(0) = O$.

Nun können die Differentialgleichungssysteme für $^l z(t,\omega)\,, l \ge 1$ betrachtet werden. Diese Systeme unterscheiden sich nicht von den entsprechenden Systemen, die im vorangehenden Abschnitt untersucht wurden. Dort wurden die Lösungen $^l\bar{z}(t,\omega)\,, l \ge 1$ nach einer Einschwingzeit in Abhängigkeit von der Lösung $^0\bar{z}(t,\omega)$ des zugehörigen linearen Problems dargestellt. Die zu ermittelnten Momente der höheren Näherungen konnten dann auf Momente von $^0\bar{z}(t,\omega)$ zurückgeführt werden, die wiederum bezüglich der Korrelationslänge ε in zweiter Ordnung approximiert wurden.

Deshalb können nun alle Approximationsformeln aus dem Abschnitt 3.2.2 übernommen werden, wenn für die Momente der nullten Näherung $^0\bar{z}(t,\omega)$ die hier ermittelten Approximationen benutzt werden. Insbesondere erhält man aus (3.131) mit $\eta = 1$, (3.133), (3.142), (3.143) und (3.144) eine Entwicklung für den Erwartungswert, wenn man für $D_{ij}^{kl}(t)$ bzw. $\tilde{D}_{ij}^{kl}(t)$ die Formeln (3.153) bzw. (3.154) einsetzt. In analoger Weise ergibt sich aus (3.148) die Korrelationsfunktion

$$
\begin{aligned}
R_{\bar{z}_i\bar{z}_j}(t) &= \varepsilon D_{ij}^{00}(t) \\[1em]
&\quad + \varepsilon^2\Bigg\{ -3 \sum_{p=1}^{n} \sum_{i_1,i_2,i_3=1}^{2n} b_{pi_1i_2i_3} D_{i_1i_2}^{00}(0) \\[1em]
&\qquad\qquad \Bigg[\int_0^\infty G_{ip}(s)D_{i_3j}^{00}(t+s)\,ds + \int_0^\infty G_{jp}(s)D_{i_3i}^{00}(-t+s)\,ds \Bigg]
\end{aligned}
$$

$$+2 \sum_{p_1,p_2=1}^{n} \sum_{i_1,\ldots,i_4=1}^{2n} b_{p_1 i_1 i_2} b_{p_2 i_3 i_4}$$

$$\Bigg\{ \int_0^\infty \int_0^\infty G_{ip_1}(s) G_{jp_2}(u) D_{i_1 i_3}^{00}(t+s-u) D_{i_2 i_4}^{00}(t+s-u)\, du\, ds$$

$$+ N_{i_1 p_2}^{-1} D_{i_3 i_4}^{00}(0)$$

$$\left[\int_0^\infty G_{ip_1}(s) D_{i_2 j}^{00}(t+s)\, ds + \int_0^\infty G_{jp_1}(s) D_{i_2 i}^{00}(-t+s)\, ds \right]$$

$$+ 2 \int_0^\infty \int_0^\infty G_{ip_1}(s) G_{i_1 p_2}(u) D_{i_3 i_2}^{00}(u) D_{i_4 j}^{00}(t+u+s)\, du\, ds$$

$$+ 2 \int_0^\infty \int_0^\infty G_{jp_1}(s) G_{i_1 p_2}(u) D_{i_3 i_2}^{00}(u) D_{i_4 i}^{00}(-t+u+s)\, du\, ds \Bigg\}\Bigg\}$$

$$+ O(\varepsilon^3)\,. \tag{3.155}$$

Die Beschleunigungen der Schwingungsbewegungen sind die ersten n Koordinaten des Vektorprozesses $\dot{z}(t,\omega)$. Für ihre stochastische Analyse werden nun die Korrelationsfunktionen von $\ddot{z}(t,\omega)$ ermittelt, für die mit $t = t_2 - t_1$

$$
\begin{aligned}
R_{\bar{z}_i^{(k)} \bar{z}_j^{(l)}}(t) &= \left\langle \left(\bar{z}_i^{(k)}(t_1) - \left\langle \bar{z}_i^{(k)}(t_1) \right\rangle \right) \left(\bar{z}_j^{(l)}(t_2) - \left\langle \bar{z}_j^{(l)}(t_2) \right\rangle \right) \right\rangle \\
&= \frac{\partial^{k+l}}{\partial t_1^k \partial t_2^l} \left\langle \left(\bar{z}_i(t_1) - \langle \bar{z}_i(t_1)\rangle \right) \left(\bar{z}_j(t_2) - \langle \bar{z}_j(t_2)\rangle \right) \right\rangle \\
&= \frac{\partial^{k+l}}{\partial t_1^k \partial t_2^l} R_{\bar{z}_i \bar{z}_j}(t_2 - t_1) \\
&= (-1)^k R_{\bar{z}_i \bar{z}_j}^{(k+l)}(t)\,, \qquad k,l = 0,1
\end{aligned}
\tag{3.156}
$$

gilt. Zur Berechnung dieser Korrelationsfunktionen ist also das $(-1)^k$-fache der $(k+l)$-ten Ableitung der Approximationsformel (3.155) zu bilden. Diese Operationen führen auf Ableitungen der Funktionen $D_{ij}^{00}(t)$, für die zunächst Differentiationsformeln hergeleitet werden.

Aus (3.153) folgt

$$(-1)^k \frac{d^{k+l}}{dt^{k+l}} D_{ij}^{00}(t) = a \sum_{p,q=1}^{r} (-1)^k \frac{d^{k+l}}{dt^{k+l}} T_{ijpq}^{00}(t + v_q - v_p)\,.$$

Für den Fall $t \leq 0$ ist

$$(-1)^k \frac{d^{k+l}}{dt^{k+l}} T_{ijpq}^{00}(t) = (-1)^k (-1)^{k+l} \int_0^\infty \hat{G}_{ip}^{(k+l)}(u-t) \hat{G}_{jq}(u)\, du\,.$$

Setzt man $l = 0$, ergibt sich

$$(-1)^k \frac{d^k}{dt^k} T^{00}_{ijpq}(t) = \int_0^\infty \hat{G}^{(k)}_{ip}(u-t)\hat{G}_{jq}(u)\,du = T^{k0}_{ijpq}(t)\,.$$

Ist $l = 1$, liefert eine partielle Integration

$$
\begin{aligned}
(-1)^k \frac{d^{k+1}}{dt^{k+1}} T^{00}_{ijpq}(t) &= -\int_0^\infty \hat{G}^{(k+1)}_{ip}(u-t)\hat{G}_{jq}(u)\,du \\[2mm]
&= \left[-\hat{G}^{(k)}_{ip}(u-t)\hat{G}_{jq}(u)\right]_0^\infty + \int_0^\infty \hat{G}^{(k)}_{ip}(u-t)\hat{G}'_{jq}(u)\,du \\[2mm]
&= T^{k1}_{ijpq}(t)\,.
\end{aligned}
$$

Für den Fall $t \geq 0$ erhält man

$$(-1)^k \frac{d^{k+l}}{dt^{k+l}} T^{00}_{ijpq}(t) = (-1)^k \int_0^\infty \hat{G}_{ip}(u)\hat{G}^{(k+l)}_{jq}(u+t)\,du\,,$$

woraus in analoger Weise die Formeln

$$
\begin{aligned}
\frac{d^l}{dt^l} T^{00}_{ijpq}(t) &= T^{0l}_{ijpq}\,, \\[2mm]
-\frac{d^{l+1}}{dt^{l+1}} T^{00}_{ijpq}(t) &= -\int_0^\infty \hat{G}_{ip}(u)\hat{G}^{(l+1)}_{jq}(u+t)\,du \\[2mm]
&= \left[-\hat{G}_{ip}(u)\hat{G}^{(l)}_{jq}(u+t)\right]_0^\infty + \int_0^\infty \hat{G}'_{ip}(u)\hat{G}^{(l)}_{jq}(u+t)\,du \\[2mm]
&= T^{1l}_{ijpq}(t)
\end{aligned}
$$

folgen. Faßt man diese Ergebnisse zusammen, ergibt sich für beliebige t

$$(-1)^k \frac{d^{k+l}}{dt^{k+l}} T^{00}_{ijpq}(t) = T^{kl}_{ijpq}(t)\,, \qquad k,l = 0,1$$

und damit schließlich die Differentiationsformel

$$
\begin{aligned}
(-1)^k \frac{d^{k+l}}{dt^{k+l}} D^{00}_{ij}(t) &= a \sum_{p,q=1}^r T^{kl}_{ijpq}(t + v_q - v_p) \\[2mm]
&= D^{kl}_{ij}(t)\,, \qquad k,l = 0,1\,. \tag{3.157}
\end{aligned}
$$

Hierzu sei bemerkt, daß dieses Resultat für die Lösung des zugehörigen linearen Problems natürlich auf die bekannte Approximationsformel für die Korrelationsfunktion führt, denn aus

$$\left\langle {}^0\bar{z}_i(t_1)\,{}^0\bar{z}_j(t_2)\right\rangle = \varepsilon D_{ij}^{00}(t_2 - t_1) + O(\varepsilon^3)$$

folgt mit (3.156) und (3.157)

$$\left\langle {}^0\bar{z}_i^{(k)}(t_1)\,{}^0\bar{z}_j^{(l)}(t_2)\right\rangle \;=\; \varepsilon(-1)^k \frac{d^{k+l}}{dt^{k+l}} D_{ij}^{00}(t) + O(\varepsilon^3)$$
$$=\; \varepsilon D_{ij}^{kl}(t_2 - t_1) + O(\varepsilon^3)$$

(vgl. (3.152)).

Aus (3.157) folgt weiter

$$(-1)^k \frac{d^{k+l}}{dt^{k+l}} D_{ij}^{00}(t + s) \;=\; D_{ij}^{kl}(t + s)\,,$$
$$(-1)^k \frac{d^{k+l}}{dt^{k+l}} D_{ij}^{00}(-t + s) \;=\; (-1)^{k+l} D_{ij}^{kl}(-t + s)\,.$$

Schließlich wird noch die Ableitung

$$(-1)^k \frac{d^{k+l}}{dt^{k+l}} \left\{ D_{i_1 i_2}^{00}(t + s) D_{i_3 i_4}^{00}(t + s) \right\}$$

benötigt. Es ergibt sich für $k = 1,\, l = 0$

$$-\frac{d}{dt}\left\{ D_{i_1 i_2}^{00}(t + s) D_{i_3 i_4}^{00}(t + s) \right\}$$
$$=\; -\frac{d}{dt} D_{i_1 i_2}^{00}(t + s) D_{i_3 i_4}^{00}(t + s) - D_{i_1 i_2}^{00}(t + s) \frac{d}{dt} D_{i_3 i_4}^{00}(t + s)$$
$$=\; D_{i_1 i_2}^{10}(t + s) D_{i_3 i_4}^{00}(t + s) + D_{i_1 i_2}^{00}(t + s) D_{i_3 i_4}^{10}(t + s)\,,$$

für $k = 0,\, l = 1$

$$\frac{d}{dt}\left\{ D_{i_1 i_2}^{00}(t + s) D_{i_3 i_4}^{00}(t + s) \right\}$$
$$=\; \frac{d}{dt} D_{i_1 i_2}^{00}(t + s) D_{i_3 i_4}^{00}(t + s) + D_{i_1 i_2}^{00}(t + s) \frac{d}{dt} D_{i_3 i_4}^{00}(t + s)$$
$$=\; D_{i_1 i_2}^{01}(t + s) D_{i_3 i_4}^{00}(t + s) + D_{i_1 i_2}^{00}(t + s) D_{i_3 i_4}^{01}(t + s)$$

und für $k = 1, l = 1$

$$-\frac{d^2}{dt^2}\left\{D^{00}_{i_1 i_2}(t+s)D^{00}_{i_3 i_4}(t+s)\right\}$$

$$= -\frac{d}{dt}\left\{\frac{d}{dt}D^{00}_{i_1 i_2}(t+s)D^{00}_{i_3 i_4}(t+s) + D^{00}_{i_1 i_2}(t+s)\frac{d}{dt}D^{00}_{i_3 i_4}(t+s)\right\}$$

$$= -\frac{d^2}{dt^2}D^{00}_{i_1 i_2}(t+s)D^{00}_{i_3 i_4}(t+s) - \frac{d}{dt}D^{00}_{i_1 i_2}(t+s)\frac{d}{dt}D^{00}_{i_3 i_4}(t+s)$$

$$\quad - \frac{d}{dt}D^{00}_{i_1 i_2}(t+s)\frac{d}{dt}D^{00}_{i_3 i_4}(t+s) - D^{00}_{i_1 i_2}(t+s)\frac{d^2}{dt^2}D^{00}_{i_3 i_4}(t+s)$$

$$= D^{11}_{i_1 i_2}(t+s)D^{00}_{i_3 i_4}(t+s) + D^{10}_{i_1 i_2}(t+s)D^{01}_{i_3 i_4}(t+s)$$

$$\quad + D^{01}_{i_1 i_2}(t+s)D^{10}_{i_3 i_4}(t+s) + D^{00}_{i_1 i_2}(t+s)D^{11}_{i_3 i_4}(t+s)\,.$$

Diese Ableitungsformeln können zu

$$(-1)^k\frac{d^{k+l}}{dt^{k+l}}\left\{D^{00}_{i_1 i_2}(t+s)D^{00}_{i_3 i_4}(t+s)\right\} = \sum_{\mu=0}^{k}\sum_{\nu=0}^{l} D^{\mu\nu}_{i_1 i_2}(t+s)D^{k-\mu\; l-\nu}_{i_3 i_4}(t+s)$$

$$k, l = 0, 1$$

zusammengefaßt werden.

Mit diesen Formeln folgt schließlich aus (3.155) und (3.156) für die Korrelationsfunktionen der Bewegungsprozesse und ihrer Ableitungen

$$R_{\bar{z}_i^{(k)}\bar{z}_j^{(l)}}(t) = (-1)^k\frac{d^{k+l}}{dt^{k+l}}R_{\bar{z}_i\bar{z}_j}(t) =$$

$$\varepsilon D^{kl}_{ij}(t)$$

$$+\varepsilon^2\left\{-3\sum_{p=1}^{n}\sum_{i_1,i_2,i_3=1}^{2n} b_{p i_1 i_2 i_3} D^{00}_{i_1 i_2}(0)\right.$$

$$\left[\int_0^\infty G_{ip}(s)D^{kl}_{i_3 j}(t+s)\,ds + (-1)^{k+l}\int_0^\infty G_{jp}(s)D^{kl}_{i_3 i}(-t+s)\,ds\right]$$

$$+2\sum_{p_1,p_2=1}^{n}\sum_{i_1,\ldots,i_4=1}^{2n} b_{p_1 i_1 i_2}b_{p_2 i_3 i_4}$$

$$\left\{\sum_{\mu=0}^{k}\sum_{\nu=0}^{l}\int_0^\infty\int_0^\infty G_{ip_1}(s)G_{jp_2}(u)D^{\mu\nu}_{i_1 i_3}(t+s-u)D^{k-\mu\; l-\nu}_{i_2 i_4}(t+s-u)\,du\,ds\right.$$

$$+N^{-1}_{i_1 p_2}D^{00}_{i_3 i_4}(0)$$

$$\left[\int_0^\infty G_{ip_1}(s)D^{kl}_{i_2 j}(t+s)\,ds + (-1)^{k+l}\int_0^\infty G_{jp_1}(s)D^{kl}_{i_2 i}(-t+s)\,ds\right]$$

$$+2\int_0^\infty \int_0^\infty G_{ip_1}(s)G_{i_1p_2}(u)D_{i_3i_2}^{00}(u)D_{i_4j}^{kl}(t+u+s)\,du\,ds$$

$$+2(-1)^{k+l}\int_0^\infty \int_0^\infty G_{jp_1}(s)G_{i_1p_2}(u)D_{i_3i_2}^{00}(u)D_{i_4i}^{kl}(-t+u+s)\,du\,ds\bigg\}\bigg\}$$

$$+O(\varepsilon^3)\,,\qquad k,l=0,1\,. \tag{3.158}$$

Die Spektraldichtematrix $S_{\bar{z}^{(k)}\bar{z}^{(l)}}(\alpha)$ ergibt sich als Fouriertransformierte von (3.158) und kann im allgemeinen nur durch numerische Integration bestimmt werden.

Bei numerischen Berechnungen können die Funktionen $D_{ij}^{kl}(t)$ vorteilhaft ermittelt werden, wenn man die in Abschnitt 3.1.5 gegebenen Hinweise zur Zerlegung des Integrationsintervalls $(0,\infty)$ in die Intervalle $(0,\delta)$ und (δ,∞) beachtet.

Beispiel 3.7 Es wird das in Bild 1.1 dargestellte Fahrzeugersatzmodell mit zeitverschobener Fahrbahnerregung betrachtet, das bereits in Beispiel 3.5 als lineares Modell untersucht wurde. Das stochastische Fahrbahnprofil wird gemäß (3.70) mit $Q(t)=Q_0(t)e^{-\gamma t}$ ausgedrückt. Als schwach korrelierter Prozeß wird wieder ein Prozeß mit der Korrelationsfunktion $R_2(t)$ (vgl.(1.29)) angesetzt. Jetzt werden die Aufbaudämpfungskräfte als nichtlineare Kräfte angenommen, die durch Polynome dritten Grades

$$\begin{aligned}
F_{D_3}(\dot{y}_3) &= k_3\dot{y}_3 + k_{32}\dot{y}_3^2 + k_{33}\dot{y}_3^3 \\
F_{D_4}(\dot{y}_4) &= k_4\dot{y}_4 + k_{42}\dot{y}_4^2 + k_{43}\dot{y}_4^3
\end{aligned}$$

approximiert seien (vgl. auch Abschnitt 1.2). Alle Federkräfte seien linear, Reifendämpfungen werden vernachlässigt.
Für numerische Berechnungen wurden

$$k_{32}=k_{42}=50 \qquad \text{und} \qquad k_{33}=k_{43}=-500$$

gesetzt. Alle weiteren Modellparameter und die Fahrbahnparameter wurden wie in Beispiel 3.5 gewählt. Die Bilder 3.20 und 3.21 zeigen die Spektraldichten für zwei ausgewählte Schwingungsbeschleunigungen. Zum Vergleich wurden diese Spektraldichten auch für das zugehörige lineare Modell gezeichnet.

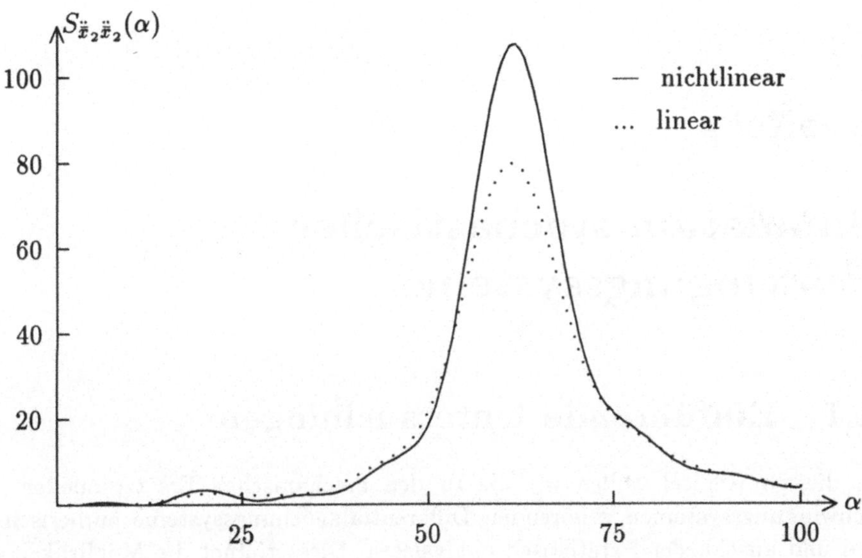

Bild 3.20: Spektraldichte $S_{\ddot{\tilde{x}}_2 \ddot{\tilde{x}}_2}(\alpha)$

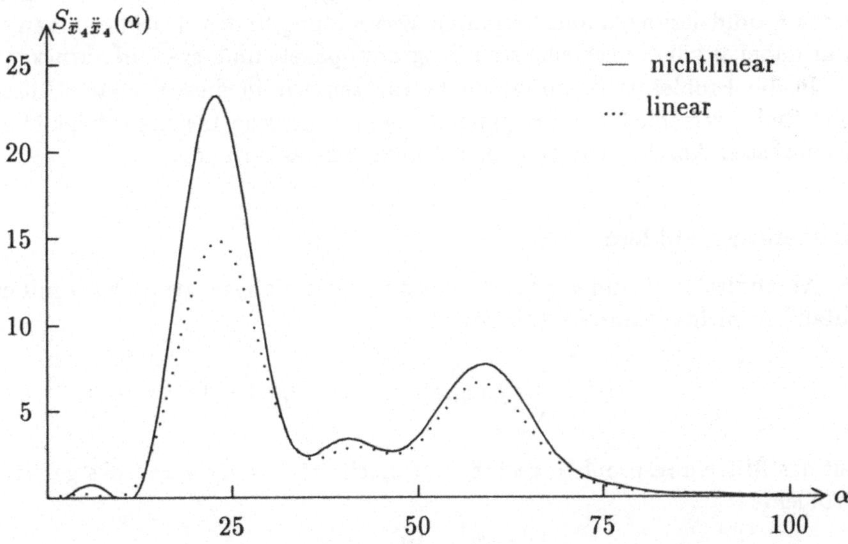

Bild 3.21: Spektraldichte $S_{\ddot{\tilde{x}}_4 \ddot{\tilde{x}}_4}(\alpha)$

Kapitel 4

Simulation stochastischer Schwingungssysteme

4.1   Einführende Untersuchungen

In diesem Kapitel wollen wir die zu den mechanischen Ersatzmodellen von Schwingungssystemen gehörenden Differentialgleichungssysteme numerisch lösen und anschließend statistisch analysieren. Dies eröffnet die Möglichkeit der Analyse komplizierter nichtlinearer und auch großer Systeme. Ferner können wir die im Kapitel 3 erhaltenen theoretischen Approximationsformeln mit Simulationsergebnissen vergleichen.

Zur numerischen Lösung der Differentialgleichungssysteme können sowohl die klassischen Verfahren, wie z. B. das Runge-Kutta-Verfahren, als auch moderne Modifizierungen und Verfahren Verwendung finden. Darüber hinaus kann man dabei auf die verschiedensten Programmpakete und -systeme zurückgreifen.

In die Problematik einführend betrachten wir in diesem ersten Abschnitt eine Reihe verschiedener Erregungen. Die numerische Lösung erfolgt hier und im nächsten Abschnitt mittels dem Runge-Kutta-Verfahren.

Mittelungsproblem

Im Abschnitt 2.1.1 sind wir bei der Lösung des Anfangswertproblems mit einem zufälligen nichtkonstanten Koeffizienten

$$y' = \frac{1}{\sqrt{\varepsilon}} f_\varepsilon(x, \omega) y \quad \text{mit} \quad y(0) = 1$$

auf das Mittelungsproblem gestoßen, wonach die Lösung $w = 1$ des gemittelten Problems

$$w' = 0 \quad \text{mit} \quad w(0) = 1$$

nicht identisch mit der gemittelten Lösung $< y(x) >= e^{x/2}$ ist. Diesen Effekt wollen wir durch Simulation bestätigen. Dazu simulieren wir $f_\varepsilon(x, \omega)$ durch den stetig differenzierbaren Prozeß (2.37) mit $\varepsilon = 0.1$ und die benutzten Zufallsgrößen seien mit $\xi_i \sim G[-\sqrt{6}, \sqrt{6}]$ und $\bar{\xi}_i = 0$ gegeben. Wegen der Eigenschaft $< \xi_i^2 > = \sigma^2 = 2$ ist eine konstante Intensität $a = 1$ gewährleistet. Die Simulation von $N = 50$ Realisierungen $y_j(x)$ der Lösung $y(x, \omega)$ und die statistische Auswertung (vgl. Abschnitt 1.3.2) gemäß

$$\hat{m}(x) = \frac{1}{N} \sum_{j=1}^{N} y_j(x)$$

ergibt den im Bild 4.1 dargestellten Verlauf. Dieser unterstreicht die im Abschnitt 2.1.1 getroffene Feststellung, daß unter der Annahme einer schwach korrelierten Erregung die mit der Theorie schwach korrelierter Funktionen erhaltene gemittelte Lösung $< y(x) > = e^{x/2}$ dem Verhalten eines konkreten Systems besser entspricht als $w = < v(x) > = 1$.

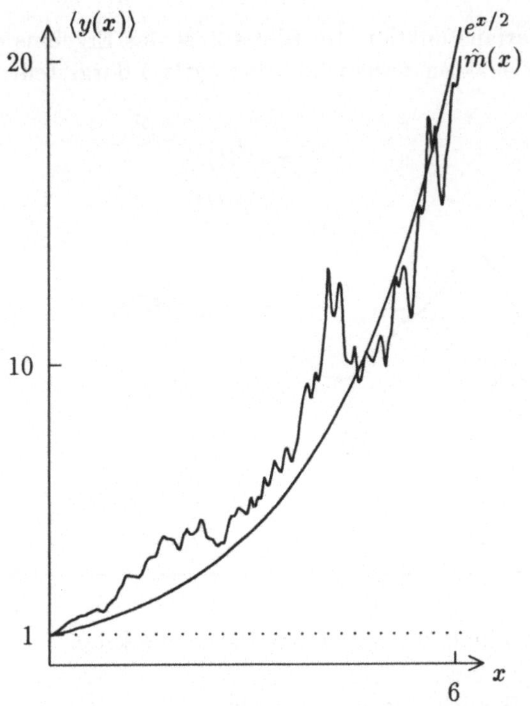

Bild 4.1: Simulierte $\hat{m}(x)$ und exakte $(e^{x/2})$ Erwartungswertfunktion

Schwach korrelierte Erregung

Im Abschnitt 1.4 haben wir als Anwendungsbeispiel für ein Ersatzsystem einfacher Fahrzeuge das Anfangswertproblem

$$m\ddot{y} + k\dot{y} + cy = -m\ddot{f}(t, \omega), \quad y(0) = \dot{y}(0) = 0$$

bezüglich der Relativbewegung $y = x - f$ mit der schwach korrelierten Erregung $f_\varepsilon(t,\omega) = \ddot{f}(t,\omega)$ betrachtet. Um die dort gewählte Korrelationsfunktion R_1 mit Intensität $a = \sigma^2$ (im Mittel) zu gewährleisten, wählen wir die schwach korrelierte Funktion (2.35) als Simulation für $f_\varepsilon(t,\omega)$ mit $\sigma^2 = 1$. Unter diesen Voraussetzungen wurde im Bild 1.12 die exakte Varianzfunktion für $m = 1$, $k = 4$ und $c = 12$ dargestellt.

Wir wollen dies für $\varepsilon = 0.3$ mittels Simulation bestätigen. Für die "Einschwingzeit" $t \in [0,2]s$ wurden $N = 50$ Realisierungen $y_j(t)$ von $y(t,\omega)$ durch Simulation von f_ε mit $\xi_i \sim G[-\sqrt{3}, \sqrt{3}]$ und numerischer Lösung der Differentialgleichung mit Schrittweite $\varepsilon/8$ erzeugt. Die statistische Auswertung liefert hier

$$\hat{\sigma}^2(t) = \frac{1}{N-1} \sum_{j=1}^{N} (y_j(t) - \hat{m}_j(t))^2$$

als Schätzung für die Varianzfunktion. Im Bild 4.2 ist das Ergebnis der Schätzung zusammen mit der exakten Varianzfunktion $\langle y^2(t) \rangle$ dargestellt.

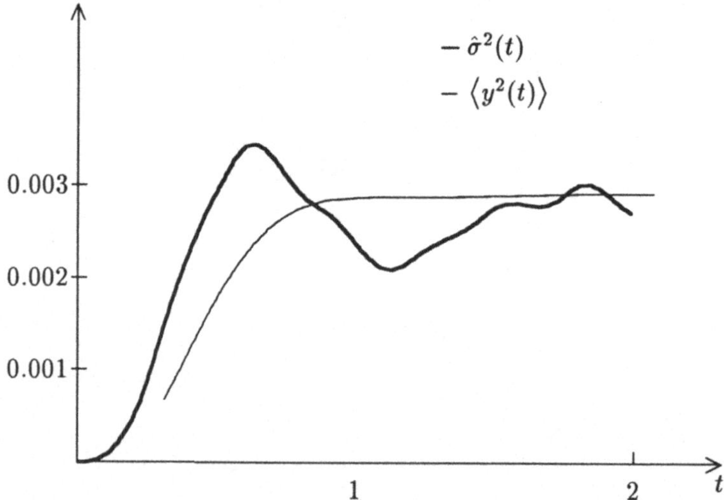

Bild 4.2: Simulierte und exakte Varianzfunktion

Für den stationären Bereich, gemäß der exakten Varianzfunktion etwa für $t \in [1,\infty)$, wurde eine Realisierung mit $N = 1$ ausgewertet. Dies ergab die in der Tabelle 4.1 zusammengestellten Werte für die Varianz im Vergleich mit dem exakten und dem mittels der Theorie schwach korrelierter Funktionen erhaltenen Näherungswert.

Die Analyse der Varianzfunktion bestätigt bereits die gute Eignung der gewählten Simulationsmethode für schwach korrelierter Erregungen. Dies zeigt sich auch im Vergleich mit der im Abschnitt 1.4 für den stationären Zeitbereich

Tabelle 4.1: Geschätzter stationärer Varianzwert der Simulation

nach $t\,s$	$\hat{\sigma}^2$
5	0.00147
10	0.00249
15	0.00245
20	0.00268
25	0.00262
30	0.00296
35	0.00273
40	0.00275
45	0.00300
50	0.00293
exakt	0.00291
Näherung	0.00312

erhaltenen Näherung der Spektraldichte

$$S(\alpha) = \frac{\sigma^2 m^2 \varepsilon}{2\pi((m\alpha^2 - c)^2 + k^2\alpha^2)}.$$

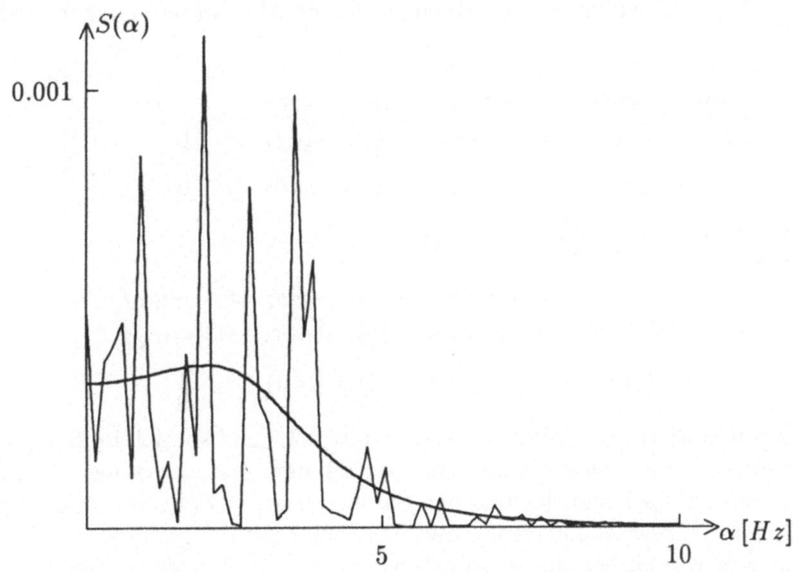

Bild 4.3: Geschätzte und genäherte Spektraldichte

Im Bild 4.3 sind die Schätzung der Spektraldichte aus einer Simulation im Zeitbereich $t \in [1, 50]$ und diese Näherung dargestellt.

Betrachten wir schließlich noch die Anzahl von Überschreitungen des (kritischen) Niveaus 0.075 in diesem Zeitraum, so erhalten wir den im Bild 4.4 dargestellten Vergleich zwischen der im Abschnitt 1.4 erhaltenen Näherung $E\,N(0.075,[1,T]) = 0.224(T-1)$ und der für eine Simulation beobachteten Anzahl. Auch hier kann eine gute Übereinstimmung festgestellt werden.

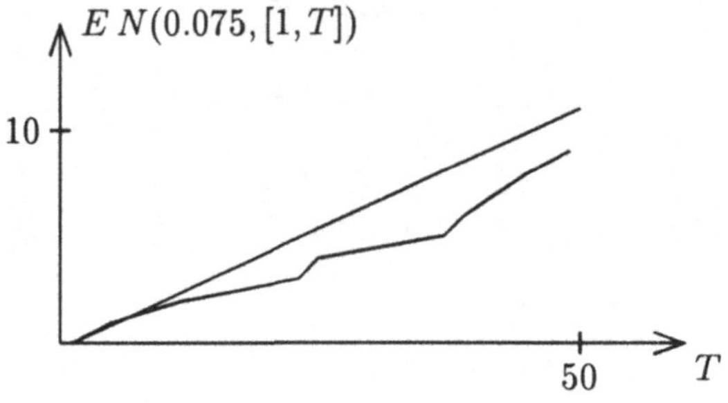

Bild 4.4: Simulierte und genäherte Niveauüberschreitungen

Approximierte Erregungen

Nun wollen wir die Eignung der simulierten Approximationen von Erregungen prüfen. Dazu betrachten wir den im Abschnitt 1.2 eingeführten Zweimassenschwinger mit den Anfangswertproblemen für die Absolutbewegungen (vgl. (1.10))

$$
\begin{aligned}
m_1\ddot{x}_1 + k_2\dot{x}_1 - k_2\dot{x}_2 + (c_1+c_2)x_1 - c_2x_2 &= c_1 f(t) \\
m_2\ddot{x}_2 - k_2\dot{x}_1 + k_2\dot{x}_2 - c_2x_1 + c_2x_2 &= 0 \\
x_1(0) = \dot{x}_1(0) = 0 \text{ und } x_2(0) = \dot{x}_2(0) &= 0
\end{aligned}
$$

bzw. für die Relativbewegungen (vgl (1.11))

$$
\begin{aligned}
m_1\ddot{y}_1 - k_2\dot{y}_2 + c_1y_1 - c_2y_2 &= -m_1\ddot{f} \\
m_2\ddot{y}_1 + m_2\ddot{y}_2 + k_2\dot{y}_2 + c_2y_2 &= -m_2\ddot{f} \\
y_1(0) = \dot{y}_1(0) = 0 \text{ und } y_2(0) = \dot{y}_2(0) &= 0\,.
\end{aligned}
$$

Dafür werden Realisierungen mit den im Abschnitt 2.3.2 und speziell im Beispiel 2.8 vorgestellten Simulationsverfahren für $f(t,\omega)$ und $\ddot{f}(t,\omega)$ erzeugt. Wenn nicht anders vermerkt seien die technischen Parameter $m_1 = 25\,kg$, $m_2 = 300\,kg$, $c_1 = 250000\,Nm^{-1}$, $c_2 = 45000\,Nm^{-1}$ und $k_2 = 5000\,Nsm^{-1}$ gewählt.

Betrachten wir zunächst die Absolutbewegungen, so sind deren Beschleunigungen wichtige Beurteilungskriterien für das Schwingungsverhalten des Systems. Im Bild 4.5 sind für ausgewählte Werte von m_2 und k_2 die auf der Basis einer Simulation im Zeitbereich $t \in [1,25]s$ erhaltenen Schätzungen der Standardabweichungen von $\ddot{x}_{1,2}$ sowie der Spektraldichte von $\ddot{x}_2$ im Vergleich

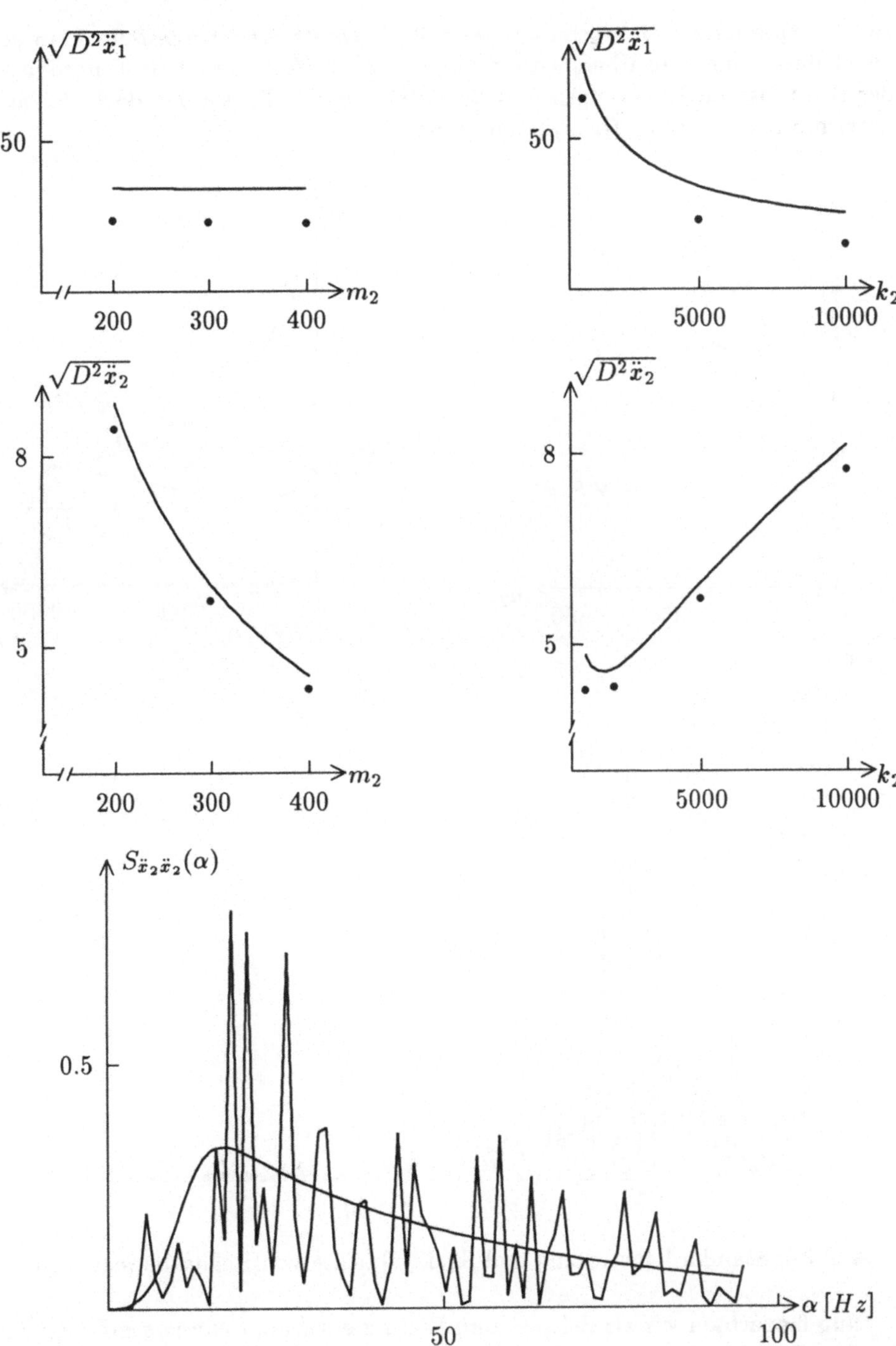

Bild 4.5: Standardabweichung und Spektraldichte von Absolutbeschleunigungen

zu den Approximationsergebnissen gemäß Abschnitt 3.1.5 dargestellt. Man erkennt dabei eine gute Übereinstimmung bezüglich Verlauf und Größenordnung der theoretischen Näherungen und der Schätzungen, die auf der Basis der approximierten Erregung $f(t,\omega)$ erhalten wurden.

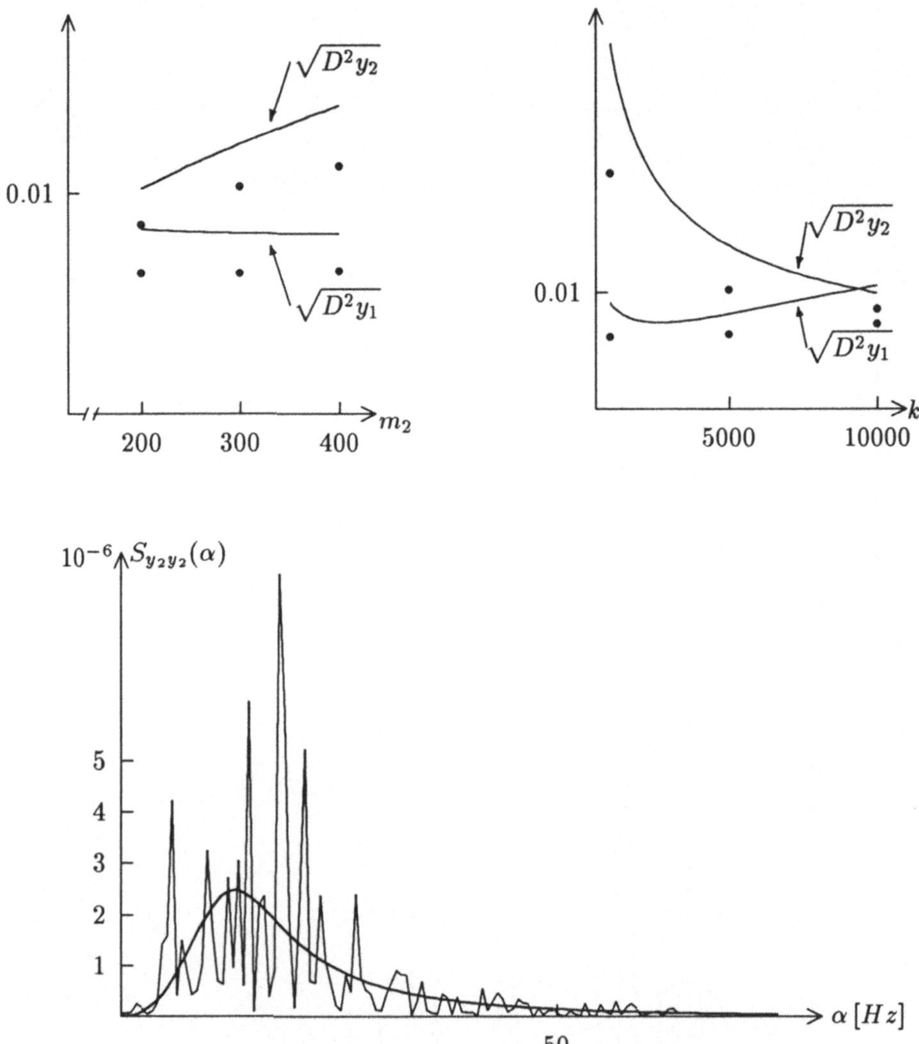

Bild 4.6: Standardabweichung und Spektraldichte von Relativbewegungen

Nun betrachten wir als Beispiel zum Einsatz einer approximierten Erregung $\tilde{f}(t,\omega)$ die Relativbewegungen. Dann stellen die Standardabweichungen von y_1 bzw. y_2 Anforderungen an die Luftreifen bzw. an die Schwingungsdämpfer dar.

Zu analogen Aussagen wie bei den Absolutbeschleunigungen kommen wir dann bei der Analyse von theoretischen Näherungen und Schätzungen, die im Bild 4.6 für die Auslenkungen dargestellt sind. Diese beiden Beispiele demonstrieren die Eignung der im Kapitel 2 hergeleiteten Approximations- und Simulationsverfahren für Erregungen von Unebenheitsprofilen.

Zeitversetzte approximierte Erregungen

Abschließend seien noch die Simulationsverfahren für approximierte Erregungen bei zeitversetztem Einsatz demonstriert. Dazu betrachten wir das bereits im Abschnitt 1.1 vorgestellte Ersatzmodell als Längsschnitt eines Fahrzeugs mit $f_1(t,\omega) = f(t,\omega)$, $f_2(t,\omega) = f(t + v_2,\omega)$ und $f(\cdot,\omega)$ gemäß dem im Beispiel 2.8 erzeugten Unebenheitsprofil. Unter der Voraussetzung linearer Kräftefunktionen erhalten wir das Differentialgleichungssystem (1.13) in der modifizierten Form

$$m_1\ddot{x}_1 + c_1 x_1 + k_1\dot{x}_1 - c_3(x_s - l_1\varphi - x_1) - k_3(\dot{x}_s - l_1\dot{\varphi} - \dot{x}_1) = c_1 f_1 + k_1\dot{f}_1$$

$$m_2\ddot{x}_2 + c_2 x_2 + k_2\dot{x}_2 - c_4(x_s + l_2\varphi - x_2) - k_4(\dot{x}_s + l_2\dot{\varphi} - \dot{x}_2) = c_2 f_2 + k_2\dot{f}_2$$

$$I\ddot{\varphi} - l_1[c_3(x_s - l_1\varphi - x_1) + k_3(\dot{x}_s - l_1\dot{\varphi} - \dot{x}_1)]$$
$$+ l_2[c_4(x_s + l_2\varphi - x_2) + k_4(\dot{x}_s + l_2\dot{\varphi} - \dot{x}_2)] = 0$$

$$m\ddot{x}_s + c_3(x_s - l_1\varphi - x_1) + k_3(\dot{x}_s - l_1\dot{\varphi} - \dot{x}_1)$$
$$+ c_4(x_s + l_2\varphi - x_2) + k_4(\dot{x}_s + l_2\dot{\varphi} - \dot{x}_2) = 0$$

für die Absolutbewegungen. Für die Modellparameter wählen wir die gleichen Werte wie im Beispiel 3.5.

Die Auswertung der Standardabweichungen liefert zunächst die in der Tabelle 4.2 zusammengestellten Werte für die Auslenkungen und Beschleunigungen der Vorderachse x_1, des Aufbauschwerpunktes x_s und des Nickwinkels φ.

Tabelle 4.2: Standardabweichungen

	x_1	x_s	φ	$\ddot{x}_1$	$\ddot{x}_s$	$\ddot{\varphi}$
$\sqrt{D^2}\cdot$	0.046	0.047	0.011	37.6	6.3	6.0

Der Einfluß von Dämpfung und Federung zeigen sich besonders im Verhalten der Beschleunigungen. Die Standardabweichung beträgt nach dieser Simulation im Schwerpunkt nur noch rund ein Sechstel des Wertes der an der Vorderachse geschätzt wurde. Betrachten wir die Spektraldichten, so erhalten wir im Vergleich mit den im Beispiel 3.5 (s. Bilder 3.17 und 3.18) erhaltenen theoretischen Näherungen die in den Bildern 4.7 und 4.8 dargestellten Schätzungen der Spektraldichten von $\ddot{x}_s$ und $\ddot{\varphi}$. Auch hier kann wieder eine gute Übereinstimmung insbesondere auch bezüglich der Lage der extremalen Frequenzen festgestellt werden.

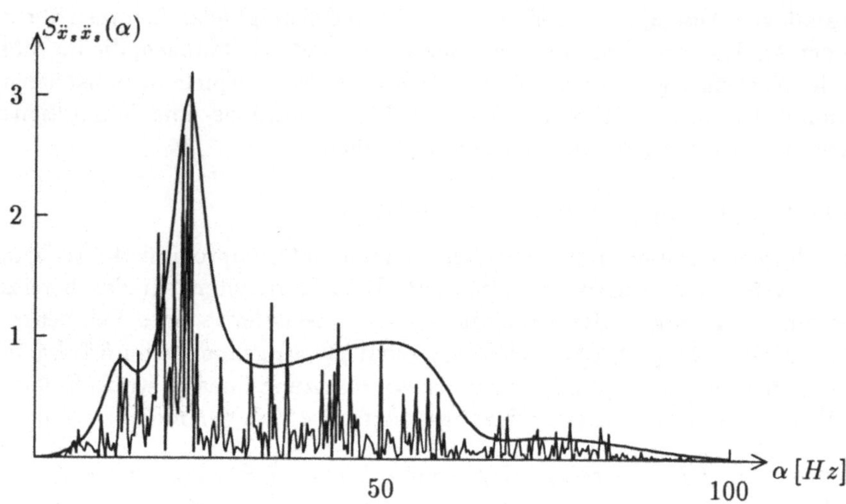

Bild 4.7: Geschätzte und genäherte Spektraldichte von $\ddot{x}_s$

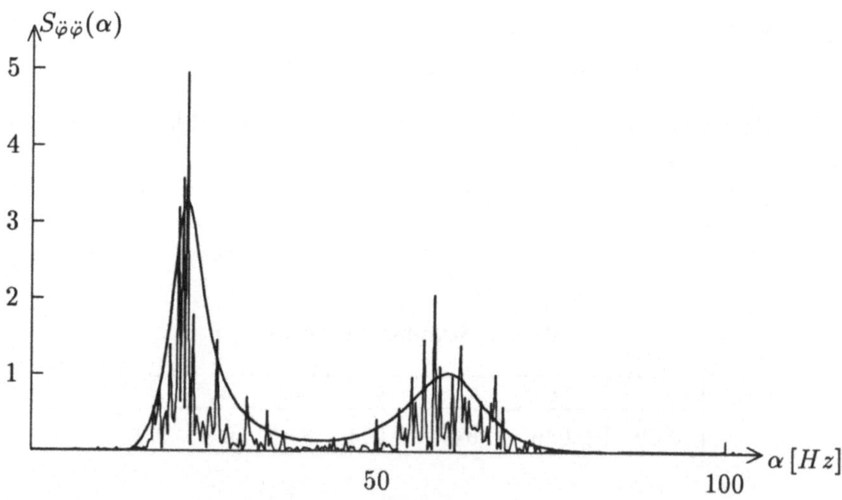

Bild 4.8: Geschätzte und genäherte Spektraldichte von $\ddot{\varphi}$

Bemerkungen zur numerischen Realisierung

Bei den zeitversetzten Erregungen ist es günstig, die (numerische) Schrittweite Δt so zu wählen, daß der zeitliche Abstand $t = l/v$ der beiden Erregungen f_1 und f_2 ein ganzzahliges Vielfaches dieser Schrittweite ist. In diesem Fall werden f_1 und f_2 nur zu gleichen Zeitpunkten benötigt und es genügt bei einer "on-line-Simulation" das Speichern der jeweiligen Zwischenwerte.

In den nächsten Abschnitten wollen wir für ausgewählte Ersatzsysteme von Schwingungsproblemen die Simulationstechniken nutzen, um sowohl die Eignung der vorgestellten Methoden als auch weitere Effekte stochastischer Einflüsse auf Schwingungssysteme zu demonstrieren.

4.2 Simulation ausgewählter Ersatzsysteme

4.2.1 Zweispurerregung an einem linearen Kraftfahrzeugmodell

Bisher haben wir uns auf eindimensionale Erregungen beschränkt. Für das im Bild 4.9 dargestellte Fahrzeugersatzmodell wollen wir nun die im Abschnitt 2.2.1 approximierten parallelen Erregungen $f_L(t,\omega)$ und $f_R(t,\omega)$ sowie $\tilde{f}_L(t,\omega)$ und $\tilde{f}_R(t,\omega)$ simulieren und als zeitversetzte Zweispurerregung einsetzen.

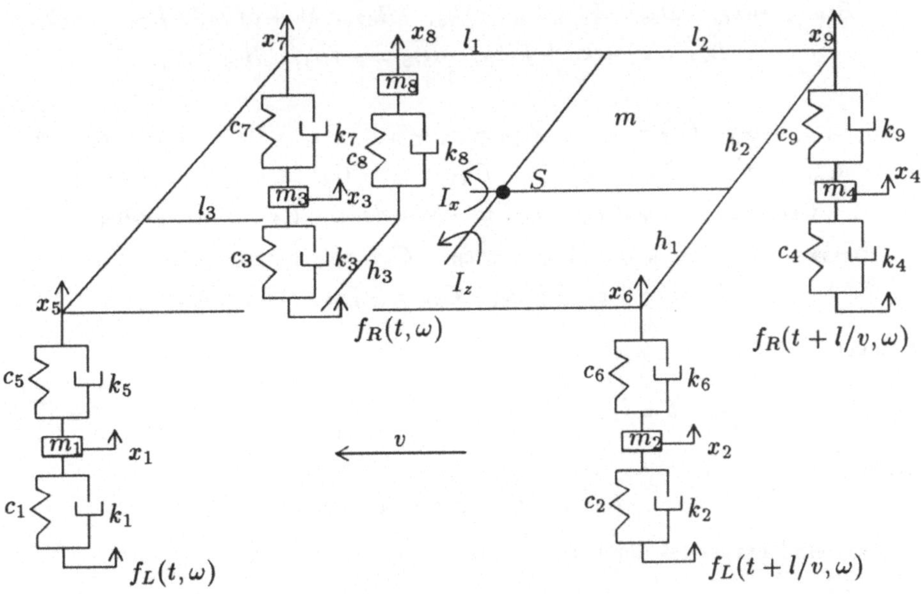

Bild 4.9: Kraftfahrzeugersatzmodell

In diesem einfachen Ersatzmodell sei vorausgesetzt, daß

- die Rad- und Sitzmassen m_i, $i = 1,\ldots,4,8$ nur vertikale Bewegungen ausführen,
- der Karrosseriekörper mit Masse m Hub-, Wank- und Nickschwingungen unterliegt, aber keine Gierschwingungen berücksichtigt werden,

- das Fahrzeug mit konstanter Geschwindigkeit v geradeaus fährt,
- die Feder- und Dämpfercharakteristiken lineare Kennlinien besitzen.

Aufgrund dieser Voraussetzungen, speziell bezüglich m, gilt $x_9 = x_6 + x_7 - x_5$, sodaß wir uns im folgenden auf die acht Bewegungen x_i, $i = 1, \ldots, 8$ beschränken können. Für die symmetrischen (8,8)-Matrizen A, B und C im linearen mathematischen Modell (1.1) erhält man dann folgende von Null verschiedene Elemente, wobei die Symmetrie zu beachten ist

$$A_{11} = m_1, \quad A_{22} = m_2, \quad A_{33} = m_3, \quad A_{44} = m_4$$
$$A_{55} = ma^2 + \tfrac{I_z}{l^2} + \tfrac{I_x}{h^2}, \quad A_{56} = mab - \tfrac{I_z}{l^2}, \quad A_{57} = mac - \tfrac{I_x}{h^2}$$
$$A_{66} = mb^2 + \tfrac{I_z}{l^2}, \quad A_{67} = mbc, \quad A_{77} = mc^2 + \tfrac{I_x}{h^2}, \quad A_{88} = m_8,$$

$$B_{11} = k_1 + k_5, \quad B_{15} = -k_5, \quad B_{22} = k_2 + k_6, \quad B_{26} = -k_6, \quad B_{33} = k_3 + k_7,$$
$$B_{37} = -k_7, \quad B_{44} = k_4 + k_9, \quad B_{45} = k_9, \quad B_{46} = -k_9, \quad B_{47} = -k_9$$
$$B_{55} = k_5 + k_9 + d^2 k_8, \quad B_{56} = -k_9 + dek_8, \quad B_{57} = -k_9 + dfk_8$$
$$B_{58} = -dk_8, \quad B_{66} = k_6 + k_9 + e^2 k_8, \quad B_{67} = k_9 + efk_8, \quad B_{68} = -ek_8$$
$$B_{77} = k_7 + k_9 + f^2 k_8, \quad B_{78} = -fk_8, \quad B_{88} = k_8$$

$$C_{11} = c_1 + c_5, \quad C_{15} = -c_5, \quad C_{22} = c_2 + c_6, \quad C_{26} = -c_6, \quad C_{33} = c_3 + c_7,$$
$$C_{37} = -c_7, \quad C_{44} = c_4 + c_9, \quad C_{45} = c_9, \quad C_{46} = -c_9, \quad C_{47} = -c_9$$
$$C_{55} = c_5 + c_9 + d^2 c_8, \quad C_{56} = -c_9 + dec_8, \quad C_{57} = -c_9 + dfc_8$$
$$C_{58} = -dc_8, \quad C_{66} = c_6 + c_9 + e^2 c_8, \quad C_{67} = c_9 + efc_8, \quad C_{68} = -ec_8$$
$$C_{77} = c_7 + c_9 + f^2 c_8, \quad C_{78} = -fc_8, \quad C_{88} = c_8,$$

wobei

$$a = 1 - \frac{l_1}{l} - \frac{h_1}{h}, \quad b = \frac{l_1}{l}, \quad c = \frac{h_1}{h}, \quad d = 1 - \frac{l_3}{l} - \frac{h_3}{h}, \quad e = \frac{l_3}{l}, \quad f = \frac{h_3}{h}$$

sowie

$$l = l_1 + l_2 \text{ und } h = h_1 + h_2$$

gesetzt sind. Ferner ist der Erregungsvektor gegeben durch

$$\hat{F}(t) = \begin{pmatrix} c_1 f_L(t,\omega) + k_1 \dot{f}_L(t,\omega) \\ c_2 f_L(t + l/v, \omega) + k_2 \dot{f}_L(t + l/v, \omega) \\ c_3 f_R(t,\omega) + k_3 \dot{f}_R(t,\omega) \\ c_4 f_R(t + l/v, \omega) + k_4 \dot{f}_R(t + l/v, \omega) \\ 0 \\ 0 \\ 0 \\ 0 \end{pmatrix}$$

Als konkrete Zahlenwerte finden Verwendung

$$
\begin{array}{llll}
m = & 1200kg & I_z = & 1700kg\,m^2 & I_x = & 500kg\,m^2 \\
l = & 2.4m & l_1 = & 1.2m & l_3 = & 1.0m \\
h = & 1.2m & h_1 = & 0.6m & h_3 = & 0.4m \\
m_1 = m_3 = & 35kg & c_1 = c_3 = & 150000Nm^{-1} & c_5 = c_7 = & 15000Nm^{-1} \\
& & k_1 = k_3 = & 0 & k_5 = k_7 = & 2000Nsm^{-1} \\
m_2 = m_4 = & 32kg & c_2 = c_4 = & 150000Nm^{-1} & c_6 = c_9 = & 17000Nm^{-1} \\
& & k_2 = k_4 = & 0 & k_6 = k_9 = & 2000Nsm^{-1} \\
m_8 = & 30kg & c_8 = & 10000Nm^{-1} & k_8 = & 250Nsm^{-1}
\end{array}
$$

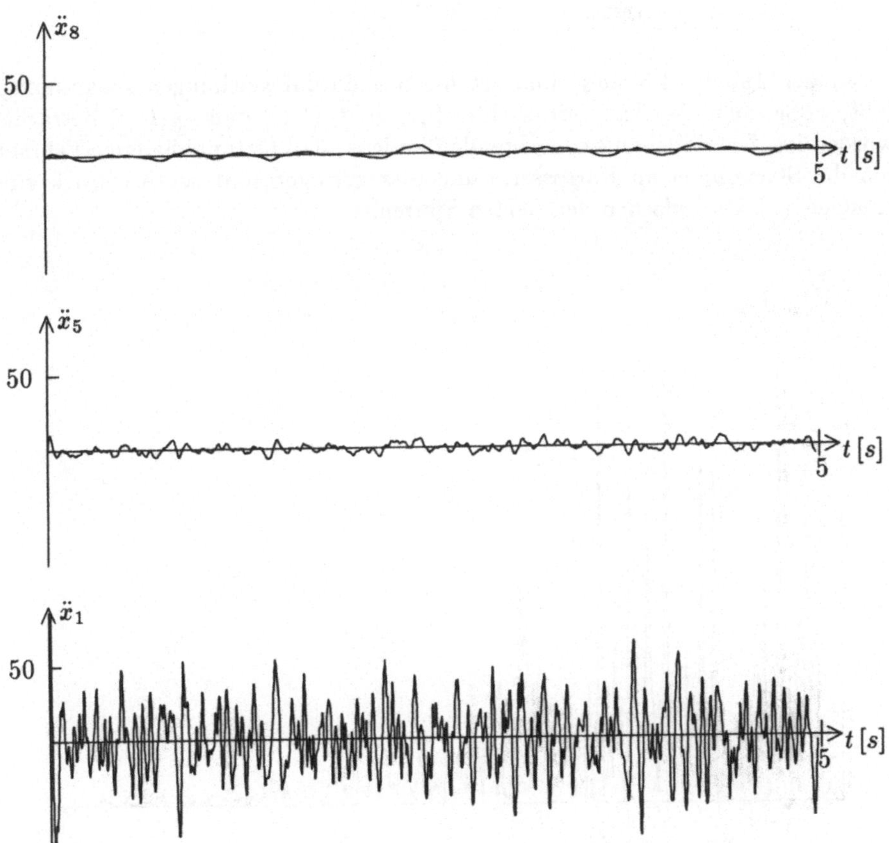

Bild 4.10: Beschleunigungsverläufe

Nun wenden wir uns der Simulation der beiden Erregungsprofile $f_L(t,\omega)$ und $f_R(t,\omega)$ zu. Dies geschieht wie im Abschnitt 2.3.2 demonstriert gemäß (2.28) mit $r = h/v = 0.054s$ und $v = 22.22ms^{-1} = 80kmh^{-1}$. Im Bild 4.10 sind dann die

Beschleunigungsverläufe an der linken Vorderachse $\ddot{x}_1$, der Karrosserie $\ddot{x}_5$ und dem Sitz $\ddot{x}_8$ dargestellt. Zum Vergleich seien die Standardabweichungen sowie die Spektraldichte $S_{\ddot{x}_8\ddot{x}_8}(\alpha)$ sowohl für diesen als auch für den Fall stochastisch unabhängiger Fahrspuren $f_L(t,\omega)$ und $f_R(t,\omega)$ mittels Simulation geschätzt.

Tabelle 4.3: Standardabweichungen

$f_L(t,\omega),\ f_R(t,\omega)$	$\sqrt{D^2\ddot{x}_1}$	$\sqrt{D^2\ddot{x}_5}$	$\sqrt{D^2\ddot{x}_8}$
korreliert	23.1	2.8	1.7
unabhängig	23.2	2.3	1.3
verrauscht	26.3	2.9	2.0

In der Tabelle 4.3 sind zunächst die Standardabweichungen zusammengefaßt, wobei auch der Fall verrauschter Spuren $\tilde{f}_L(t,\omega)$ und $\tilde{f}_R(t,\omega)$ betrachtet worden ist. Die dabei zu beobachtende Tendenz, daß für unabhängige Fahrspuren die Streuungen an Karrosserie und Sitz geringer sind, ist Ausdruck eines Ausgleicheffekts zwischen den beiden Spuren.

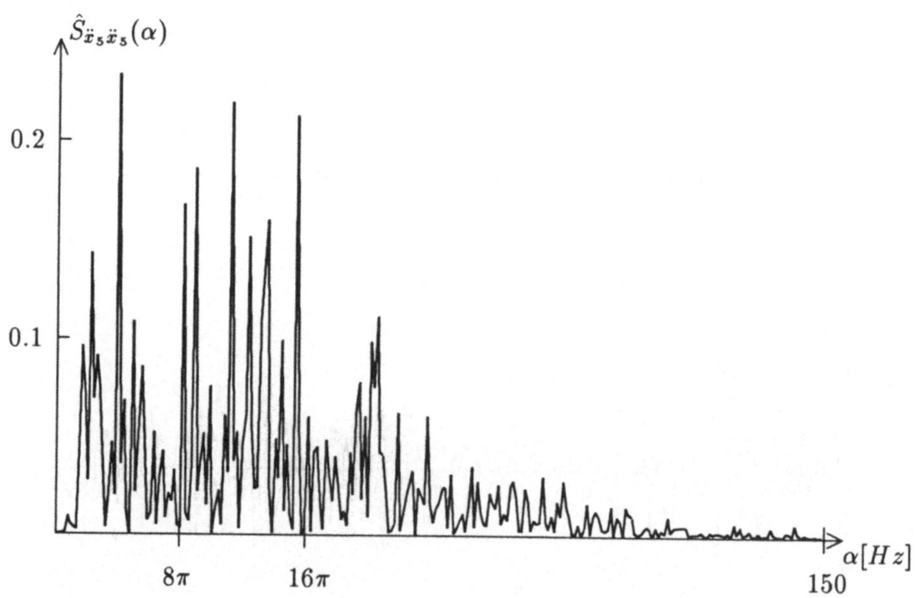

Bild 4.11: Spektraldichte für $\ddot{x}_5$ bei korrelierten Spuren

Das Verhalten der Spektraldichten ist den Schätzungen in den Bildern 4.11 bis 4.14 zu entnehmen. Während die Standardabweichungen von $\ddot{x}_8$ vergleichsweise nur geringfügig kleiner sind als die von $\ddot{x}_5$ ist die Veränderung in den Spektraldichten bedeutsam. Dabei sei daran erinnert, daß insbesondere im Be-

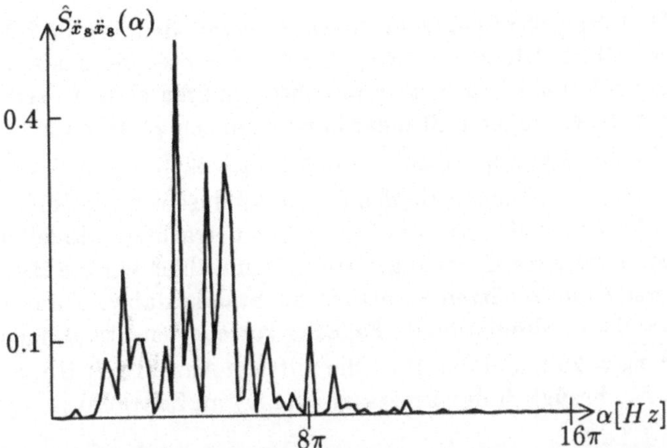

Bild 4.12: Spektraldichte für $\ddot{x}_8$ bei korrelierten Spuren

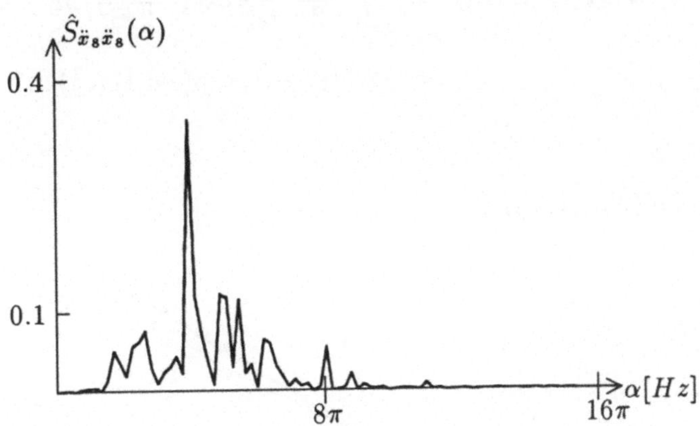

Bild 4.13: Spektraldichte für $\ddot{x}_8$ bei unabhängigen Spuren

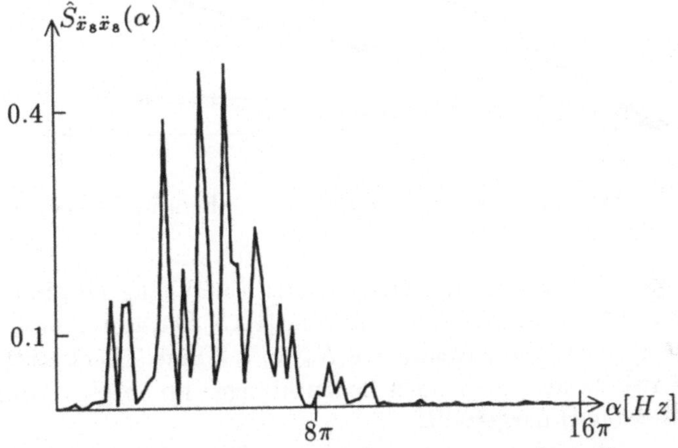

Bild 4.14: Spektraldichte für $\ddot{x}_8$ bei verrauschten Spuren

reich $\alpha \in [8\pi, 16\pi]$ große Spektraldichtewerte vermieden werden sollen, was für $S_{\ddot{x}_8 \ddot{x}_8}(\alpha)$ der Fall ist. Die kleineren Spektraldichtewerte bei unabhängigen Spuren bzw. die größeren Werte bei verrauschten Spuren sind in Verbindung mit den geringeren bzw. größeren Standardabweichungen zu sehen.

Nachdem wir im Abschnitt 4.1 anhand der schwach korrelierten Erregungen die Eignung der Simulationsmethoden für die Analyse von Niveauüberschreitungen bestätigt haben, wollen wir dies für das hier betrachtete Modell nun auch für die Approximationen von Erregungen tun. Dazu wählen wir die Beschleunigung $\ddot{x}_8$ am Fahrersitz und schätzen zusätzlich die Standardabweichung von $\ddot{x}_8$. Für die oben betrachtete Simulation im Falle der korrelierten Erregungen ergibt sich $\sigma_{\dddot{x}_8} = \sqrt{D^2\, \dddot{x}_8} = 29.1$ und damit ist die mittlere Anzahl von Überschreitungen des Niveaus N_w bezüglich des Prozesses $\ddot{x}_8(t, \omega)$ im Zeitraum $[1, T]$ gleich

$$E\,N(N_w, [1, T]) \;=\; \int_1^T \frac{1}{2\pi} \frac{\sigma_{\dddot{x}_8}}{\sigma_{\ddot{x}_8}} \exp\left(-\frac{N_w^2}{2\sigma_{\ddot{x}_8}^2}\right) dt$$

$$=\; 2.71(T-1)\exp(-0.17 N_w^2)\,.$$

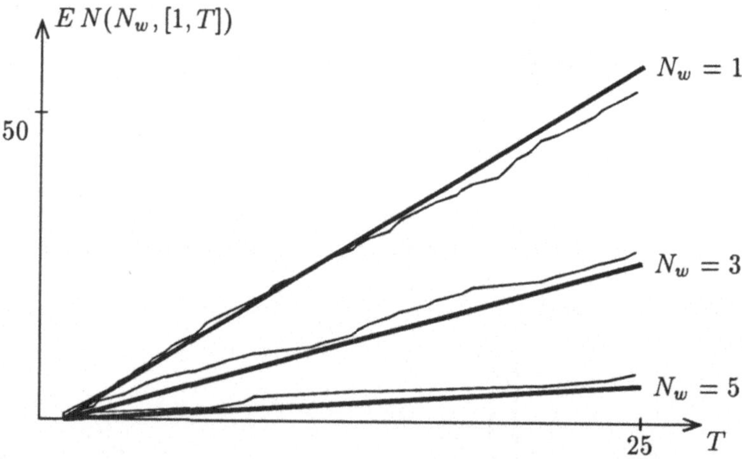

Bild 4.15: Simulierte und genäherte Niveauüberschreitungen von $\ddot{x}_8$

Dieses Ergebnis wird nun mit einer zweiten (unabhängigen) Simulation des Modells verifiziert. Dazu wird der Zeitraum $[1, 25]$ betrachtet und die Anzahl der Überschreitungen der Niveauwerte $N_w = 1, 3$ und 5 beobachtet. Im Bild 4.15 sind die sich daraus ergebenden Beobachtungen im Vergleich mit den theoretischen Näherungen dargestellt.

4.2.2 Nichtlinearer Einmassenschwinger mit schwach korrelierter Erregung

Bei den bisherigen Untersuchungen haben wir lineare Feder- und Dämpferkennlinien zugrunde gelegt. Jetzt wollen wir den Einfluß von Nichtlinearitäten bei schwach korrelierter Erregung simulieren, statistisch analysieren und mit den theoretischen Ergebnissen aus dem Abschnitt 3.2.2 vergleichen. Dazu wählen wir das im Abschnitt 1.4 eingeführte Anwendungsbeispiel des Einmassenschwingers mit einer nichtlinearen Federkennlinie und einer schwach korrelierten Gaußschen Erregung $f_\varepsilon(t,\omega)$ mit Korrelationsfunktion R_1 aus. Als erstes betrachten wir dann eine kubische Nichtlinearität im Anfangswertproblem für die Relativbewegung y in der folgenden Form

$$m\ddot{y} + k\dot{y} + cy + \hat{c}y^3 = -mf_\varepsilon(t,\omega), \qquad y(0) = \dot{y}(0) = 0 \,. \tag{4.1}$$

Für dieses Beispiel wurden im Abschnitt 3.2.2 (s. Beispiel 3.6) die stochastischen Charakteristiken mit analytischen Methoden näherungsweise bestimmt. Das zugehörige System von Differentialgleichungen 1. Ordnung hat die Form

$$
\begin{aligned}
m\dot{z}_1 + kz_1 + cz_2 + \hat{c}z_2^3 &= -mf_\varepsilon(t,\omega) \\
\dot{z}_2 - z_1 &= 0
\end{aligned}
\tag{4.2}
$$

Damit ist in (3.108) insbesondere

$$B_3(z) = \begin{pmatrix} \hat{c}z_2^3 \\ 0 \end{pmatrix}$$

als nichtlinearer Anteil gegeben. In diesem Falle folgte für die Mittelwertfunktion (nach der Einschwingzeit)

$$\langle \bar{z}(t) \rangle = 0 + O(\varepsilon^3)$$

als theoretische Näherung und damit keine Änderung des Verhaltens beim Übergang vom linearen zum nichtlinearen Modell. Tauschen wir nun die Nichtlinearität in (4.1) gegen eine quadratische der Form $\hat{c}y^2$ aus, so erhalten wir eine von Null verschiedene Mittelwertfunktion. Es ergibt sich nämlich in (3.115)

$$E_i^1(t) = -\hat{c}R_{z_2z_2}^0(0) \int_{-\infty}^{t} G_{i1}(t-s)\,ds\,, \quad i = 1,2$$

mit den im Beispiel 3.6 gegebenen Funktionen

$$
\begin{aligned}
G_{11}(t-s) &= \frac{1}{m}\exp(-q(t-s))\{-\frac{q}{p}\sin(p(t-s)) + \cos(p(t-s))\}, \\
G_{21}(t-s) &= \frac{1}{mp}\exp(-q(t-s))\sin(p(t-s))
\end{aligned}
$$

sowie

$$q = \frac{k}{2m} \text{ und } p = \frac{1}{2m}\sqrt{4mc - k^2}\,.$$

Die Berechnung dieser Integrale liefert

$$\begin{aligned}
E_1^1(t) &= 0,\\
E_2^1(t) &= -\hat{c}R_{z_2 z_2}^0(0)\frac{1}{m(p^2+q^2)}
\end{aligned}$$

und wir erhalten mit

$$R_{z_2 z_2}^0(0) = \frac{\sigma^2}{4q(p^2+q^2)}$$

(vgl. stationäre Varianz im linearen Modell) die Mittelwertfunktionen für kleine ε näherungsweise als

$$\begin{aligned}
\langle \dot{y}(t)\rangle = \langle \bar{z}_1(t)\rangle &\approx 0,\\
\langle y(t)\rangle = \langle \bar{z}_2(t)\rangle &\approx -\frac{\hat{c}\sigma^2}{4qm(p^2+q^2)^2}\varepsilon = -\frac{\hat{c}m^2\sigma^2}{2kc^2}\varepsilon\,.
\end{aligned}$$

Dabei sei hier und in den folgenden Betrachtungen y die Auslenkung im stationären Zustand und wir haben eine von Null verschiedene Näherung für das Mittelungsproblem erhalten.

Zahlenbeispiel Für die Simulation der schwach korrelierten Gaußschen Erregung $f_\varepsilon(t,\omega)$ wählen wir die schwach korrelierte Funktion (2.35) mit $\varepsilon = 0.3$ und $\xi_i \sim N(0,1)$ und damit $\sigma^2 = 1$ als konstante Intensität a. Ferner seien wieder $m = 1$, $k = 4$ und $c = 12$ sowie $\hat{c} = 50$ gesetzt. Bezeichnen wir mit $y_{(k)}$ die Auslenkungen im Bezug auf die Nichtlinearitäten $\hat{c}y^k$, k=2,3, so erhalten wir

$$\begin{aligned}
\langle \dot{y}_{(2)}\rangle = \langle \dot{y}_{(3)}\rangle \approx 0 &= \langle {}^0\dot{y}\rangle\,,\\
\langle y_{(3)}\rangle \approx 0 &= \langle {}^0 y\rangle\,,\\
\text{und}\qquad \langle y_{(2)}\rangle \approx -0.013 \neq\ \ 0 &= \langle {}^0 y\rangle\,,
\end{aligned}$$

wobei ${}^0 y$ die Lösung des zugehörigen linearen Modells ist.

Die Simulation von $N = 50$ Erregungen $f_\varepsilon(t)$ im Zeitraum $t \in [0,5]$ mit anschließender numerischer Berechnung von 50 Realisierungen $y(t)$ und Mittelwertbildung liefert die in den Bildern 4.16 und 4.17 dargestellten Schätzungen $\bar{y}(t)$ für $\langle {}^0 y\rangle$, $\langle y_{(2)}\rangle$ und $\langle y_{(3)}\rangle$ bzw. $\bar{\dot{y}}(t)$ für $\langle {}^0\dot{y}\rangle$, $\langle \dot{y}_{(2)}\rangle$ und $\langle \dot{y}_{(3)}\rangle$.

In Analyse dieser Bilder können wir feststellen, daß die Schätzungen im Rahmen obiger Näherungen liegen. Andererseits erkennt man die Notwendigkeit einer großen Anzahl von Realisierungen, um auf diesem Weg zu stabilen, statistisch gesicherten Aussagen zu gelangen. Die statistische Analyse einer genügend langen Realisierung, etwa $t \in [1,50]$, liefert nach den Schätzprinzipien für ergodische Prozesse bereits recht brauchbare Aussagen, die in der Tabelle 4.4 (s.u.) als $m_{y_{(k)}}$ bzw. $m_{\dot{y}_{(k)}}$ enthalten sind.

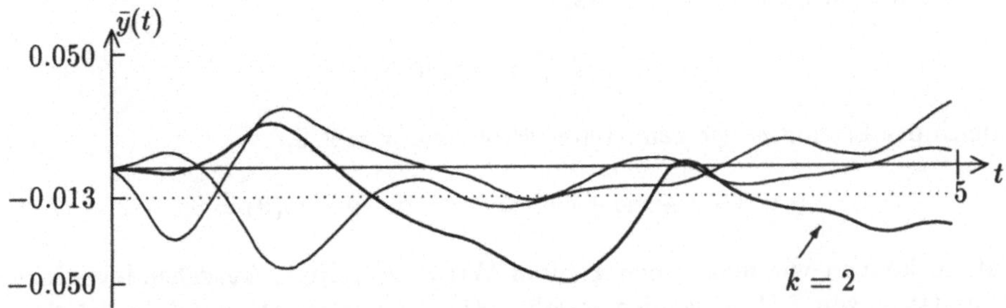

Bild 4.16: Schätzungen der Mittelwertfunktionen für ^0y und $y_{(k)}$, $k=2,3$

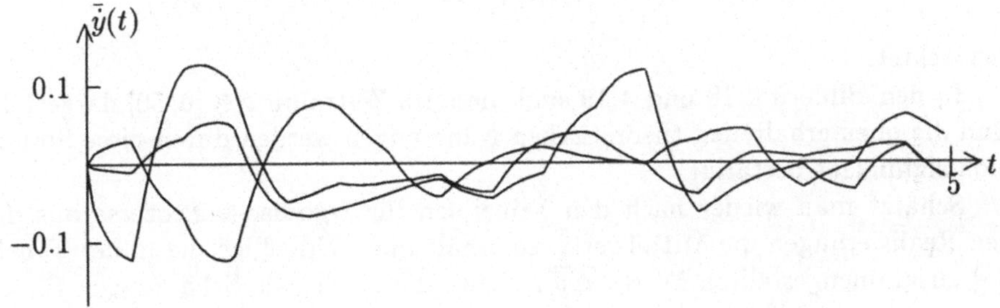

Bild 4.17: Schätzungen der Mittelwertfunktionen für $^0\dot{y}$ und $\dot{y}_{(k)}$, $k=2,3$

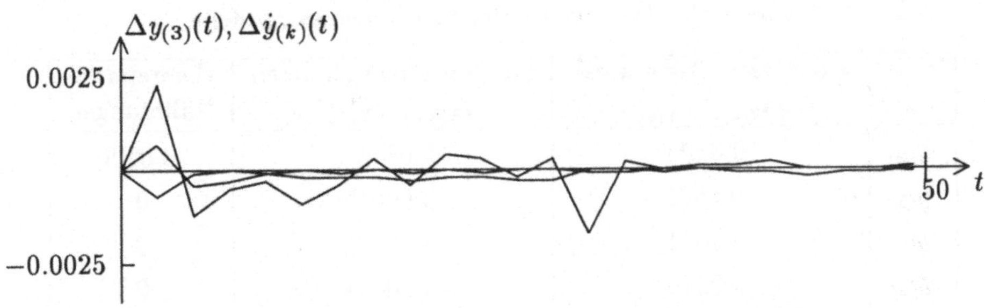

Bild 4.18: Abweichungen vom linearen Modell für $y_{(3)}$ und $\dot{y}_{(k)}$, $k=2,3$

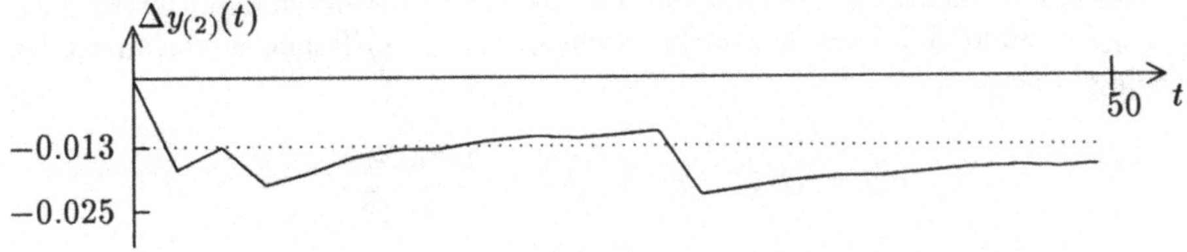

Bild 4.19: Simulation des Mittelungsproblems für $y_{(2)}(t,\omega)$

Berücksichtigen wir ferner, daß

$$\langle {}^0y \rangle = 0 = w$$

gleich der Lösung w der gemittelten Probleme, $k = 2, 3$,

$$m\ddot{w} + k\dot{w} + cw + \hat{c}w^k = 0, \qquad w(0) = \dot{w}(0) = 0$$

ist, so können wir noch einen zweiten Weg beschreiten. Ausgehend von einer Simulation von $f_\varepsilon(t, \omega)$ werden sowohl ${}^0y(t)$ als auch $y_{(k)}(t)$ einschließlich deren Ableitungen numerisch bestimmt und die Abweichungen

$$\Delta y_{(k)}(t) = {}^0y(t) - y_{(k)}(t), \quad \Delta\dot{y}_{(k)}(t) = {}^0\dot{y}(t) - \dot{y}_{(k)}(t)$$

betrachtet.

In den Bildern 4.18 und 4.19 sind diese im Zeitraum $t \in [0, 50]$ dargestellt, und die oben erhaltenen theoretischen Näherungen werden durch diese Simulation signifikant bestätigt.

Schätzt man wieder nach den Prinzipien für ergodische Prozesse aus diesen Realisierungen die Mittelwerte, so erhält man schließlich die in der Tabelle 4.4 zusammengestellten Werte $\overline{\Delta y}_{(k)}$ bzw. $\overline{\Delta\dot{y}}_{(k)}$, die als Schätzungen für die Mittelwerte $\langle y_{(k)} \rangle$ bzw. $\langle \dot{y}_{(k)} \rangle$ verwendet werden können.

Tabelle 4.4: Mittelwerte der nichtlinearen Modelle

	geschätzte Mittelwerte $m_{y_{(k)}}$, $m_{\dot{y}_{(k)}}$	mittlere Abweichungen $\overline{\Delta y}_{(k)}$, $\overline{\Delta\dot{y}}_{(k)}$	theoretische Näherungen
$y_{(2)}$	-0.0103	-0.0153	-0.0130
$y_{(3)}$	0.0061	-0.00012	0
$\dot{y}_{(2)}$	-0.0021	-0.00006	0
$\dot{y}_{(3)}$	-0.0016	-0.00007	0

Nachdem wir oben die Mittelwertfunktionen und das Mittelungsproblem ausführlich betrachtet haben, wenden wir uns nun den anderen Charakteristiken zu. Im Abschnitt 3.2.2 wurden für die Nichtlinearität $\hat{c}y^3$ folgende Varianzen der Lösungen hergeleitet

$$\sigma_{yy}^2 = D^2\bar{z}_2 \quad \approx \quad \frac{\sigma^2 m^2 \varepsilon}{2kc} - \frac{3\sigma^4 m^4 \hat{c}\varepsilon^2}{4k^2 c^3},$$

$$\sigma_{\dot{y}\dot{y}}^2 = D^2\bar{z}_1 \quad \approx \quad \frac{\sigma^2 m\varepsilon}{2k} - \frac{\sigma^2 \varepsilon^2}{6},$$

die wir anhand unseres Zahlenbeispiels für verschiedene Werte der Varianz σ^2 des Eingangsprozesses $f_\varepsilon(t,\omega)$ durch Simulation bestätigen wollen.

Zahlenbeispiel Die Simulation der schwach korrelierten Gaußschen Erregung $f_\varepsilon(t,\omega)$ und die Wahl der Modellparameter m, k, c und $\hat{c}$ wird wie oben durchgeführt. Dann erhalten wir zunächst konkret

$$\sigma_{yy}^2 \approx \frac{\sigma^2\varepsilon}{96} - \frac{150\sigma^4\varepsilon^2}{110592},$$

$$\sigma_{\dot{y}\dot{y}}^2 \approx \frac{\sigma^2\varepsilon}{8} - \frac{\sigma^2\varepsilon^2}{6}$$

und bei Wahl von $\varepsilon = 0.3$ sind

$$\sigma_{yy}^2 \approx 0.003125\sigma^2 - 0.000122\sigma^4,$$

$$\sigma_{\dot{y}\dot{y}}^2 \approx 0.0225\sigma^2.$$

Die Simulation, numerische Bestimmung und statistische Auswertung von jeweils einer Realisierung im Zeitraum $t \in [1,50]$ liefert die in der Tabelle 4.5 zu erkennende gute Übereinstimmung zwischen obigen theoretischen Näherungen für σ_{yy}^2, $\sigma_{\dot{y}\dot{y}}^2$ und den Schätzungen $\hat{\sigma}_{yy}^2$, $\hat{\sigma}_{\dot{y}\dot{y}}^2$.

Tabelle 4.5: Varianzen in Abhängigkeit von σ^2

σ^2	$\hat{\sigma}_{yy}^2$	$\sigma_{yy}^2 \approx$	$\hat{\sigma}_{\dot{y}\dot{y}}^2$	$\sigma_{\dot{y}\dot{y}}^2 \approx$
1	0.00252	0.00300	0.0207	0.0225
4	0.0094	0.0105	0.0816	0.0900
10	0.0213	0.0190	0.199	0.225

Abschließend betrachten wir die Spektraldichten von $y(t,\omega)$ und $\dot{y}(t,\omega)$ nach der Einschwingzeit. Auch hier können wir für die Nichtlinearität $\hat{c}y^3$ auf die Ergebnisse aus Abschnitt 3.2.2 zurückgreifen und mit $h(\alpha) = (m\alpha^2 - c)^2 + k^2\alpha^2$ sind

$$S_{yy}(\alpha) \approx \frac{\sigma^2\varepsilon m^2}{2\pi h(\alpha)}\left(1 + \frac{3\sigma^2\varepsilon\hat{c}m^2(m\alpha^2 - c)}{kch(\alpha)}\right),$$

$$S_{\dot{y}\dot{y}}(\alpha) \approx \alpha^2 S_{yy}(\alpha).$$

Dabei sind

$${}^0S_{yy}(\alpha) = \frac{\sigma^2\varepsilon m^2}{2\pi h(\alpha)}$$

$${}^0S_{\dot{y}\dot{y}}(\alpha) = \alpha^2\,{}^0S_{yy}(\alpha).$$

die Näherungen der Spektraldichten des zugehörigen linearen Modells.

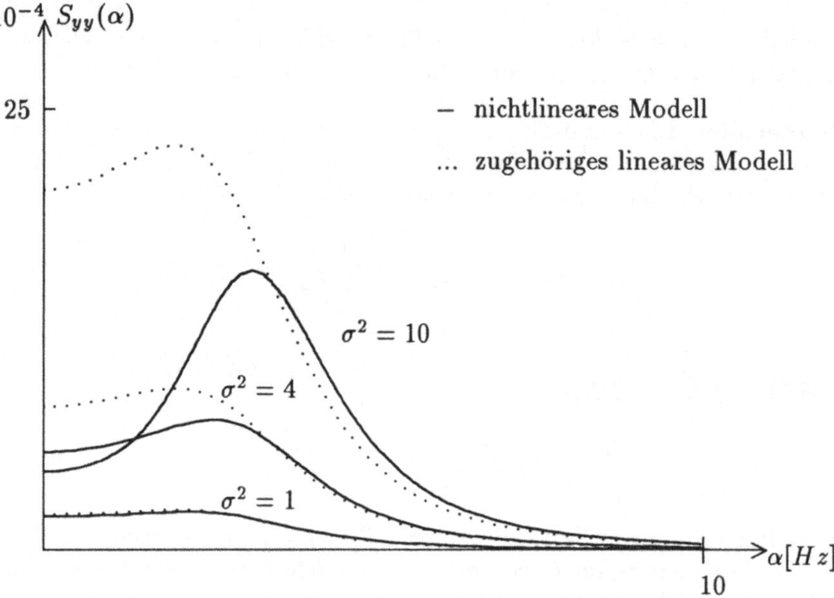

Bild 4.20: Spektraldichte von $y(t,\omega)$ in Abhängigkeit von σ^2

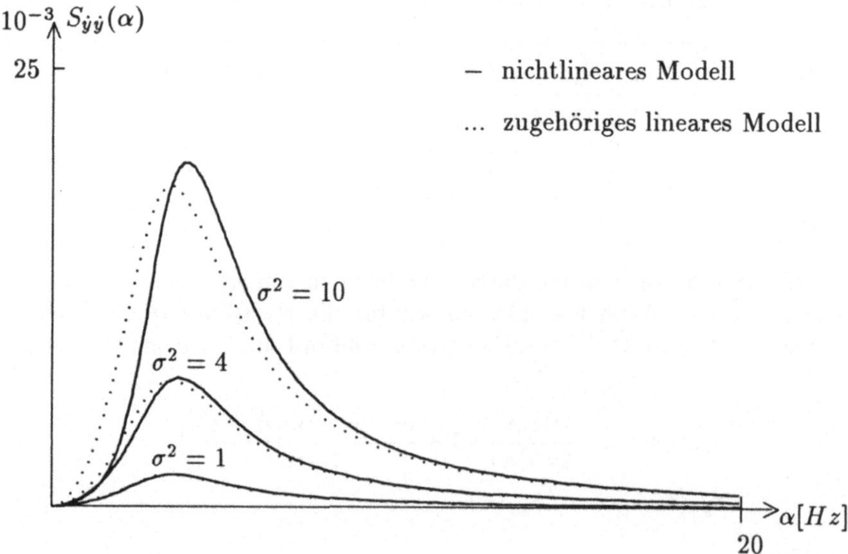

Bild 4.21: Spektraldichte von $\dot{y}(t,\omega)$ in Abhängigkeit von σ^2

Zahlenbeispiel In den Bildern 4.20 und 4.21 sind die Spektraldichten für die Werte unseres Zahlenbeispiels und $\varepsilon = 0.3$ sowie für verschiedene Werte der Varianz des Erregungsprozesses $f_\varepsilon(t,\omega)$ gezeichnet.

Für die Untersuchung mittels Simulation greifen wir $S_{yy}(\alpha)$ und $\sigma^2 = 10$ heraus. Die Auswertung einer Realisierung mit $T \in [1, 50]$ liefert den im Bild 4.22 dargestellten Sachverhalt im Vergleich mit der theoretischen Näherung.

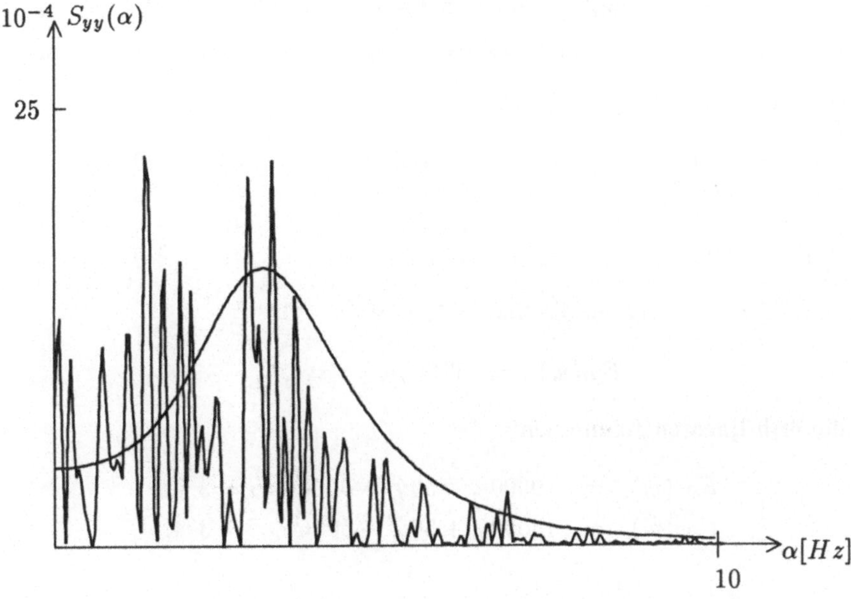

Bild 4.22: Näherungen und Simulation der Spektraldichte $S_{yy}(\alpha)$ für $\sigma^2 = 10$

4.2.3 Approximierte zeitversetzte Erregungen im nichtlinearen Modell

Mit dem Einsatz approximierter Erregungen, d.h. indirekter Erregungen durch schwach korrelierte Prozesse, bei der Simulation nichtlinearer Modelle wollen wir uns nun abschließend beschäftigen. Es wird das im Bild 1.1 dargestellte Ersatzmodell mit zeitverschobener Eregung betrachtet, welches bereits Gegenstand der Untersuchungen in den Beispielen 3.5 und 3.7 sowie im Abschnitt 4.1 war. Ausgehend vom linearen Modell (1.14) für die Absolutbewegungen (x_1, x_2, x_3, x_4) betrachten wir nichtlineare Aufbaudämpfungskräfte der Form

$$F_D(\dot{y}_i) \;=\; k_i\dot{y}_i + k_{i2}\dot{y}_i^2 + k_{i3}\dot{y}_i^3, \; i = 3, 4,$$

und wir haben das folgende Differentialgleichungssystem mit den zeitversetzten Erregungen $f_1(t, \omega)$ und $f_2(t, \omega)$, die gemäß dem im Beispiel 2.8 erzeugten Unebenheitsprofil simuliert werden, gegeben

$$m_1\ddot{x}_1 + k_1(\dot{x}_1 - \dot{f}_1) - F_D(\dot{x}_3 - \dot{x}_1) + c_1(x_1 - f_1) - c_3(x_3 - x_1) \;=\; 0$$
$$m_2\ddot{x}_2 + k_2(\dot{x}_2 - \dot{f}_2) - F_D(\dot{x}_4 - \dot{x}_2) + c_2(x_2 - f_2) - c_4(x_4 - x_2) \;=\; 0$$
$$m_4\ddot{x}_3 + m_6\ddot{x}_4 + F_D(\dot{x}_3 - \dot{x}_1) + c_3(x_3 - x_1) \;=\; 0$$
$$m_6\ddot{x}_3 + m_5\ddot{x}_4 + F_D(\dot{x}_4 - \dot{x}_2) + c_4(x_4 - x_2) \;=\; 0\,.$$

Als Modellparameter werden gewählt

$$
\begin{array}{llll}
m_1 = & 550\ kg & c_1 = & 2000000\ Nm^{-1} & k_1 = & 0 \\
m_2 = & 1000\ kg & c_2 = & 3000000\ Nm^{-1} & k_2 = & 0 \\
m = & 3000\ kg & c_3 = & 250000\ Nm^{-1} & l_1 = & 1.4\ m \\
I = & 6000\ kg\,m^2 & c_4 = & 700000\ Nm^{-1} & l_2 = & 1.8\ m
\end{array}
$$

sowie zu Vergleichszwecken die lineare Kennlinie

$$F_{Dl}(\dot{y}_i) \;=\; 11000\dot{y}_i\,, \quad i = 3,4,$$

und die nichtlinearen Kennlinien

$$F_{D1}(\dot{y}_i) \;=\; 9000\dot{y}_i - 50\dot{y}_i^2 + 500\dot{y}_i^3\,, \quad i = 3,4,$$
$$F_{D2}(\dot{y}_i) \;=\; 13000\dot{y}_i + 50\dot{y}_i^2 - 500\dot{y}_i^3\,, \quad i = 3,4.$$

Im Bild 4.23 sind diese Kennlinien im Bereich $\dot{y}_i \in [-2,2]$ dargestellt, in dem die Relativgeschwindigkeiten $\dot{y}_3 = \dot{x}_3 - \dot{x}_1$ und $\dot{y}_4 = \dot{x}_4 - \dot{x}_2$ liegen.

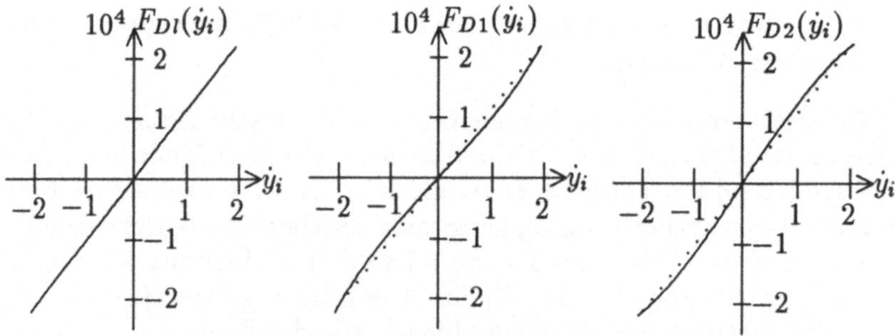

Bild 4.23: Kennlinien der Aufbaudämpferkräfte

Für diese verschiedenen Kennlinien sind in der Tabelle 4.6 die aus der Simulation geschätzten Standardabweichungen der Beschleunigungen zusammengestellt. Für die Beschleunigung $\ddot{x}_2$ sind im Bild 4.24 die Spektraldichten bei Verwendung der Kennlinien F_{Dl} sowie F_{D2} dargestellt, wobei wir die Ergebnisse bezüglich der Kennlinie F_{Dl} als linearisiertes Modell bezeichnen.

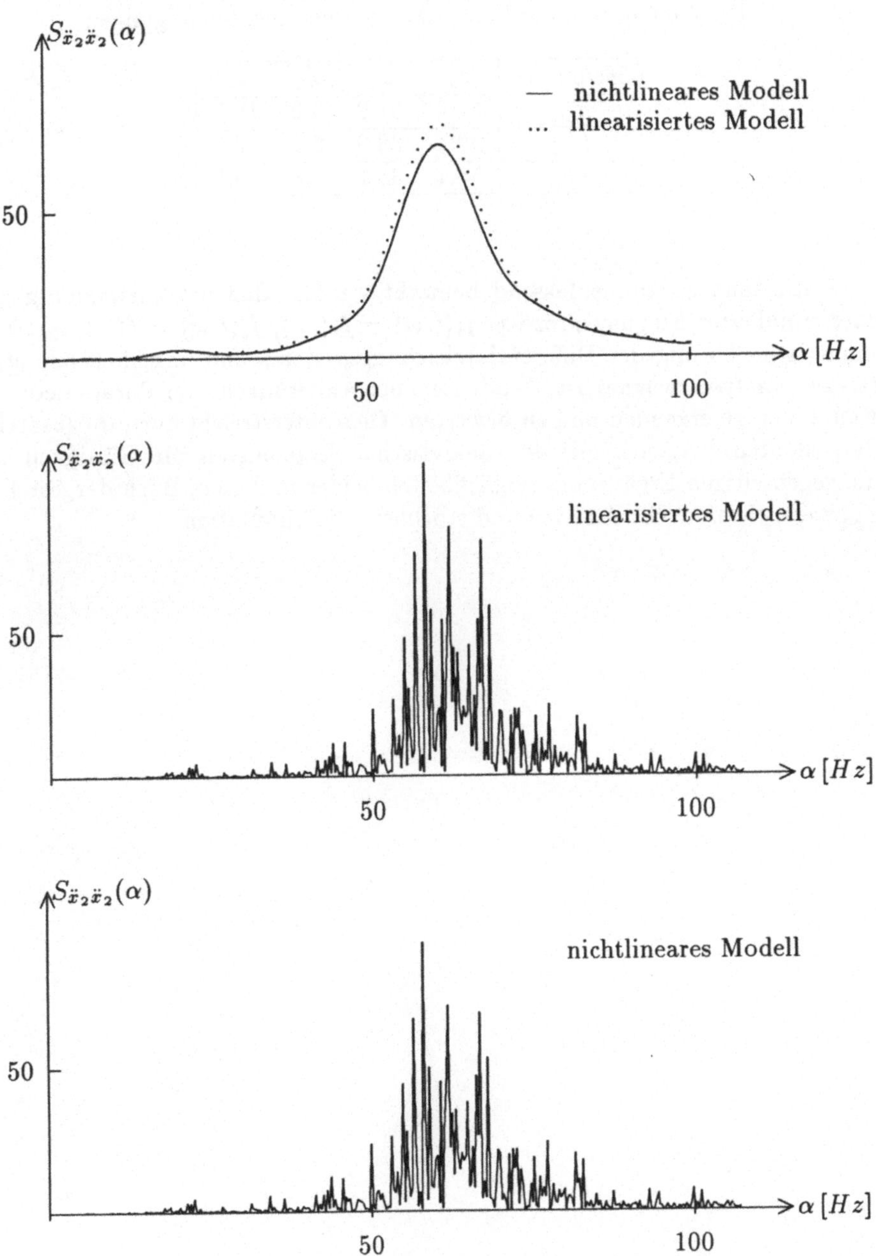

Bild 4.24: Vergleich der Spektraldichten für $\ddot{x}_2$

Tabelle 4.6: Standardabweichungen der Beschleunigungen

Kennlinie	$\ddot{x}_1$	$\ddot{x}_2$	$\ddot{x}_3$	$\ddot{x}_4$
F_{Dl}	37.6	37.0	6.2	15.7
F_{D1}	40.4	38.9	6.1	16.3
F_{D2}	35.1	35.2	6.3	15.3

Dazu kann zusammenfassend bemerkt werden, daß bei Verwendung gleicher simulierter Eingangsprozesse $f_1(t,\omega) = f(t,\omega)$, $f_2(t,\omega) = f(t + v_2,\omega)$ die numerische Lösung des Differentialgleichungssystems und anschließende statistische Analyse geeignet ist, Tendenzen bei Änderungen von Parametern und Kennlinien zu erkennen und zu bewerten. Dies unterstreicht auch im zusätzlich dargestellten Vergleich mit den analytischen Ergebnissen die Gültigkeit und die gegenseitigen Ergänzungsmöglichkeiten beider in diesem Buch dargestellten Zugänge: theoretische Analyse und stochastische Simulation.

Literaturverzeichnis

[1] L. ARNOLD: Stochastische Differentialgleichungen. R. Oldenbourg Verlag, München Wien 1973.

[2] K. BEHNEN; G. NEUHAUS: Grundkurs Stochastik. B. G. Teubner, Stuttgart 1987.

[3] H. BRAUN: Untersuchungen von Fahrbahnunebenheiten und Anwendungen der Ergebnisse. Diss., Braunschweig 1969.

[4] H. BRAUN: Spektraldichten von Fahrbahnunebenheiten. Tagung Akustik und Schwingungstechnik, VDI-Verlag, Düsseldorf 1970.

[5] H. BUNKE: Gewöhnliche Differentialgleichungen mit zufälligen Parametern. Akademie-Verlag, Berlin 1972.

[6] K. BURG; H. HAF; F. WILLE: Höhere Mathematik für Ingenieure, Band III. B. G. Teubner, Stuttgart 1990.

[7] H. CRAMÉR; M. R. LEADBETTER: Stationary and Related Stochastic Processes (Sample Function Properties and Their Application). Wiley, New York London Sydney 1967.

[8] J. L. DOOB: Stochastic Processes. Wiley, New York 1953.

[9] E. DRECHSEL; W. HASE; K.-H. NEUMANN; J. VOM SCHEIDT; U. WÖHRL: Dynamic Systems with Weakly Correlated Excitation. 10-th IAVSD Symposium on Dynamics of Vehicles on Roads and Tracks, Prag 1987, Extensive Summaries, 45–46.

[10] G. DRESCHER: Simulation zufälliger Funktionen auf der Grundlage schwach korrelierter Funktionen in Anwendung auf technische Schwingungssysteme. Dissertation A, Zwickau 1992.

[11] G. DRESCHER;B. FELLENBERG; J. VOM SCHEIDT: Simulation of Random Functions for Applications to Dynamic systems. Dynamic systems and Applications 2(1993)2, 275–289 .

[12] G. EISENREICH: Lineare Algebra und analytische Geometrie. Akademie-Verlag, Berlin 1980.

[13] B. FELLENBERG; J. VOM SCHEIDT: Random Boundary-Initial Value Problems for Parabolic Differential Equations - Analytical and Simulation Results. Periodica Polytechnica (Transportation Engineering), **18**(1990)1–2, 23–32.

[14] U. FISCHER; W. STEPHAN: Mechanische Schwingungen. Fachbuchverlag, Leipzig 1984.

[15] I.I. GICHMAN; A.W. SKOROCHOD: The Theory of Stochastic Processes I. Springer-Verlag, Berlin 1974 (Übersetzung aus dem Russischen).

[16] W. GILOI: Simulation und Analyse stochastischer Vorgänge. R. Oldenbourg Verlag, München Wien 1970.

[17] R. HAFNER: Wahrscheinlichkeitsrechnung und Statistik. Springer-Verlag, Wien New York 1989.

[18] W. HEINRICH; K. HENNIG: Zufallsschwingungen mechanischer Systeme. Akademie-Verlag, Berlin 1977.

[19] M. LOÈVE: Probability Theory. Van Nostrand-Reinhold, Princeton 1963.

[20] M. MITSCHKE: Dynamik der Kraftfahrzeuge Bd. B: Schwingungen. Springer-Verlag, Berlin Heidelberg New York Tokyo 1984.

[21] A. PAPOULIS: Probability, Random Variables, and Stochastic Processes. Mc Graw Hill, New York 1965.

[22] I.G. PARKHILOVSKII: Investigations of the Probability Characteristics of the Surfaces of Distributed Types of Roads. Avtom. Prom., 8, 18–22.

[23] J. PFANZAGL: Elementare Wahrscheinlichkeitsrechnung. W. de Gruyter, Berlin New York 1991.

[24] K. POPP; W.O. SCHIEHLEN: Fahrzeugdynamik. B. G. Teubner, Stuttgart 1993.

[25] S.O. RICE: Mathematical Analysis of Random Noise. Bell. System Techn. J., **23**(1945),282–322 und **24**(1945), 46–156.

[26] W.O. SCHIEHLEN: Nonstationary Random Vibrations. In: Random Vibrations and Reliability (ed. by K. Hennig), Akademie-Verlag, Berlin 1982, 295–305.

[27] W.O. SCHIEHLEN: Modelling, Analysis and Estimation of Vehicle Systems. Analysis and Estimation of Stochastic Mechanical Systems (ed. by W.O. Schiehlen; K. Wedig), CISM Courses and Lectures No. 303, International Centre for Mechanical Sciences, Springer Verlag, Wien New York 1988.

[28] K. SOBCZYK: Stochastic Differential Equations (With Applications to Physics and Engineering), Kluwer Academic Publishers, Dordrecht Boston London 1991.

[29] T. T. SOONG: Random Differential Equations in Science and Engineering. Academic Press New York London 1973.

[30] A. A. SWESCHNIKOW: Untersuchungsmethoden der Theorie der Zufallsfunktionen mit praktischen Anwendungen. B. G. Teubner Verlagsgesellschaft, Leipzig 1965.

[31] J. VOM SCHEIDT (Ed.): Problems of Stochastic Analysis in Applications. Wiss. Beiträge der IH Zwickau, Sonderheft 1983.

[32] J. VOM SCHEIDT: Stochastic Equations of Mathematical Physics. Akademie-Verlag, Berlin 1990.

[33] J. VOM SCHEIDT; B. FELLENBERG; U. WÖHRL: To the Distribution of Linear Functionals of Weakly Correlated Fields - Application to Random Temperature Fields. Proc. of 3rd Conf. Differential Equations and Applications II, Rousse 1985, 923–926.

[34] J. VOM SCHEIDT; W. PURKERT: Random Eigenvalue Problems. Akademie-Verlag, Berlin 1983 und North-Holland, New York Amsterdam Oxford 1983.

[35] J. VOM SCHEIDT; U. WÖHRL: Grenzwertsätze für lineare Funktionale schwach korrelierter Vektorfelder - Anwendung auf dynamische Systeme. Wiss. Berichte der 2. Tagung Stochastische Analysis, Zwickau 1986, 120–135.

[36] J. VOM SCHEIDT; U. WÖHRL: Approximation der Verteilung linearer Funktionale schwach korreliert verbundener Vektorprozesse - Anwendung auf Schwingungsdifferentialgleichungen. Zeitschrift angew. Math. Mech. (ZAMM) 67 (1987) 12, 607–615.

[37] J. VOM SCHEIDT; U. WÖHRL: Vehicle Vibrations Excited by Random Road Surfaces. Bulletins for Applied Mathematics, 624/1989, 84–94.

[38] J. VOM SCHEIDT; U. WÖHRL; S. WULFF: Approximation der Spektraldichten von Fahrbahnunebenheiten. Wiss. Beiträge IH Zwickau 14 (1988) 4, 70–76.

[39] J. VOM SCHEIDT; U. WÖHRL; S. WULFF: Programmsystem zur stochastischen Analyse von n-Massen-Schwingungsmodellen. Wiss. Berichte der 3. Tagung Stochastische Analysis, Zwickau 1989, 56–59.

[40] J. VOM SCHEIDT; U. WÖHRL; S. WULFF: A Method for the Numerical Treatment of Nonlinear Stochastic Vibrations of Vehicles. Dynamic Systems and Applications, 1(1992), 187–204.

[41] G. E. UHLENBECK; L. S. ORNSTEIN: On the theory of the Brownian motion. Physical Review **36**(1930), 823–841.

[42] U. WÖHRL: Schwingungsdifferentialgleichungssysteme mit schwach korrelierten Fremderregungen. Dissertation B, Ingenieurhochschule Zwickau, 1988.

[43] U. WÖHRL: Approximation von Fahrbahnunebenheiten. Wiss. Berichte der 2. Tagung Stochastische Analysis, Zwickau 1986, 177–180.

[44] U. WÖHRL; J. VOM SCHEIDT: Nichtlineare Schwingungsmodelle mit schwach korrelierter Erregung. Berichte der 3. Tagung Stochastische Vorgänge und Zuverlässigkeit, Jena 1984, Heft 1, in: Akad. der Wiss., Inst. Mechanik, S-Reihe Nr. 2, 209–219.

[45] R. ZURMÜHL: Matrizen und ihre technischen Anwendungen. Springer-Verlag, Berlin/Göttingen/Heidelberg 1964.

[46] R. ZURMÜHL: Praktische Mathematik für Ingenieure und Physiker. Springer-Verlag, Berlin/Heidelberg/New York 1965.

Sachverzeichnis